香菇栽培实用新技术

张宝军 编著

金盾出版社

内 容 提 要

本书内容包括：香菇概述，香菇生物学特性，香菇栽培原辅材料，消毒与灭菌，香菇菌种制作技术，香菇栽培品种，香菇栽培技术演变史，香菇栽培实用技术，香菇杂菌危害防治，香菇病害防治，香菇虫害防治等。本书内容丰富，技术实用先进，文字通俗易懂，针对性和可操作性强，适合广大食用菌生产者阅读，亦可供农林院校相关专业师生阅读参考。

图书在版编目(CIP)数据

香菇栽培实用新技术/张宝军编著 . — 北京 ：金盾出版社，2017.8

ISBN 978-7-5186-1289-5

Ⅰ.①香… Ⅱ.①张… Ⅲ.①香菇—蔬菜园艺 Ⅳ.①S646.1

中国版本图书馆 CIP 数据核字(2017)第 114624 号

金盾出版社出版、总发行

北京太平路 5 号(地铁万寿路站往南)

邮政编码:100036 电话:68214039 83219215

传真:68276683 网址:www.jdcbs.cn

封面印刷:北京印刷一厂

正文印刷:北京万博诚印刷有限公司

装订:北京万博诚印刷有限公司

各地新华书店经销

开本:850×1168 1/32 印张:10.75 字数:279 千字

2017 年 8 月第 1 版第 1 次印刷

印数:1~5 000 册 定价:30.00 元

目　录

1

目　录

第一章　香菇概述

第一节　香菇的分类学地位

香菇又称中国蘑菇,原是一种野生大型木腐菌,多寄生在栎、栲、枹、枫、米槠、杜英等阔叶树的倒木、枯桩上。野生香菇主要分布在北半球的亚热带到温带地区,热带和寒带地区尚无记载。生长区域主要集中在亚洲各国,如中国、日本、朝鲜、菲律宾、印度尼西亚、印度、越南、老挝、泰国、缅甸、马来西亚、尼泊尔等国,其次是俄罗斯远东地区萨哈林。中国的野生香菇主要分布在浙江、福建、台湾、海南、广东、广西、安徽、江西、湖南、湖北、四川、贵州、云南、陕西、辽宁、吉林等省、自治区。1990 年中国人工栽培香菇总产量首次超过日本。从此,中国的香菇总产量跃居世界第一,成为香菇生产、消费、出口第一大国。2013 年在世界菇类产量中,香菇人工栽培总产量已超过双孢蘑菇的产量,排名第一位。

香菇为菌物界,担子菌门,伞菌纲,伞菌亚纲,伞菌目,小皮伞科。学名 *Lentinus edodes*（Berk.）Sing。

第二节　香菇名称的多样性及来源

西晋张华的《博物志》最早记载了中国人工栽培香菇,距今已经有 1 800 年历史。南宋时期形成香菇原木砍花法栽培技术,距今已有 800 年历史。中国历史悠久、幅员辽阔,不同时代、不同地域,对香菇的称谓不同。

一、香菇名称的多样性及来源

一是称香皮褐菌。植物学名称。

二是称香菇。中文名称。

三是称香菌。通称。

四是称香栭。宋代，陈达叟《本心斋蔬食谱》记载称谓。

五是桐蕈。宋代，张端义《贵耳集》；宋元，周密《癸辛杂识》曾记载。

六是黄蕈、苔蕈、合蕈。南宋，陈玉仁《菌谱》曾记载。

七是称香蕈。元代，王祯《农书》曾记载。

八是称香信。清代，黄宫绣《本草求真》。

九是香蕈。《龙泉县志》曾记载。

十是称香椹。《仙居县志》曾记载。

十一是称香菰。福建地区称呼。

十二是称马桑菌。贵州地区称呼。

十三是称栎菌、板栗菌。云南地区称呼。

十四是称香纹。山西地区称呼。

十五是称冬菰。香港地区称呼。

十六是称椎茸。日语译成汉字，读音[しいたけ]，词意香菇。

二、香菇商品名称的多样性及来源

(一)根据子实体的外形和品质分

花菇、厚菇、香信、薄菇和菇丁。

1. 花菇 菌盖表面有自然网状、菊花状或荔枝状龟裂花纹的香菇称为花菇。

2. 厚菇 菌盖边缘内卷、菌肉厚实的干、鲜香菇称为厚菇。

3. 香信 在日本的商品规格中，把介于厚菇和薄菇之间，质地较差，不太厚实的香菇称为香信。

4. 薄菇　菌盖平展、菌肉薄的干、鲜香菇称为薄菇。

5. 菇丁　菌盖直径在 2 厘米以下者,称为菇丁,有裂纹者称为花菇丁。

6. 板菇　菌盖没有裂纹的厚菇和薄菇,统称为板菇。

7. 平庄菇　广东称薄菇为平庄菇。

(二)根据子实体水分来源分

1. 过雨菇　香菇原木栽培和段木栽培中,淋雨后含水量高的香菇,叫过雨菇。

2. 水菇　香菇代料栽培中,喷水过多,含水量高的香菇,叫水菇。

(三)根据出菇季节分

分为秋菇、冬菇、春菇、夏菇。

第三节　香菇的营养价值与药用价值

香菇是一种高蛋白、高纤维、低脂肪的营养保健食品。中国古代,香菇以其清香嫩滑被视为山珍,成为宫廷贡品,受到皇家贵族青睐。香菇烘干后浓郁的香味更是冠于所有菇类,因此被称为"菇中之王"。我国民间喜庆宴席上,香菇是不可缺少的"素中之荤"。香菇细胞液可制作现代宇航食品、膨化食品、饮料乳。日本人把香菇称为"植物性食品的顶峰"。

一、营养价值

香菇营养价值非常高,是一种天然的功能食品。每 100 克干香菇中含蛋白质 13 克、脂肪 1.8 克、碳水化合物 54 克、粗纤维 7.8 克、粗灰分 4.9 克,以及多种维生素。灰分中钙 124 毫克、磷 415 毫克、铁 25.3 毫克。维生素中维生素 B_1(硫胺素)0.07 毫克、

维生素 B_2(核黄素)1.13 毫克、维生素 B_3(维生素 PP、烟酸)18.9 毫克、维生素 D 原(麦角甾醇)260 毫克。鲜香菇中含水 85%～90%,固形物 10%～15%。固形物中含粗蛋白质 19%、粗脂肪 4%、可溶性无氮物质 67%、粗纤维 7%、粗灰分 3%。

(一)蛋 白 质

经研究发现,每 100 克干香菇中,蛋白质含量最高可达 20.87 克,蛋白质含量高于平菇、蘑菇、银耳等其他食用菌。香菇蛋白质分为单纯蛋白质和复合蛋白质两大类,单纯蛋白质包括球蛋白、清蛋白、精蛋白等。单纯蛋白质水解时产生各种氨基酸,其中包括人体所必需的 8 种氨基酸。香菇蛋白质的主要成分为白蛋白、谷蛋白和醇溶蛋白,这 3 种蛋白质比例为 100∶63∶2,所含蛋白质品质好。

(二)氨 基 酸

香菇中的氨基酸非常丰富,构成蛋白质的 20 种氨基酸中,香菇就有 18 种,所含有的氨基酸均是具有活性的 L-型氨基酸,容易被人体吸收利用。香菇含有人体必需的 8 种氨基酸:赖氨酸、色氨酸、苯丙氨酸、蛋氨酸、苏氨酸、亮氨酸、异亮氨酸、缬氨酸。

浙江省标准计量情报所采用氨基酸分析仪,对干香菇的氨基酸进行了较系统的分析测试,100 克干香菇中氨基酸总量达 11.76%。其中含天冬氨酸 1063 毫克、苏氨酸 592 毫克、丝氨酸 642 毫克、谷氨酸 1 668 毫克、脯氨酸 809 毫克、甘氨酸 541 毫克、丙氨酸 697 毫克、胱氨酸 100 毫克、缬氨酸 602 毫克、蛋氨酸 150 毫克、异亮氨酸 376 毫克、亮氨酸 1024 毫克、酪氨酸 264 毫克、苯丙氨酸 469 毫克、组氨酸 206 毫克、赖氨酸 660 毫克、乌氨酸 320 毫克、精氨酸 605 毫克、甲硫氨酸 250 毫克、色氨酸 721 毫克。

(三)脂 肪

香菇脂肪类似植物脂肪,包括游离脂肪酸、甘油单酯、甘油双酯、三酰甘油、甾醇、甾醇脂和磷酸酯。所含脂肪酸多为不饱和脂肪酸（主要为亚油酸），少部分为饱和脂类。鲜香菇中含不饱和脂肪酸为 4%，干香菇中不饱和脂肪酸含量为 1.92% 左右。不饱和脂肪酸中亚油酸占 80% 以上，油酸占 10% 左右。

（四）碳水化合物

碳水化合物以半纤维素为最多，此外还含有香菇多糖、海藻糖、糖原、戊聚糖和甘露醇等，它既能供给人体较多的热量，同时还具有辅助脂肪氧化，有利于蛋白质合成等功能。

（五）粗纤维

粗纤维即膳食纤维，是香菇细胞壁的主要成分，包括纤维素、半纤维素、木质素及角质等成分。香菇柄中粗纤维含量最多。

（六）微量元素

浙江省标准计量情报所采用原子吸收光谱仪，对干香菇的微量元素进行了较系统的分析测试，100 克干香菇中微量元素含量分别为铁 7.725 毫克、铜 1.693 毫克、镍 0.0061 毫克、钙 9.208 毫克、镉 0.0054 毫克、钼 1.073 毫克、锌 4.161 毫克、铅 1.066 毫克、钴 0.0021 毫克、锰 1.017 毫克、钠 1.569 毫克、钾 1.870 毫克。

（七）维 生 素

香菇中的维生素种类和含量十分丰富，维生素 B_1、维生素 B_2、维生素 B_3 的含量分别达到 0.21 毫克/100 克、1.49 毫克/100 克、25.20 毫克/100 克。香菇含维生素 C 甚少，缺乏维生素 A 和 A 原。香菇还含有一般蔬菜中较缺乏的维生素 D 原（麦角甾醇），其含量可高达 128 单位（1 单位的维生素 D_2 等于 0.05 微克），而小豆中只有 8.0 单位，地瓜为 16.2 单位，大豆为 6.0 单位，裙带菜为 61.4 单位，紫菜为 14.6 单位，海带为 12.6 单位。

（八）核 　 酸

香菇中核酸的含量较高，为干重的 2.7%～4.1%。香菇中所含核酸,在烹调加热到60℃~70℃时,因核糖核酸酶的作用,有相当数量的核酸被酶水解为核苷酸,其中一种挥发性环状含硫化合物(1,2,3,5,6-五硫杂环庚烷,分子式$C_2H_4S_5$),称为香菇精或香菇素,是香菇子实体散发香气的关键成分,又称为香菇素A。此外还有几种呈香物质,如香菇素B、香菇素C、香菇素D等,这些物质使香菇具有浓郁的香味。香菇中的鲜味是一种水溶性物质,其主要成分由5′-鸟苷酸、5′-腺苷酸、5′-胞苷酸、5′-尿苷酸等核苷酸组成,含量在0.1%左右。

(九)香 菇 酶

香菇菌丝中含有30多种活性酶,如β(1-3)葡萄糖苷酶、几丁质酶、酯酶、类脂酶、木质素酶、凝乳酶、杏仁酶、胃蛋白酶、卵磷脂酶、单宁酶、果胶酶、蔗糖酶、转化酶、麦芽糖酶、菌糖酶、纤维素酶、纤维二糖酶、细胞解糖酶、淀粉转化酶、菊糖酶、棉籽糖酶、糖苷酶、扁桃苷酶、胰蛋白酶、肠肽酶、羟基蛋白酶、金属蛋白酶、尿酶、天冬氨酸酶、酚氧化酶、酪氨酸氧化酶、过氧化物酶、乳糖酶、酒精酶、乳酸酶、富马酸酶、过氧化氢酶、荧光酶、地衣淀粉酶等。

二、药用价值

(一)香菇多糖

香菇多糖成分复杂,主要是由葡萄糖、木糖、甘露糖和半乳糖组成。香菇多糖可从香菇子实体、菌丝体和发酵液中制备。香菇多糖中的活性成分,是一种以β-D-(1→3)葡萄糖残基作为主链,以(1→6)葡萄糖残基作为侧链的葡聚糖,呈梳状结构。香菇多糖是一种抗肿瘤药,属于生物反应调节剂,具有增强免疫作用。香菇多糖在人体内虽无直接杀伤肿瘤细胞的作用,但可通过增强机体免疫功能,进而发挥抗肿瘤活性,对抑制异源的、同源的、甚至是遗传性的肿瘤都有效。香菇多糖与抗肿瘤药合用,可起到增敏作用;

在体外使用,香菇多糖可增强脱氧胸腺嘧啶核苷抗艾滋病毒的活性。香菇多糖具有抗病毒、抗肿瘤,调节人体免疫功能和刺激干扰素形成等作用。

(二)双链核糖核酸

香菇中的双链核糖核酸是人体产生干扰素的诱导剂,人体产生的干扰素对一切癌细胞和病毒细胞都有极强的抑制作用。

(三)腺 嘌 呤

香菇腺嘌呤具有溶解胆固醇的作用,能够防止动脉血管硬化;具有解毒作用,增强人体对感冒、流感的免疫力。

(四)脂 肪 酸

香菇所含脂肪酸的不饱和度非常高,对人体降低血脂有益。

(五)矿物元素

香菇中含有钾、磷、钠、铁等大量元素,还含有锰、锌、铜、镁、硒等微量元素,可维持机体正常代谢,从而延长人类寿命,对预防缺铁性贫血、促进血液循环有重要作用。

(六)维 生 素

香菇中含有维生素 B_1、维生素 B_2、维生素 B_3 和维生素 D 原,对糖尿病、肺结核、传染性肝炎、神经炎有治疗作用。

维生素 D 原(麦角甾醇),无论用日光晒或紫外线照晒,皆可转变为维生素 D_2(麦角钙化甾醇),它可以促进钙和磷的代谢,影响骨骼钙化过程。正常烘烤干的香菇每克中维生素 D_2 的含量一般为 110~130 单位,而经自然光干燥的可达 1 000 单位以上。一般正常人每天需要的维生素 D_2 约 400 单位。因此,3~4 克干香菇所含维生素 D_2 就足够一个成年人 1 天的需要量。

(七)膳食纤维

人体需要的 7 种营养素分别是蛋白质、脂肪、碳水化合物、维生素、矿物质、水、膳食纤维。膳食纤维作为人体的第七营养素虽然不能被消化吸收,但有促进胃肠道蠕动,利于粪便排出的功能,还具有预防和治疗冠心病、糖尿病、肥胖症、便秘,降血压,抗癌,清除外源有害物质的作用。

(八)香 菇 酶

香菇酶有益胃助消化的作用。

(九)香 菇 精

香菇精可以溶解胆固醇,有利于冠心病、心肌梗死和肝炎患者的康复。

第二章 香菇生物学特性

第一节 香菇的形态特征

一、子实体

子实体是香菇的繁殖器官,能产生大量担孢子,即生殖细胞。子实体单生、丛生或群生,由菌盖、菌褶、菌柄三部分组成。在幼小子实体的菌柄上有丝膜状的内菌幕与菌环。在显微镜下观察可以看到菌褶两侧着生的子实层。

(一)菌 盖

菌盖又叫菇盖、菇伞,位于子实体顶部。子实体幼小时菌盖呈半球形,边缘内卷似铜锣,菌盖边缘有白色或黄色的绵毛,随着生长成熟,菌盖逐渐平展,绵毛消失;过分成熟后,菌盖边缘向上反卷、开裂。菌盖表面淡褐色、茶褐色、深褐色至黑褐色,中部有白色或褐色的鳞片。菌肉肥厚、洁白、细密、质韧,有特殊香味。菌盖直径通常5~15厘米,大的可达15~20厘米。

(二)菌 褶

菌褶又叫菇叶、菇鳃。菌褶着生在菌盖下面,呈辐射状排列,刀片状或上有锯齿,宽3~4毫米,不等长,弯生,白色,受伤后产生红斑点,生长后期变成红褐色,烘干后白带黄色。1个菌盖有菌褶420~710片。菌褶是香菇的繁殖器官,是孕育孢子的场所,直径6~10厘米的成熟香菇,可产生30亿~70亿个担孢子。

(三)菌 柄

菌柄又叫菇柄、菇脚。菌柄是支撑菌盖、菌褶和输送养料、水分的器官。菌柄着生于菌盖下面的中央或稍偏的地方,直立或弯曲而生,呈圆柱形、圆锥形或漏斗形。菌柄长3～6厘米,直径1～2厘米。菌环以上部分白色,以下部分微带红褐色。子实体幼小时,菌柄表面有纤毛状的白色鳞片。柄肉白色,内部实心,菌柄组织不如菌盖部分柔嫩,干制后更加粗糙,成为纤维质。

(四)内菌幕与菌环

子实体幼小时,菌盖边缘有一层白色膜状物与菌柄接,此膜状物称内菌幕,其作用是保护菌褶。当菌盖展开时,将内菌幕撕裂,部分残存在菌柄上,形成一个环状物,称为菌环。菌环丝膜状、较窄,以后逐渐消失。

(五)子 实 层

菌褶表面着生子实层,当香菇快成熟时,子实层顶端的一个细胞逐渐膨大形成棒状体担子,担子中间有隔胞(囊状体)。担子顶端产生4个小梗(担子梗),每个小梗顶端逐渐膨大,形成1个担孢子,即4个不同交配型的担孢子。

二、香菇孢子

(一)孢子的形态特征

香菇孢子类似农作物的种子,在显微镜下观察,香菇孢子无色(或半透明)、光滑、椭圆形(或圆柱形、卵圆形),有(5～7)微米×(3.4～4)微米大小,放大600倍约相当于1粒大米的大小。单个香菇孢子无色,孢子密集堆积时呈现出白色或褐色。香菇孢子成熟或干燥后变成褐色,用水浸泡干香菇,香菇孢子使水变成褐色。

(二)孢子的构造

香菇孢子由细胞壁、细胞膜、细胞质、细胞核构成,内含1个细胞核,细胞壁较薄。

(三)孢子印

将已经成熟的新鲜香菇子实体去根,将菌盖覆盖于黑色的蜡光纸上,在18℃~20℃条件下,静置24~48小时,轻轻移去菌盖,大量孢子按照菌褶的排列方式散落在纸上,形成纯白色孢子印。孢子印除了可以看出孢子堆的颜色外,还可以鉴定出香菇菌盖的形状和大小。

三、香菇菌丝体

香菇菌丝是香菇的营养器官,菌丝色白,茸毛状,有横膈膜和分枝,细胞壁薄,直径2~4微米。香菇菌丝有初生菌丝、次生菌丝和三次菌丝之分。菌丝不断生长发育,并相互集结为菌丝体,呈蛛网状。由许多具有分枝状的菌丝密集交织在一起形成的宏观结构体,称为菌丝体。

(一)单核菌丝

担孢子萌发后长出的第一根菌丝,称为一次菌丝,或初生菌丝,初生菌丝每个细胞只含1个核,又称单核菌丝。单核菌丝纤细,粗1.2~2.0微米,呈辐射状蔓延,早期无隔、多核,以后产生隔膜,使每一个细胞都只有1个细胞核。单核菌丝生长速度慢,长势弱,分枝较多,分枝角度较小,对培养基分解能力差,对不良环境的抵抗力弱,可以独立无限地进行繁殖。

(二)双核菌丝

两条可亲和的单核菌丝通过异宗结合形成的菌丝,每个细胞内含有2个细胞核,横隔处有明显突起,这种菌丝叫双核菌丝,也叫二次菌丝或次生菌丝。双核菌丝比单核菌丝生命力强、生长速度快、分枝角度大。双核菌丝粗壮,但粗细不均,细的仅2.2微米,粗的则达6.0微米,一般的3.0~4.0微米。双核菌丝侵入到树木里面吸收养分,使树木腐烂。

(三)三次菌丝

把已经组织化、扭结成索状的双核菌丝称之为三次菌丝,又称结实性双核菌丝。三次菌丝仍然是双核,但比二次菌丝更粗壮,粗度 4～12 微米;更组织化,并相互扭结。

第二节　香菇的生长发育

一、孢子的萌发

香菇的担孢子自子实体上弹落后,在适宜的环境中,担孢子吸水后,体积膨大为原来 2～5 倍,而后以沿担孢子的长轴方向向两级伸长,细胞质中出现空泡。细胞核进行有丝分裂时,核先拉长,后中部收缩,核膜始终存在。一个细胞核成为两个细胞核,在两核之间很快形成隔膜,接着进行细胞质分裂,这样一个母细胞分裂成两个子细胞。两个子细胞以同样的方式分裂,形成单核菌丝。萌发的担孢子在 PDA 培养基上培养 18 小时后,变成一条有 4 个细胞的单核菌丝。

二、菌丝的生长

菌丝生长包括细胞伸长和细胞数增加两个过程。细胞伸长主要表现在菌丝先端的细胞上,当其伸长到一定长度时,经锁状联合又产生新的先端细胞,由此增加细胞数,如此反复便是菌丝生长。

(一)单核菌丝的生长

单核菌丝的先短细胞反复分裂,向前伸长,细胞分裂时,细胞核先分裂,然后细胞质进行分裂。细胞的伸长和分裂就是菌丝的生长。香菇单核菌丝在自然界存在的时间很短,不易被人们发觉,只有通过实验的方法,在实验室内进行单孢子分离而培养的菌丝体,才能观察到它的形态特征。单核菌丝没有锁状联合,是单性不孕的,无论怎样培养也不会长出子实体来。单核菌丝在不良的环境条件下可产生厚垣孢子、分生孢子,这种菌丝有无性生活史,但无结菇能力。其循环史是单核菌丝→厚垣孢子或分生孢子→单核菌丝。

(二)双核菌丝的生长

孢子分雌、雄,单核菌丝具有性别。同性的单核菌丝不能结合,只有不同性别的单核菌丝才能结合进行质配,形成双核菌丝,叫异宗结合。当单核菌丝生长到一定程度后,两条可亲和的单核菌丝靠近部分产生突起,突起部分伸长后相互接触,使两个不同性的细胞彼此沟通,原生质融合在一起,一个细胞的核移到另一个细胞内,完成原生质配合的过程。当细胞出现两个核后,便产生了质的变化,进入了另一个生理阶段—双核化阶段。双核菌丝能独立地摄取营养,以锁状联合的形式进行细胞分裂和生长,可以无限繁殖。

锁状联合形成过程:双核菌丝分裂时,两个核(a、b)之间的细胞壁产生突起,形成钩状体(锁状联合),其中一个核(b)进入钩状体,然后两个核同时分裂,核 b 在钩状体内进行,分裂呈倾斜方向,使分裂产生的子核 b′在钩状体外;而核 a 分裂则呈平行方向,使子核 a′接近 b′。此时钩状体弯在细胞之上,顶端与细胞连接而形成一桥,子核 b 通过这个桥移到细胞的另一端,并接近子核 a,这时在钩状体的起点上形成一个隔膜,在桥的下方形成另一个垂直的隔膜,把母细胞分成两个子细胞。结果在一个子细胞内有核 a 及核 b,而另一个子细胞内有核 a′及核 b′。这个过程即是锁状联合形成过程,是进入双核化的一个标志。

在不良环境中,双核菌丝也会产生双核厚垣孢子或分生孢子,厚垣孢子或分生孢子在条件适宜时萌发产生与亲本相同的双核菌丝。其循环史是双核菌丝→厚垣孢子或分生孢子→双核菌丝。

香菇初生菌丝间的配对发生在早期,因此双核菌丝是香菇菌丝的主要存在形式,香菇的一生也以双核菌丝存在的时间最长。香菇母种、原种、栽培种、菇木、菌棒、子实体中的菌丝体都是双核菌丝。双核菌丝是已经进行性结合的菌丝,形成锁状联合,有出菇能力。双核菌丝体的任何一部分均可用来培养子实体,子实体的部分组织能分离出纯菌种。

(三)三次菌丝的生长

双核菌丝生长发育到一定的生理阶段,形成十分密集的网状菌丝,高度分化成特殊的菌丝组织,形成三次菌丝。三次菌丝在环境条件不良时,形成菌索、菌核;环境条件适宜时,形成子实体等。

三、子实体的形成

三次菌丝积累了充足的营养,并达到了生理成熟,在适宜的条件下,菌丝之间相互扭结,在扭结点上形成子实体原基。依靠菌丝体供给的营养,原基破皮而出,受到光线刺激,分化出菌盖、菌柄、菌褶及子实层,发育成完整的子实体。

(一)子实体形成的机制

在恒温的条件下,香菇不会形成子实体。要使香菇产生原基,形成子实体,必须给予恒温和变温的管理措施。生理已经成熟的三次菌丝体突然受到短暂的低温刺激后,旺盛而活跃的三次菌丝体生长突然变慢,促使养分和水分积储成聚点,迫使菌丝扭结成"盘状"组织,从而形成原基;待原基形成后,需要一定时间的较高适温,使原基利用周围的菌丝继续不断地吸收养分和水分,让原基膨大成菇蕾;待菇蕾脱颖而出后,需要一段时间的恒温,促使菇蕾能迅速而顺利地发育成正常的子实体。

(二)子实体生长发育阶段

子实体生长发育阶段分为原基、菇蕾、幼菇、开伞菇等。

1. 原基　尚未分化的子实体原始阶段,称为原基。原基由三次菌丝扭结而成的盘状体,已经肉质化了,初期埋在菌皮下,直至破皮而出,成为可见的原基。

2. 菇蕾　由原基分化为有菌盖和菌柄的幼小子实体,称为菇蕾。当原基破皮而出,受到光线的刺激,分化为菌盖、菌柄两部分成为菇蕾。

3. 幼菇　从菇蕾开始至菌膜尚未破裂这一阶段的子实体,称为幼菇。

4. 开伞菇　幼菇生长发育后期,随着菌盖迅速生长扩展,菌柄伸长,使菌膜被拉破,出现开伞现象,这一过程称为开伞,开伞的香菇称为开伞菇。

5. 开伞度　相对两卷边内边缘的距离与菌盖宽度的比例,以"分"表示,开伞的程度分为 10 分度。

(三)子实体形态色泽变化规律

1. 菌柄长短变化　光线弱或温度高,菌柄细长;光线强或温度低,菌柄粗壮。氧气充足,菌柄生长正常;二氧化碳浓度过高,菌柄又长又粗。

2. 菌柄形状变化　不同品种菌柄形状不同,香菇 L18 菌柄圆柱形;L135 为上粗下细倒圆锥形;中香 68 在出菇阶段,气温 25℃以上时,菌柄较长,基部膨大呈保龄球形,气温 23℃以下,随气温降低,菌柄缩短,基部膨大现象逐步消失,呈倒圆锥形。

3. 菌盖菌肉变化　温度低时,菌盖大、菌肉厚、开伞慢;温度高时,菌盖小,菌肉薄,开伞快。氧气充足,菌盖生长正常;二氧化碳浓度过高,菌盖小而畸形。

4. 菌盖鳞片变化　早熟菌株鳞片多而明显,中晚熟菌株鳞片少而不明显。光线强鳞片少,光线弱则多。湿度适宜鳞片多,干燥则少。随着菇龄增大,鳞片逐渐隐退。

5. 菌盖颜色变化　早熟菌株菌盖颜色浅,中晚熟菌株菌盖颜色深。同一菌株含水量高时菌盖颜色深,含水量低时颜色浅。菇龄小的菌盖颜色深,菇龄大的菌盖颜色浅。光线强时菌盖颜色深,光线弱时菌盖颜色浅。

四、担孢子的形成

子实体生长后期,随着菌盖的展开,菌褶两侧的双核菌丝体顶端的一个细胞逐渐膨大,形成担子幼体,担子幼体紧密排列形成子实层。担子幼体内中的两个核进行"核配"融合成一个核,然后这个核进行减数分裂,产生 4 个单倍体核。与此同时,这个膨大的细胞顶端,长出 4 个小梗,即担子梗,每个担子梗顶端逐渐膨大,形成担孢子的幼体,这时 4 个单倍体核便分别经过担子梗进入到每个孢子中,最后发育成 4 个单核孢子(单倍体细胞)。

在香菇菌褶两边的子实层上,绝大多数的担子是以这种形式形成 4 个单核孢子,但也有则形成不正常的 2、3、4、6 个单子梗及孢子,或含有 2 个或多个核的孢子。

担孢子成熟后,基部形成一个水滴,水滴逐渐扩大,当达到一定体积时,担孢子连同水滴自孢子梗上弹射出去,在自然界随风传播。刚弹射的新孢子萌发率有 96%,保存 1 个月的担孢子其萌发率只有 50%,保存 3 个月后的担孢子,其萌发率只有 3%。

五、香菇生活史

香菇是典型的四极性异宗结合的担子菌类,其交配系统由 2 个非连锁的交配型因子 A 与交配型因子 B 所控制。A 因子控制细胞核的配对和锁状联合的形成,B 因子控制细胞核的迁移和锁状联合的融合。香菇的生活史分为无性和有性两个阶段。通常所说的生活史是指有性生活史,即从有性孢子——担孢子萌发开始,经过菌丝体的生长和子实体的形成,至新一代的担孢子产生而结束,这就是香菇的 1 个世代。在自然条件下,完成香菇整个生活史需 1~2 年的时间;而在人工栽培的条件下,因栽培的方法和品种的不同,只需 4 个月至 1 年。香菇生活史分为 8 个生长发育阶段:

第一阶段:形成单核菌丝。担孢子在适宜的条件下萌发产生 AB、Ab、aB、ab 4 种不同交配型的单核菌丝。

第二阶段:进行质配。两条可亲和的单核菌丝通过细胞的接触而融合,进行质配。

第三阶段:形成双核菌丝。经过质配形成每个细胞中有 2 个细胞核的、横隔处有明显锁状联合的双核菌丝。通过锁状联合,双核菌丝不断增殖,生理成熟后扭结成网状,形成三次菌丝。

第四阶段:形成子实体。在适宜的条件下,三次菌丝形成原基,原基破皮而出,受到光线刺激,分化出菌盖、菌柄、菌褶及子实层,形成完整的子实体。

第五阶段:形成担孢子。子实体生长后期,随着菌盖的展开,菌褶两侧的双核菌丝体顶端的一个细胞逐渐膨大,发育成担子,担子紧密排列形成子实层,从此进入有性繁殖阶段。

第六阶段:进行核配。担子的幼体子中,两个遗传性不同的单倍核(n)进行核配,形成双倍核(2n)。

第七阶段:进行减数分裂。交配双方的遗传物质进行交换、重组,双倍体核进行减数分裂,经过减数分裂,最后重新形成 4 个单倍体核(n),每个单倍核移至担子梗顶端,形成 4 种不同交配型的担孢子。

第八阶段:担孢子成熟后弹射散发。成熟的担孢子在自然界随风传播,在适宜条件下,又进行萌发,开始新的生活史。

第三节　香菇的生活条件

香菇菌丝生长、原基形成及子实体生长发育都需要丰富的营养及适宜的环境条件,其中环境条件包括温度、水分、空气、光照和基质的酸碱度 5 个方面。营养及环境条件适宜与否,关系到香菇菌丝和子实体生长发育的盛衰。同时,香菇的生命活动也可改变生活环境,如吸收氧气和排除二氧化碳,使木材腐朽,从中吸收营养,调节生态平衡。

不同的生育阶段,对生活环境的要求各有侧重。在发菌阶段,要求恒温,不需光照。在子原基分化阶段,菌丝要达到生理成熟,要求菌丝体积累充足的菌糖、糖原、三磷酸腺苷(ATP)、可利用的蛋白质等,需要光线、温差、干湿差和机械刺激因子。子实体生育阶段,需要大量营养物质和充足的氧气,以保证旺盛的呼吸作用;要保持适度含水量、温度和空气湿度,以保证营养转化、运输和蒸腾作用的需要。

一、营　养

营养是香菇整个生命活动过程的物质和能量基础,丰富而全面的营养是香菇优质高产的根本保证。

(一)菌丝体的生活习性

香菇依靠菌丝体分泌的胞外酶对培养料或原生质已死亡的木材中的木质素进行降解,使木材中的纤维素、半纤维素"裸露"出来,随后菌丝分泌相应的降解酶,如木质素酶、纤维素酶、纤维二糖酶、半纤维素酶等再对"裸露"的基质降解,最后降解成小分子的糖、可利用的蛋白质、肽和氨基酸,从而摄取这些养分。由于香菇菌丝有选择性利用木材,降解木材中的养分,使木材腐朽,子实体又较大,所以称为大型木腐菌。香菇菌丝降解木质素的能力较强,降解过程中大部分白色纤维素仍保持完整,且纤维素结晶度变化不大,使木材呈白色,所以又称为白腐菌。香菇菌丝在分解培养料的过程中吸收氧气,放出二氧化碳,产生水和有机酸,使培养料变酸,这种环境有利于菌丝吸收营养物质,促使菌丝生长、原基的形成和子实体发育。

(二)香菇的营养来源

在原木和段木栽培中,香菇菌丝主要从韧皮部和木质部中吸收碳源、氮源和矿物质元素。因此,含有丰富营养物质的边材越发达,对香菇菌丝的生长、子实体的大量发生越有利。在代料栽培中,所用的培养基不仅应满足香菇菌丝生长的需要,更重要的是必须满足栽培后期子实体连续发生的需要。培养基营养越丰富,原基连续分化越多,菇蕾越多,子实体质量也越好。

(三)菌丝体对营养物质的选择利用

香菇需要主要营养成分是碳水化合物和含氮化合物,同时也需要少量的矿物质(无机盐)和维生素等。

1. 碳源　碳源是香菇生长发育的能量来源和细胞基本骨架的主要成分。碳素是香菇体内含量最多的成分,占 50%～60%。菌丝吸收利用的碳源,20%作为合成碳水化合物和氨基酸等物质的原料,80%用于生命活动中的能量消耗。

(1)碳源的利用　香菇菌丝能够分解吸收碳水化合物(如葡萄糖、果糖、蔗糖、麦芽糖、半乳糖、淀粉、半纤维素、纤维素)、木质素、部分有机酸和部分醇类。碳水化合物中的单糖类如葡萄糖、果糖等最容易被香菇菌丝吸收利用,双糖类如蔗糖、麦芽糖等次之,淀粉再次之。多糖类如木质素、纤维素、半纤维素、果胶等,必须通过香菇菌丝分泌的各种酶进行分解,成为葡萄糖、阿拉伯糖、木糖、果糖、甘露糖和半乳糖等小分子糖之后才能吸收利用。烃类化合物、乙醇、甘油和甘露醇等也能被吸收利用。大多数有机酸中的碳素不能被利用,甲酸、乙酸、丙酸等阻碍菌丝生长。培养基加糖后再加柠檬酸、酒石酸等有促进香菇菌丝生长的效果。

(2)碳素的来源　在天然培养基中加麦芽浸膏、酵母膏、马铃薯汁、玉米汁和可溶性淀粉,都是较好的碳源。培养料的碳源主要来自农林副产品,如木屑、棉籽壳、玉米芯、麦麸、米糠和玉米粉等。

2. 氮源　氮源是构成菌丝体的蛋白质、核酸和酶类等含氮化合物的材料来源。香菇菌体细胞含氮 4%~7%。营养生长向生殖生长过渡期,每生产 1 克菌丝耗 0.04 克氮。过渡期没有可利用的胞外氮源,香菇菌丝氮源耗至 2.2% 时,蛋白酶的活性达到高峰,出现氮源饥饿状态,因此认为菌丝体发育受着氮源的调节。

(1)氮源的利用　香菇菌丝以分解吸收有机氮(蛋白质、蛋白胨、酵母粉、氨基酸、尿素等)为好,铵态无机氮(硫酸铵、氯化铵、碳酸氢铵等)次之,不能利用硝态氮、亚硝态氮。有机氮的组氨酸、赖氨酸等也不能被吸收利用。只靠单一的无机氮源,菌丝生长缓慢,且有不出菇的现象。这是因为香菇菌丝缺少所必需的氨基酸,没有利用无机氮合成细胞的能力。若在合成培养基中添加维生素 B_1,能提高铵态氮的利用能力。

(2)氮素的来源　香菇的氮源来自麦麸、米糠、玉米粉、豆饼、蛋白胨、马铃薯浸汁、酵母膏、尿素等。

3. 矿物质元素　香菇需要的矿物质元素有磷、硫、钾、钙、镁等大量元素和铁、铜、锌、锰、硼等微量元素。香菇灰化以后的剩余物就是灰分,其含量为 4.73%,培养 80 天的菌丝体培养料中灰分 6.56%。这种灰分就是矿物质,也称无机盐,其中大量元素占 90%,微量元素占 10%。培养基中的大量元素通常用克/升表示,使用浓度一般为 0.1~0.5 克/升;微量元素通常用毫克/升表示。

(1)矿物质的作用　矿物质元素参与细胞结构物质的组成、酶的组成、维持酶的作用、能量的转移、控制原生质的胶态和调节细胞渗透压等。如磷不仅是核酸、磷脂、某些酶的组成成分,也是碳素代谢中必不可少的元素;钙能促进菌丝体的生长和子实体的形成;钾是许多酶的活化剂,同时还可以控制原生质的胶体状态和调节细胞透性;硫存在于细胞的蛋白质中,主要是含硫的氨基酸,某些酶也含有硫。

(2)矿物质的利用　香菇菌丝对矿物质中的元素,以离子态吸收。矿物质中的各元素被吸收量不同,彼此间不可代替。香菇菌丝对培养基中矿物质元素的吸收量随着添加量而增加,到一定添加量后吸收就减少。香菇培养基材料多样,含有多种矿物质元素;香菇菌丝具有很强的富集金属离子能力。因此,除了进行生理研究外,一般无须人为地添加其他矿物质元素。在母种培养基中常添加磷酸二氢钾、磷酸氢二钾、硫酸镁等。在香菇原种、栽培种、菌棒生产中,除添加石膏或轻质碳酸钙外,一般不需添加其他矿物质。

(3)矿物质的来源　香菇矿物质元素来源于木屑、棉籽壳、玉米芯、麦麸、米糠或添加的化学物质,如磷酸二氢钾、磷酸氢二钾、硫酸钙、硫酸镁、硫酸铜、硫酸亚铁、氯化锰等。

4. 维生素和生长调节因子　香菇栽培过程中,虽然在培养基中已满足了水、碳源、氮源和矿物质等营养物质,但还需适当供应一定量的影响生长发育的维生素和生长调节因子等有机物质,否则香菇仍然不生长或生长不好。

(1)维生素和生长调节因子的作用　维生素是构成某些酶的辅酶成分,一旦缺乏维生素,酶失去活性,从而使正常物质代谢失调而造成机体不能正常生长发育。香菇菌丝不能合成维生素 B_1,缺乏维生素 B_1,丙酮酸、酮戊二酸代谢就不正常,还会影响氨基酸、蛋白质、脂肪的合成,表现出菌丝生长发育受阻、菌龄延长、产量降低,甚至不能出菇。适合香菇菌丝生长的维生素 B_1 浓度大约为每升培养基 100 微克。生长调节因子有嘌呤(或嘧啶)、核酸、核苷酸、卟啉及其衍生物、固醇和胺类等。每种生长调节因子具有不同的生理功能,如 6-苄基腺嘌呤(细胞分裂素)有促进菌丝生长、原基和子实体形成的作用;核酸和核苷酸有促进子实体生长发育的作用。

(2)维生素和生长调节因子的来源　香菇所需的维生素和生长调节因子主要来自马铃薯、麦芽浸膏、酵母浸膏、麦麸、米糠、玉米粉等。维生素多数不耐高温,加热120℃以上时迅速分解,在培养基灭菌时,需防止灭菌温度过高。

(四)碳 氮 比

是指培养料或菌体中碳的总含量与氮的总含量的比值。实践证明,培养料碳氮比值大小,直接影响到发菌速度、转色快慢、出菇早晚和最终产量。培养料在香菇菌丝营养生长阶段碳氮比以25~40:1为好,高浓度的氮会抑制香菇原基的分化,而原基发育成子实体的能力取决于培养基中的碳源和较高浓度的糖。在生殖生长阶段最适宜碳氮比为63~73:1。

二、温　度

香菇是较典型的低温和变温结实性食用菌。温度是影响香菇孢子萌发、菌丝生长和子实体发育最主要的生活因子之一。

(一)温度对孢子萌发的影响

香菇孢子萌发是在一系列酶的参与下进行的生理生化过程,而酶的活性又受温度的影响。孢子对高温的抵抗力弱,对低温的耐受性强。担孢子萌发温度为 15℃~30℃,最适温度为 22℃~26℃,在 24℃时萌发最理想。

孢子在 22℃~26℃条件下,在水中或适宜营养液中,萌发率达 80%~100%。例如,在马铃薯葡萄糖液悬滴培养,孢子萌发率很高,且菌丝能良好生长发育。在水中经 24 小时后萌发率下降至 50%~60%。在 16℃的恒温条件下需经 24 小时,18℃恒温中经过 21～22 小时,24℃只需 16 小时就几乎都能萌发。42℃经过 2 小时萌发,其萌发率为 3%～4.5%;45℃经过 1 小时萌发,其萌发率 1%～5%;在 0℃经过 24 小时,其萌发率为 50%～60%。在干燥状态下,孢子在 70℃经过 5 小时、80℃经过 10 分钟就会死亡。

(二)温度对菌丝生长的影响

菌丝在 0℃以上有微弱活动,5℃以上蔓延才逐渐明显起来,在 5℃～15℃范围内菌丝生长缓慢,温度大于 15℃菌丝生长加速,25℃菌丝生长速度达到峰值,24℃～27℃时菌丝生长速度最快,超过 27℃菌丝生长速度显著下降。

菌丝生长温度为 5℃～32℃。在 18℃～22℃温度下,菌丝生长速度稍慢,但菌丝粗壮、菌丝密度大、色泽洁白,此温度称为菌丝健壮生长温度。在 24℃～27℃温度下,菌丝生长速度快、菌丝纤细、菌丝密度偏稀,此温度称为菌丝快速生长温度。在温度 10℃以下和 32℃以上,菌丝生长不良。在温度 5℃以下或 33℃～35℃,菌丝停止生长。在温度 38℃时菌丝死亡。菌丝在液体培养液中,45℃时经过 40 分钟,菌丝就会死亡。

在 15℃～20℃时,香菇菌丝体的生长速度大于杂菌菌丝体的生长速度,25℃以上杂菌菌丝体的生长速度大于香菇菌丝体生长速度。在菌种培育和代料栽培时要掌握香菇菌丝生长的优势,来抑制杂菌的繁殖。

(三)温度对菌棒转色的影响

香菇菌棒转色的温度为 15℃～25℃,最适宜的转色温度为 19℃～23℃。温度低于 15℃或高于 26℃,均不易转色。

(四)温度对子实体生长的影响

原基分化的温度为 8℃～25℃,最适温度为 10℃～19℃。原基分化时高温品种需要 3℃～6℃的温差,中低温型品种需要 5℃～10℃的温差。子实体发育的温度为 5℃～25℃,适宜温度为

7℃～20℃。

低温品种在低温条件下原基容易形成,子实体质量好。高温品种在高温条件下出菇好,子实体畸形少;在子实体生长过程中,平均温度处于生长适温的下限,则菌柄粗大,菌盖发育不良。同一品种在适温范围内,温度较低时,子实体发育较慢,菇肉厚,菌柄短,不易开伞;在较高温度下,子实体发育快,菇肉薄,菌柄长,易开伞。

(五)有效积温

香菇菌丝在5℃以下或29℃以上为停止生长的下限和上限,因此把5℃以上至29℃以下作为香菇有效温区。一般认为,香菇早熟品种有效积温为800℃～1 300℃,中熟品种有效积温为1 400℃～2 000℃,晚熟品种有效积温为2 000℃～2 500℃,这是菌丝生理成熟的重要指标。达到有效积温指标,再进行温差刺激处理,需7～10天,就可以出菇。5℃的积温为0,有效积温＝(每日平均温度－5℃)×培养天数。有效积温区如表2-1。

表 2-1 香菇的有效积温 (℃)

平均温度	日平均有效积温	平均温度	日平均有效温度
4	0	26＝20	15
5	0	27＝15	10
8	3	28.5＝7.5	2.5
25	20	29＝5	0

三、水　分

水是构成香菇细胞的重要物质,细胞中原生质含水量占85%～90%。香菇所需的营养物质必须溶解在水中,才能被菌丝细胞吸收利用,代谢产物溶解在水中,才能排出体外。细胞内的一切生化反应都是在水溶液中进行。香菇细胞内含有足够的水分,才能维持一定的紧张度,表现出品种的特定外观形态。

香菇生长发育所需要的水分来源于三方面,一是培养基内水分,二是出菇棚空间湿度,三是人工补充水分。

(一)水分对孢子萌发的影响

孢子吸足水后,体积增大,孢子壁软化,增加氧气的通透性,孢子的呼吸和代谢功能加强。水能使孢子内可溶性物质向生长部位运输,供给新生细胞和组织的需要。

孢子在水中、培养液中等较适宜的浸出液中,遇到 $22℃\sim$ $26℃$ 的适宜温度时,其萌发率达 $80\%\sim100\%$。在蒸馏水中孢子能萌发,但菌丝不能生长。在温度 $20℃$、空气相对湿度 90% 的条件下,孢子经 90 天后萌发力丧失。在 $22℃$、相对湿度 10% 的条件下,经过 210 天后,孢子仍有良好的萌发力。

(二)水分对菌丝生长的影响

香菇代料栽培中,菌丝生长阶段培养料的含水量以 $55\%\sim$ 60% 为宜。菌丝生长阶段培养料含水量超过 65%,培养料中孔隙度不足,造成菌棒内部缺少氧气,菌丝生长缓慢或萎缩死亡,即使能够成熟后的菌棒,在越夏时也容易烂棒。培养料含水量低于 50%,菌丝生长稀疏并易萎缩、老化。

我国现在香菇段木栽培数量已经很少,不过在香菇育种中还有所应用。原木含水量高低因各树种的不同、砍伐期的早晚、剔枝时间等各有区别。接种后的原木或段木,称为菇木,也称榾木。菇木的含水量对菌丝生长快慢和旺衰有直接的影响。如果菇木含水量低于 32%,菌丝成活率低;低于 20%,菌丝根本不能生长,段木还会把菌种块的水分吸干,造成菌丝无法萌发。菇木含水量高于 55%,菌丝生长速度缓慢;达到 60%,树皮易腐烂脱落,木质变黑,菌丝难以定植蔓延,易受其他杂菌的污染。接种时原木和段木含水量应掌握在45%左右,发菌阶段控制在50%~35%之间。

(三)水分对子实体生长发育的影响

子实体分化和发育阶段培养料的含水以65%~70%为宜。菌棒含水量低时,出菇多而密,子实体质量差;菌棒含水量适宜时,子实体粗壮、肉厚;菌棒含水量多时,子实体质地柔软,易腐烂,菌盖变成黑褐色。菌棒含水量太多时而未能出菇,容易造成菌棒退菌或烂棒。出菇阶段造成菌棒含水量过多的主要原因是立棒香菇和架式香菇注水过多,地栽香菇浇水过多。

(四)空气相对湿度对菌丝生长的影响

在培养料含水量适宜的条件下,空气相对湿度偏低,菌丝生长偏慢,但杂菌污染率偏低,正品率高;反之,菌丝生长偏快,也有利于杂菌和虫害的繁殖。在培育原种和栽培种时,要高度重视空气相对湿度。在菌丝生长前期,空气相对湿度应控制在60%~70%。空气相对湿度低于50%,培养料因水分蒸发过快,不利于菌丝生长,菌种易风干死亡,成活率低。后期提高至70%~80%,既有利于菌丝生长,又可减少杂菌污染和害虫滋生。

(五)空气相对湿度对子实体生长的影响

出菇阶段,出菇棚空气相对湿度以85%~90%为宜。空气相对湿度超过95%,菌盖的含水量增多,组织变脆,菌盖变薄,烘干的菌盖表面呈现很多皱纹,品质较差。空气相对湿度达到100%时,子实体表面形成一层水膜,影响对氧气的吸收,子实体生长缓慢,菌盖边缘细胞难以分裂,多呈现铁锈色,菇蕾颜色变黄,甚至腐烂。空气相对湿度长时间低于80%,不利于菌丝细胞分裂和伸长,已经分化形成的菇蕾,也会干枯死亡;空气相对湿度低于50%时,菌丝不能分化形成原基,不产生菇蕾。子实体发育期空气相对湿度的干干湿湿有利于提高香菇品质。

四、氧　气

充足的氧气是香菇正常生长发育的重要条件。香菇属于好氧型异养生物,其菌丝依靠分解有机物生活。在分解有机物过程中菌丝吸收氧气,进行完全有氧呼吸,释放大量的能量,排除二氧化碳,保证菌丝正常生长。菌丝生长阶段耐受二氧化碳的能力较强;进入出菇阶段,菇蕾对二氧化碳较敏感,通风不足会造成菇蕾死亡;菌盖直径达到2~3厘米后,耐受二氧化碳的能力又会增强。

(一)氧气对菌丝生长的影响

菌丝生长期,氧气不足时会阻碍菌丝生长,菌丝纤细,呈线状、少茸毛;菌棒成熟时间延后,菌龄延长。严重缺氧时菌丝借助酵解作用暂时维持生命,但消耗大量营养,菌丝易衰老、死亡。氧气不足也会使木霉等有害霉菌及厌氧性细菌、酵母菌大量滋生繁殖,导致菌棒污染,造成损失。

(二)氧气对子实体生长的影响

原基形成期,适当浓度的二氧化碳有利于诱发原基形成。子实体形成后,呼吸作用旺盛,需氧量急剧增加,充足的氧气会刺激菌盖生长。二氧化碳浓度达到 0.1% 会刺激菌柄生长,抑制菌褶形成,造成子实体菌盖畸形,菌柄徒长,并且菌棒易滋生杂菌。

五、光　照

香菇菌丝多在培养料内生长,所以菌丝生长阶段不需要光。香菇是喜光菌,菌丝从转色期开始至原基形成、子实体生长阶段需要散射光。培育花菇时需要大量散射光及少量直射光(5分阴、5分阳)。菌丝体对光照具有记忆机制,刺激生长的光敏感期发生于营养生长期,无须整个生育期都接收光照,同样会形成子实体。子实体具有趋光性,需要考虑光照的均匀度和方向性。

(一)光照对孢子的影响

香菇孢子体积小、含水量少,怕直射光照晒。在直射光下,晒10分钟,孢子萌发率减少一半;晒3~5小时,孢子全部不萌发。

(二)光照对菌丝的影响

菌丝生长不需要光线,以遮光培养菌丝体为宜。在完全黑暗的条件下菌丝生长最快,随着散射光强度的增加,菌丝生长速度反而下降。直射光抑制菌丝生长,过强的直射光,会使菌丝死亡。

(三)光照对菌棒转色的影响

菌棒后熟期,适宜的散射光能促进菌丝成熟及色素的生成和沉淀,形成褐色菌膜(也称菌皮或菌被)。光线充足,转色快而深;光线不足,转色慢而浅。菌棒在袋内自然转色时适宜的光照强度为300~400勒,菌棒脱袋强转色时适宜的光照强度为500~800勒。

(四)光照对子实体的影响

香菇原基分化最适宜光照强度为50~100勒,子实体发育最适宜光照强度为300~800勒。在完全黑暗的条件下,子实体不能形成。在弱光(5勒)条件下,菌盖和菌柄发育很差。光照不足,则菇少、盖小、柄长、色淡、肉薄、质劣。适宜的散射光,能够诱导原基分化,促进子实体形成,加速菌盖生长,抑制菌柄生长,促使菌肉增厚,加快菌盖表层积累色素,且形成的子实体数目也多。随着光照度增强,形成子实体的数量减少。生产中应根据品种的差异、季节的变化适当调整光线的强度,达到高产、优质的目的。

(五)光照强度

光照强度是指单位面积上所接收可见光的光通量,简称照度,单位勒克斯(LUX 或 Lx)。在正常电压下,普通电灯1瓦的功率相当1烛光或1勒。

六、酸 碱 度

培养料的酸碱度影响香菇菌丝体细胞酶的活性、细胞膜的渗透性以及对金属离子的吸收能力。

(一)酸碱度对孢子的影响

孢子萌发的最适 pH 值 4.5～6.5。

(二)酸碱度对菌丝的影响

菌丝喜欢生长在偏酸性的环境中,在 pH 值 3～7 范围内均可生长。最适宜的 pH 值为 4.5～5.5,在此范围内菌丝生长快而稠密。pH 值超过 7.5 时,菌丝生长缓慢或受到抑制,培养料容易受到其他有害杂菌的污染;pH 值大于 9 时,菌丝停止生长。

(三)酸碱度对子实体的影响

原基形成和子实体发育的最适 pH 值为 3.5～4.5。

(四)培养料酸碱度的变化

木屑、麦麸、石膏加水搅拌均匀后,培养料的 pH 值在 6.5～7.0 之间,灭菌后培养料 pH 值下降 0.2～0.5。菌丝代谢产生了醋酸、琥珀酸、草酸等有机酸,使培养料酸碱度逐渐下降,当培养料中 pH 值下降到 3.5～4.5 时,菌丝达到生理成熟,菌丝体进入原基分化、菇蕾形成、子实体生长发育阶段。

段木栽培香菇时,木材中的纤维素、半纤维素、木质素等高分子化合物经过香菇菌丝分解利用之后,菇木中会产生香草醛(香兰素)、加大麻素、香草酸、原儿茶酸(3,4-二羟基苯甲酸)等,使菇木的 pH 值下降。当菇木中 pH 值下降到 3.7～3.8,而且几乎是恒定时,非常有利于香菇原基形成和子实体的生长发育。

第四节 香菇菌棒的生理变化

一、发菌期

接种后菌种萌发吃料至菌丝长满整个菌棒的时间称为发菌期，香菇早中晚熟品种发菌期差异不大，一般为 50 天左右。

（一）气温、菌温、堆温的相互关系

气温是指发菌室内外自然温度。菌温是指培养料内菌丝体生命活动产生的温度，即菌棒内部的温度。堆际温度是指堆间、菌棒周围的温度。菌棒叠放越高，堆距越近，数量越多，通风越差，其堆际温度越高，菌棒温度随之升高，菌丝生长越旺盛。同时，气温越高，堆际温度也随之升高。

在发菌期间，必须密切注意三种温度的相互效应，高温季节要避免极端高温危害，低温季节要利用三种温度效应，提高发菌室温度，促进发菌。

（二）发菌期菌棒温度变化

第一，菌棒接种成活后，菌丝不断增殖，新陈代谢旺盛，菌棒温度随之升高。当菌丝长满菌棒的一半时出现第一次菌棒升温高峰，菌温比室温高 4℃～5℃当菌丝长满菌棒后 10～15 天，出现第二次菌棒升温高峰。

第二，接种穴菌丝连片后，进行第一次人工刺孔增氧，2～3 天后菌棒温度升高，出现升温高峰；菌丝满袋后，进行第二次机械刺孔增氧，2～3 天后菌棒温度升高，出现升温高峰。

二、菌丝后熟期

菌丝长满菌棒到菌丝达到生理成熟的时间称为菌丝后熟期。

早中晚熟品种菌龄的差异主要表现在菌丝后熟期长短上,早熟品种后熟期一般为 20～40 天,中晚熟品种后熟期一般为 40～130 天。

(一)后熟期菌棒生理变化

1. 菌膜形成期　菌丝长满菌棒后,培养料外表面菌丝紧密地交织在一起,形成一层像薄膜一样的薄皮覆盖在菌丝体外,这层薄皮就是菌膜。

2. 隆起形成期　菌丝体在培养料内充分生长后,在菌皮表面形成不规则、大小不等的隆起物,这些隆起物也称瘤状物。瘤状物是由菌丝团构成,是潜在的原基,大多数瘤状物在原基形成前萎缩。在菌丝团下面,一些细胞继续分化最终形成原基,当环境条件适宜时,原基进一步分化成菇蕾,发育成子实体。瘤状物形成后,在菌皮和塑料袋之间就会出现空隙,这些空隙可以增加空气流通,利于褐色素形成。菌丝长满菌棒后 15～20 天,隆起形成期结束。

菌株不同,菌丝体隆起的程度也不同。温型较低的菌株或早熟的菌株,瘤状物隆起的程度较轻。影响和促进菌丝体隆起的环境因素,主要是温度和光照,培养温度与光照强度较高时,菌丝体隆起较快,分布也较均匀,隆起层也较厚。菌丝体隆起过大,有时会胀袋,极易造成菌棒失水,并诱发形成畸形子实体。因此,控制菌丝体适度隆起,是十分重要的。

3. 转色期　隆起形成后,在适宜的条件下,菌丝开始吐出白水,分泌色素,色素颜色由黄色转为浅棕色,再逐渐变成棕褐色。

4. 菌膜硬化期　转色后菌膜由软逐渐变硬,出菇前又逐渐变得柔软而有弹性。

5. 含水量变化　菌棒达到生理成熟时,由于发菌阶段呼吸消耗,菌棒重量减轻 20%～30%;由于菌丝代谢产生生理水,使培养料含水量增加 5%～10%。

(二)菌棒转色

当菌丝长满菌棒并具有一定成熟度后,在适宜的温度、湿度、氧气、光照条件下,表层的气生菌丝逐渐倒伏,同时开始分泌色素,吐出黄水,颜色由黄色转为浅棕色再变棕褐色,最终形成一层具有保温、保湿、避光、抗杂菌作用的棕褐色菌膜,这个过程称为转色。转色是代料香菇菌棒的正常生理现象。

1. 影响转色的因素

(1)温度 温度是影响菌棒转色快慢的决定因素,转色最适宜温度为 20℃～25℃。温度高,转色快;温度低,转色慢。温度大于 26℃或小于 15℃,均不易转色。

(2)湿度 湿度影响菌棒转色的质量。在袋内自然转色的菌棒,转色的深浅主要受培养料的含水量影响,发菌棚空气相对湿度的变化,对菌棒的转色影响较小。培养料含水量高,菌丝分泌的红水多,形成的菌膜厚,转色深;培养料含水量低,菌丝分泌的红水少,形成的菌膜薄,转色浅。菌棒脱袋强制转色时,空气相对湿度对菌棒转色影响较大。空气相对湿度大,菌棒转色深;空气相对湿度小,菌棒转色浅。出菇棚空气相对湿度应控制在 85%～90%。测定空气相对湿度的方法有两种,一是用干湿球湿度计等仪器测量;二是手感测定法:当用手触摸菌棒表面有柔软的感觉,不刺手,手指触摸时会留下指纹印时,表明出菇棚内空气相对湿度比较适宜。

(3)氧气 发菌棚或出菇棚空气越流畅,氧气就越充足,菌棒越容易转色。出菇棚通风时要适当喷水,防止出菇棚空气相对湿度降低。

(4)光线 光线充足,菌棒转色快而且深;反之,转色则慢。

2. 菌棒转色方式 根据品种和管理措施的不同,菌棒转色分为脱袋强制转色和袋内自然转色两种方式。

(1)脱袋强制转色 春栽夏生品种和秋栽早生品种采用脱袋

强制转色。脱袋强制转色的菌棒,多以立棒和地栽的方式出菇。菌棒下地后密闭出菇棚,每天采取通风、喷水等措施,保持出菇棚内温度白天在 20℃～25℃,夜间 15℃～20℃,空气相对湿度 85%～90%、充足的氧气、散射光强度 500～800 勒,促使菌棒表面菌丝恢复生长,再经过 2～4 天的管理,菌棒表面出现茸毛状菌丝,当茸毛状菌丝达到 2～4 毫米时,就要增加通风次数,降温、降湿,促使茸毛状菌丝倒伏,倒伏后每天通风 2～3 次,每次 20～30 分钟,增加氧气的供给,造成菌棒表面干湿差。一般连续管理 1 周,菌棒形成一层白色的菌膜,菌膜颜色由白色变成粉红色,再变成红褐色,最终在菌棒表面形成一层薄厚适宜的褐色菌膜。菌棒完成转色需要 10～15 天时间。如果茸毛层不易倒伏或倒伏后又重新形成茸毛层,是由于出菇棚湿度偏大或培养料氮源过于丰富所致,此时加大通风或喷 1.5%～2%石灰水强迫其倒伏。

(2)袋内自然转色 冬栽夏生品种和春栽秋生品种,由于菌棒在菌丝长满全袋后至出菇还有很长一段时间,只能采用袋内自然转色。转色时发菌棚温度控制在 20℃～25℃,尽量减少温差,保证充足的氧气,300～400 勒散射光线,空气相对湿度自然状态,菌棒完成转色需要 25～30 天。菌棒在袋内转色,转色时间长,需要刺孔和翻堆来促进菌丝转色。菌棒出现下列情况时需要采取不同的管理措施:一是菌棒局部因受压迫缺氧和未见光而不转色,需要通过翻堆让该部位朝向有光的方向。二是菌棒袋内壁与培养料紧贴,要把它挑空或用手搓一搓,使其脱离,特别要注意适当刺孔通气。三是在转色过程中,会产生一些红水,红水多少与菌株特性、温度、通风、光线、刺孔数量、有无保水膜和培养料含水量有关。温度高、培养料含水量大、光线强,菌丝分泌的红水越多。通风时间长短、有无保水膜、刺孔数量多少与红水散失快慢有关。四是转色后若气温比较适宜,菌丝很少再分泌红水,如果气温再度升高,还会继续分泌红水,这时要划破筒袋,倒出红水,再用50%多菌灵可湿性粉剂 1 000 倍液擦洗,晾干后用透明胶重新封好,并采取降温措施。

(三)菌膜的形成

1. 菌膜的构造 菌膜由倒伏的老熟菌丝组成,显微观察下,由菌屑层、菌栓层和结合层构成。最外面一层为菌屑层,是由类似头皮屑的死亡细胞构成;中间的一层为菌栓层,是由失去活性的老熟细胞构成的一层致密坚韧的组织;最里面一层为结合层,是由老熟细胞和成熟细胞结合的过渡组织,是原基扭结的场所。

在发菌的初期,菌棒内有一定的氧气含量,菌丝均匀分布到培养料中,分解培养料,吸收营养,这时不会产生菌膜。如果内部缺氧,大量菌丝都聚集到菌棒表面,形成瘤状物,这时菌棒就会过早、过厚地形成菌膜,对发菌不利。只有菌丝充分成熟后,菌丝体积累了较多的营养物质,有必要将营养物质转移到子实体中,这时才形成菌膜。

2. 菌膜的作用 菌膜对保护菌棒内菌丝的生长,使原基在形成过程中不受光照的抑制危害,防止菌棒水分过快蒸发,提高菌棒对不良环境的抵御能力,增强菌棒的抗机械振动能力,都有重要的作用。

(四)转色程度与产量的关系

菌膜厚薄和转色深浅与出菇早晚、产量和质量息息相关。菌膜太厚,转色太深,出菇时间延迟,菇体大,产量低;菌膜薄,转色不完全,出菇早,菇体小,品质较差,菌棒寿命缩短,菌棒易折断和霉烂。菌膜薄与厚的菌棒效益都不好。菌膜薄厚适当,有光泽,菌棒富有弹性时,菌棒出菇正常,子实体肉厚,分布均匀,菇潮明显,产量高,经济效益最佳。

(五)菌 龄

菌种接种到菌棒上,在 25℃恒温和适宜的培养条件下培养,菌丝萌发后至菌丝长满菌棒并达到生理成熟所需要的天数,为该菌株的菌龄。准确的菌龄要通过很长时间严格测定。

(六)菌丝生理成熟的理化指标

1. 营养　菌丝体积累足够的菌糖、糖原和可利用的蛋白质、环腺苷酸。糖原也称糖元或肝糖,是一种动物淀粉,由葡萄糖结合而成的支链多糖。环腺苷酸是具有细胞内信息传递作用的小分子,被称为细胞内信使或第二信使,是形成子实体的诱导物。

2. 颜色　培养料经过菌丝体分泌酶的降解作用,由褐色变成白色或淡黄色。

3. 重量　菌棒重量比原重减少20%～30%。

4. 含水量　菌棒成熟时含水量为60%～65%,与拌料时相比,培养料含水量增加5%～10%。

5. pH 值　培养料的 pH 值稳定在 3.8～4.5。

(七)早熟品种菌丝生理成熟的外部标志

1. 时间　菌棒培养时间要比品种菌龄长。

2. 形态　菌棒经过培育,菌丝长满培养料,相互交织与收缩,扭结成瘤状物;培养料与塑料袋交界间呈现空隙,形成此起彼伏、凹凸不平的状态。这是菌丝已分解和积累了丰富的养分,生理成熟,趋向生殖生长的特征之一。生理成熟的菌棒,瘤状物占整个培养料表面的2/3左右。

3. 色泽　菌棒长满洁白菌丝,长势均匀旺盛,气生菌丝呈棉绒状,菌棒转色1/3～1/2,这是进入生殖生长的又一特征。

4. 基质　在菌棒培养过程中菌丝伸长有力且旺盛时,其基质较硬;当菌丝由内向外蔓延至袋壁时受到阻挡,便转向内部继续伸长,表面菌膜逐渐加厚,形成菌膜,并随之变成松软状。手握菌棒,菌皮和瘤状物松软有弹性,表明菌棒已经成熟;如果基质还是硬感,说明菌丝还处于伸长阶段,没转向,要等待成熟。

(八)中晚熟品种菌丝生理成熟的外部标志

1. 时 间 菌棒培养时间要比品种菌龄长。

2. 形 态 菌棒受刺孔多少的影响,表面有或无瘤状物。

3. 色 泽 菌皮厚薄适中,菌棒转色均匀一致。

4. 基 质 菌棒松软有弹性。

第三章　香菇栽培原辅材料

第一节　原　料

一、木　屑

不同菇树加工成的木屑,其质地和营养成分不尽相同。虽然在同一环境中进行同样的栽培管理,但是出菇的早晚,产菇的持续时间,子实体产量和品质等,常有明显的差异。在选择菇树方面,我国菇农和食用菌科技工作者积累了丰富的经验。初步统计,可以种植香菇的树木超过 300 种,其中以壳斗科、桦木科、漆树科、胡桃科、金缕梅科、蔷薇科等阔叶树木最为理想,常用的树种有 20 多种。在北方,常见阔叶硬杂木有柞树、苹果树、梨树、栗树、刺槐等,阔叶软杂木有桦树、杨树、山杨树、柳树、榛柴等,各地应根据当地林业资源实际,合理选择木屑种类。

(一)选择菇树

第一,原木和段木栽培中,树皮薄厚适中,且不易脱离,利于调温调湿,减少杂菌侵染机会。木质适当坚实,边材多,心材少,有利于香菇菌丝体充分分解利用。

第二,含有油脂、松脂酸、精油、醚类、酚类及芳香性抗菌物质的树种,如松、杉、柏、樟等树木不能直接用于栽培香菇。这些树木的木屑必须经过特殊技术处理,降低萜烯类物质的含量后,也可少量掺入阔叶树木屑中使用。

(二)木屑的营养成分

适宜栽培香菇的杂木屑，一般含水分 23.35％，粗蛋白质 0.39％，粗脂肪 4.50％，粗纤维 42.70％，可溶性碳水化合物 28.60％，粗灰分 0.56％。

(三)木屑种类

根据树木材质硬度分阔叶硬杂木屑与阔叶软杂木屑。阔叶硬杂木屑质地致密、木质素含量高，香菇菌丝生长较慢，有利于菌丝积累养分，所产香菇子实体肉质致密，个大肉厚，品质好，产量高。阔叶软杂木屑质地疏松、木质素含量相对低，香菇菌丝生长较快，头两潮菇易爆发性出菇，出菇后劲不足，菌棒寿命短。

(四)木屑比例

香菇代料栽培中选用 70％～80％阔叶硬杂木屑与 20％～30％阔叶软杂木屑的混合培养料，菌棒营养均衡，香菇潮次明显，优质菇比例多，产量高。

(五)木屑颗粒度

木屑颗粒粗细度对培养料透气性和含水量及香菇菌丝体生长速度，营养转化率等影响极大。木屑太粗，培养料持水能力差，透气性好，菌丝生长快，养分积累少，子实体质量差；木屑过细，培养料吸水能力强，透气性差，影响菌丝生长，发菌期延长，易感染杂菌。河南西峡森宝公司做了"不同大小粒度木屑种植香菇的试验"，木屑颗粒在 0.5 厘米以下转化率为 75％～78％；木屑颗粒在 0.5～1.2 厘米的转化率在 78％～83％；木屑颗粒在 1.2～2.0 厘米的转化率在 68％～70％。因此，香菇生产中木屑颗粒大小控制在 0.5～1.2 厘米，切片厚度控制在 0.1～0.2 厘米为宜。

二、棉籽皮

棉籽皮是指脱去长绒的棉籽进榨油厂，取出棉仁后剩下带有棉绒的种皮。棉籽皮是由棉籽壳和棉籽壳上的短绒两部分组成。

(一)棉籽皮的营养成分

棉籽皮含水分 10.81%,粗蛋白质 17.60%,粗脂肪 8.80%,粗纤维 26.00%,可溶性碳水化合物 29.60%,粗灰分 6.10%。

(二)棉籽皮培养料的优点

棉籽皮培养料能为食用菌生长发育提供较丰富的养分,营养均衡,有利于菌丝细胞对其逐步分解吸收,而且后劲足。同时,棉籽皮上残留棉纤维易于吸水、保水。棉籽皮形状不规则,颗粒间孔隙较大,培养料颗粒间通气性好,有利于菌丝生长。棉籽皮本身呈碱性,可以抑制霉菌的生长,减少杂菌危害,有利于多种菇类的生长发育。在高温季节一定要控制好水分。

(三)棉籽皮培养料的缺点

棉花生长期间,为防治棉铃虫需要多次喷洒农药,农药残留多;棉花对重金属汞、镉有富集作用。因此,栽培香菇时应控制其用量,添加量以 10%~20% 为宜。

三、玉米芯

玉米芯为玉米棒脱去籽粒后的穗轴。在我国南北方地区均有栽培,北方盛产。

(一)玉米芯的营养成分

玉米芯含水分 3.21%,粗蛋白质 11.00%,粗脂肪 0.60%,粗纤维 31.80%,可溶性碳水化合物 51.80%,矿物质 1.30%。

(二)玉米芯的使用

玉米芯的粗蛋白质、粗纤维和可溶性碳水化合物含量较为丰富,栽培香菇时需要与木屑配合使用。玉米芯须充分晒干保存,使用时将其粉碎为玉米粒大小,其中 2~7 毫米颗粒占 70% 以上,2

毫米以下颗粒占 30%。注意加水时一定要均匀,因玉米芯吸水量较大,最好将其加水闷料后使用。

第二节 辅 料

一、麦 麸

麦麸是小麦加工面粉后剩余的小麦皮,为淡黄色或黄白色皮状粉粒,质较轻,味略甜,有特殊麦香味。

(一)麦麸的营养成分

麦麸含水量 12.1%,粗蛋白质 13.5%,粗脂肪 3.8%,粗纤维 10.4%,可溶性碳水化合物 55.4%,粗灰分 4.8%。含有丰富的维生素 B_1、维生素 B_2、维生素 PP(烟酸),其中维生素 B_1 含量高达 7.9 毫克/千克。麦麸的蛋白质中,含有 16 种氨基酸,尤以谷氨酸含量最高,占 46%,养分十分丰富。在食用菌生产上,它既是优质氮源,又是碳源和维生素源,一般用量为 20%。

(二)麦麸的作用

麦麸营养丰富,质地疏松透气,为香菇提供氮源、碳源和维生素源,对调节培养基的碳氮比,提高香菇菌丝对培养料营养的吸收利用,促进菌丝生长和子实体分化发育起重要的作用。

(三)麦麸的质量要求

应新鲜,无霉变,无异味,无虫蛀,香气浓郁,粉粒均匀,含水量不超过 13%。

(四)劣质麦麸的弊端

陈旧、霉变、虫蛀、结块的麦麸,其营养成分已经受到破坏。香菇生产时,如果使用变质的麦麸,会造成培养料中碳氮比失调而影响香菇产量,培养料易滋生杂菌,引起菌棒污染。掺假的麦麸中含有玉米皮、麦秸粉、花生壳、滑石粉、石灰粉等,会降低培养料营养含量,造成香菇减产。如果滑石粉、石灰粉含量高,容易造成培养料碱性过大,香菇菌丝不吃料。因此,食用菌生产中要选择新加工的优质麦麸。

(五)麦麸水浮力测定

取 50 克的麦麸置于 500 毫升的量筒内浸泡,随后使用木棒搅拌,可见麦麸与泥沙、矿物质、花生壳等杂质分层,漂浮在上层为花生壳等杂物,中下层为麦麸,底层为杂质。

二、米　糠

米糠分为大米糠和小米糠两种,可作香菇培养料的氮源、碳源和维生素源,用量一般为 15%～20%。

(一)小米糠的营养成分

小米糠是谷子去壳后精制小米时留下的种皮和糊粉层等混合物,含粗蛋白 9.4%,粗脂肪 15%,粗纤维 11%,钙 0.08%,磷 1.42%。

(二)大米糠的营养成分

大米糠是稻子去壳后精制大米时留下的种皮和糊粉层等混合物,含粗蛋白质 11.8%,粗脂肪 14.5%,粗纤维 7.2%,钙 0.39%,磷 0.03%。

(三)米糠的酸败

米糠含有活性很强的脂肪酶,这种脂肪酶能很快分解米糠中所含的油脂,使酸价迅速上升,并有可能经受脂肪氧化酶的进一步氧化作用,在较短的时间内产生一种令人难以接受的霉味,这就是米糠的酸败。外观表现为米糠变硬、结块,其味道也变了,开始有甜味,然后有酸味。米糠中夹杂的害虫和微生物的生命活动也会加速米糠酸败。

(四)米糠与麦麸的差异

米糠的含氮量、维生素 B_1 含量比麦麸低,同样添加量的米糠栽培效果不及麦麸。由于香菇菌丝不能合成维生素 B_1,培养料中维生素 B_1 含量的多少成为影响香菇产量的重要因子。米糠易被螨虫侵害,是霉菌污染源,存放 2 个月后易酸败,应注意防潮、防霉、防酸败。

三、豆 饼

豆饼是大豆的种子经榨取油后的糟粕,块状或饼状,有豆香味。大豆饼含水分 9.15%,有机质 90.85%,其中粗蛋白质 45.97%,粗脂肪 3.98%,粗纤维 4.61%,可溶性碳水化合物 30.42%,粗灰分 5.87%,碳氮比(C/N)约 6.78。豆饼是食用菌培养料的优质氮源、碳源和维生素源,用量一般为 2%～5%。

四、玉米粉

玉米粉是玉米籽粒的粉碎物,一般含水 12.2%,有机质 87.8%,其中粗蛋白质 9.6%,粗脂肪 5.6%,粗纤维 3.9%,可溶性碳水化合物 69.6%,粗灰分 1.0%。玉米粉营养丰富,维生素 B_1 含量高于其他谷类作物,在食药用菌培养基中加入 5%～10%,可以增强菌种活力和显著提高产量。

五、石 膏

石膏分生石膏与熟石膏,弱酸性,石膏粉为白色、浅黄、浅粉或灰色。

(一)石膏的成分

生石膏主要成分是二水硫酸钙,化学分子式为 $CaSO_4 \cdot 2H_2O$,为纤维状的集合体,呈长块状、板块状或不规则块状,纵断面有绢丝样光泽,无臭、味淡。将生石膏加热到150℃~170℃时失去大部分结晶水变成熟石膏,分子式为$(CaSO_4)_2 \cdot H_2O$。熟石膏具有微膨胀性,凝结硬化快,孔隙率大,可塑性好,抗火性好,耐水性差的特点。

(二)石膏的作用

第一,为香菇菌丝提供硫、钙营养元素。

第二,加速培养料中有机质的分解,促使培养料中可溶性磷、钾迅速释放,能使气态氮固定为化合态氮,并能减少培养料中的氮素损失,有利于菌丝的吸收利用。

第三,对培养料的酸碱度有缓冲作用。

第四,能改善培养料的蓄水性和透气性。

(三)石膏的用量

在香菇原种、栽培种、栽培菌棒配方中,石膏用量为 1%~2%。生、熟石膏均可使用,熟石膏效果最佳。

(四)石膏的质量要求

商品石膏粉中二水硫酸钙或半水硫酸钙含量等于或大于95.0%。

六、碳 酸 钙

碳酸钙俗称灰石、石粉、大理石、方解石,呈中性,基本上不溶于水,溶于酸,纯品为白色晶体或粉末,分子式为$CaCO_3$。

(一)碳酸钙的种类

碳酸钙分重质碳酸钙和轻质碳酸钙。重质碳酸钙是由天然碳酸盐矿物如方解石、大理石、石灰石磨碎而成;轻质碳酸钙又称沉淀碳酸钙,是用化学加工方法制得的。由于轻质碳酸钙的沉降体积(2.4~2.8毫升/克)比用机械方法生产的重质碳酸钙沉降体积(1.1~1.9毫升/克)大,因此被称为轻质碳酸钙。食用菌生产上常用轻质碳酸钙。

(二)轻质碳酸钙的作用

第一,香菇菌丝生长时不断产生二氧化碳,二氧化碳被碳酸钙吸收生成易溶于水的碳酸氢钙,为香菇菌丝生长提供钙素营养。

第二,能不断中和菌丝生长时产生的有机酸,对培养料的酸碱度起缓冲作用,防止培养料酸败。

(三)轻质碳酸钙的用量

轻质碳酸钙一般在高温季节配制培养料时添加使用,添加量为 0.5%～0.8%。注意不能与尿素一起添加使用。

七、硫 酸 镁

硫酸镁为白色晶体或粉末,有苦咸味,溶于水,化学分子式为 $MgSO_4 \cdot 7H_2O$,硫酸镁是医疗上口服泻药,俗称泻盐。镁离子具有激活酶的活性和促进代谢的作用。在木屑培养料中的加入量为 0.05%～0.15%。

八、磷 酸 盐

磷酸二氢钾分子式为 KH_2PO_4,白色细粒状晶体,略呈酸性;磷酸氢二钾分子式为 K_2HPO_4,也是白色细粒状晶体,略呈碱性。二者均可为食药用菌提供磷素和钾素营养,并可缓冲培养基(料)中的酸碱度。一般用量 0.1%～0.2%。

九、糖

糖是多羟基的醛类或酮类化合物,水解后生成醛或酮。

(一)糖的分类

根据结构单元数目的多少,将糖分为单糖、双糖和多糖。

1. 单糖　单糖就是不能再水解的糖类,是构成各种双糖和多糖分子的基本单位。有3～7个碳原子,分丙糖(丙醛糖、丙酮糖)、丁糖(丁醛糖、丁酮糖)、戊糖(核糖、脱氧核糖、阿拉伯糖、木糖)、己糖(葡萄糖、半乳糖、甘露糖、果糖)、庚糖(景天庚酮糖)5个类别。自然界的单糖主要是戊糖和己糖。根据构造,单糖又可分为醛糖和酮糖。核糖、葡萄糖、半乳糖、甘露糖、阿拉伯糖为醛糖,脱氧核糖、木糖、果糖为酮糖。

2. 双糖　由2分子的单糖通过糖苷键形成,在一种单糖的还原基团和另一种糖的醇羟基相结合的情况下,显示出与单糖的共同化学性质。

(1)麦芽糖　由2分子葡萄糖结合而成,大量存在于发芽的谷粒,特别是麦芽中,淀粉和糖原水解后也可产生少量的麦芽糖。

(2)乳糖　由1分子葡糖糖和1分子半乳糖结合而成,来源于哺乳动物的乳汁中,又称动物淀粉。

(3)蔗糖　由1分子葡萄糖和1分子果糖结合而成,在甜菜、甘蔗和水果中含量极高。以蔗糖为主要成分的食糖根据纯度的高低分为冰糖、白砂糖、绵白糖和赤砂糖。

(4)海藻糖　又称漏芦糖、蕈糖,由2个葡萄糖分子以1,1-糖苷键构成的非还原性糖,在蘑菇类、海藻类、豆类、虾、面包、啤酒及酵母发酵食品中含量较高。

3. 多糖　由许多单糖分子或其衍生物缩合而成的高聚物,一般不溶于水,无甜味,不能形成结晶,无还原性和变旋现象。由相同的单糖组成的多糖称为同多糖,如淀粉、纤维素和糖原;以不同的单糖组成的多糖称为杂多糖,如半纤维素、阿拉伯胶。多糖不是一种纯粹的化学物质,而是聚合程度不同的物质的混合物。多糖也是糖苷,所以可以水解,在水解过程中,往往产生一系列的中间产物,最终完全水解得到单糖。

(二)食用菌利用糖的规律

所有食用菌都能利用葡萄糖,果糖、甘露糖、乳糖依次被食用菌利用。蔗糖、麦芽糖、乳糖、海藻糖等低聚糖需要在相应胞外酶（细胞内合成而在细胞外起作用的酶，包括位于细胞外表面或细胞外质空间的酶，也指释放入培养基的酶）的作用下转化成单糖，然后才能被食用菌菌丝吸收利用。淀粉、半纤维素、纤维素需要在相应的胞外酶作用下水解成双糖或单糖后才能被食用菌菌丝吸收利用。

（三）培养料中糖的作用

在香菇原种、栽培种、栽培菌棒的培养料中一般添加 0.5%～1%赤砂糖或绵白糖。糖的作用是在菌丝定植初期为菌种提供营养和能量，有利于菌丝恢复生长。赤砂糖比绵白糖栽培效果好，是因为赤砂糖是没有经过高度精炼，几乎保留了蔗汁中的全部营养成分，赤砂糖中葡萄糖含量比绵白糖高，还含有维生素和微量元素，如铁、锌、锰、铬等。

第四章　消毒与灭菌

　　香菇栽培中通过对培养基（料）、发菌棚、接种室、接种箱、接种帐、接种工具、菌种袋皮等灭菌和工人的双手等进行消毒，创造无菌的环境条件，达到提高菌种和菌棒的成品率的目的。无菌是指不含有活的微生物，为灭菌和消毒的结果。防止微生物进入人体或其他物品的操作技术，称为无菌操作。无菌操作是通过消毒和灭菌来实现。

第一节　消毒方法

　　消毒是指利用较温和的物理或化学方法杀灭传播媒介上病原微生物，达到无害化的方法。芽孢或非病原微生物可能仍存活，用以消毒的药品称为消毒剂。消毒方法分为物理消毒法和化学消毒法。

一、物理消毒法

　　物理消毒法是通过低温、辐射、微波进行消毒或使用机械过滤除菌的方法。

（一）巴氏消毒法

　　又称低温消毒法、冷杀菌法，是一种利用较低的温度既可杀死病菌又能保持物品中营养物质风味不变的消毒法。巴氏消毒法主要用于牛奶、葡萄酒、啤酒和果汁消毒。

　　1. 消毒原理　将混合原料加热至68℃～70℃，并保持此温度30分钟，以后急速冷却到4℃～5℃，可杀灭其中的致病性细菌和绝大多数非致病性细菌;混合原料加热后突然冷却,急剧的热与冷变化也可以促使细菌的死亡。巴氏消毒后,仍保留了小部分无害或有益、较耐热的细菌或细菌芽孢。

2. 消毒方法　第一种是将牛奶加热到 62℃～65℃,保持 30 分钟。采用这一方法,可杀死牛奶中各种生长型致病菌,灭菌效率可达 97.3%～99.9%,经消毒后残留的只是部分嗜热菌及耐热性菌以及芽孢等,但这些细菌多数是乳酸菌,乳酸菌不但对人无害反而有益健康。第二种方法将牛奶加热到 75℃～90℃,保温 15～16 秒,其杀菌时间更短,工作效率更高。但杀菌的基本原则是,能将病原菌杀死即可,温度太高反而会有较多的营养损失。

地栽香菇出菇棚焖棚烤地就是采用巴氏消毒法。操作方法是密闭出菇棚塑料,中午温度达到 65℃ 以上,每天保持 4 小时,连续保持 5 天以上,能快速杀灭杂菌和虫卵。双孢菇培养料灭菌也是采用巴氏消毒法。

(二)辐射消毒

利用辐射产生的能量进行杀菌的方法,称辐射消毒。辐射可分为电离辐射和非电离辐射两种。α 射线、β 射线、γ 射线、X 射线、中子射线、质子射线为电离辐射。紫外线、日光为非电离辐射。食用菌生产上应用辐射消毒主要是紫外线消毒。

1. 紫外线消毒原理　紫外线波长为 136～400 纳米,以波长 250～260 纳米的杀菌力最强。微生物细胞中的核酸碱基对紫外线吸收能力特强,辐射后引起核酸的突变,从而抑制脱氧核糖核酸(DNA)的复制而致死;与此同时,空气在的一部分氧在紫外线照射下产生臭氧,也具有很强的杀菌作用;另外,紫外线照射微生物细胞后,在有氧的情况下,产生光化学氧化反应,生成过氧化氢(H_2O_2),能发生强烈氧化作用,引起细胞死亡而达到杀菌目的。

2. 紫外线杀菌灯　是一种高压或低压电流发生杀菌紫外线的水银灯,紫外线杀菌灯的灯管功率有 15、20、30 瓦等不同规格,一般以 30 瓦较常用,功率越大,杀菌力越强。

3. 紫外线杀菌灯的消毒范围　接种室和接种箱常用紫外线杀菌灯作为空气和桌面的消毒。由于紫外线穿透物质的能力很差,一层普通玻璃或水,均能滤去大量的紫外线,所以只适用于空气和物体表面的灭菌。紫外线杀菌灯有效灭菌距离为 1.5～2.0米,以 1.0～1.2 米最好,照射 2 小时几乎能杀死所有微生物,照射 20～30 分钟空气中细菌 95％会被杀死。一般 10 米³ 的空间,安装 1 支 30 瓦灯管即可。

4. 注意事项

第一,紫外线消毒后,不要立即启用日光灯。因为通过紫外线辐射致死或损伤的微生物,通过自然光照射,又能复活,即光复活。紫外线杀菌灯在暗中杀伤性最强,白天使用紫外线消毒时,无菌室或接种箱要用黑窗帘或黑布遮光 30 分钟,防止光复活作用,提高灭菌效果。

第二,紫外线杀菌灯使用 2 500 小时以后,作用强度下降到 80％,杀菌效果明显下降,因此,要适当延长照射时间。为保证杀菌效果,紫外线杀菌灯使用 4 000 小时后要更换。

第三,空气相对湿度大于 55％～60％时,紫外线杀菌灯照射效果下降。

(三)过滤除菌

是利用机械的阻留方法来除去介质中的微生物的方法称为过滤除菌。在食用菌生产上应用的设备主要有超净工作台和空气净化器,它们均适于空气过滤除菌,超净工作台主要是使操作台面达到局部无菌,而空气净化器是使接种室的空气经过过滤达到整个空间的无菌状态。

1. 超净工作台　超净工作台是一种局部净化空气的装置,利用空气洁净技术使一定操作区内的空间达到相对无尘、无菌状态。超净工作台接菌数量不受无菌室空间的限制,操作比较简便,有利于改善接种人员工作条件。瓶(袋)搬动少,损耗少,接种效率高,一般比接种箱提高3倍以上,适于大规模食用菌生产。使用时,超净工作台必须安装在洁净的房间内,或灰尘量较低、地面铺瓷砖的室内。超净工作台的结构由箱体和操作区配电系统等组成。箱体包括负压箱、风机、静电箱、预过滤器、高效空气过滤器,以及减震、消毒等部分。在炎热的夏季,使用这种工作台可使接种人员感到凉爽舒适,但价格较高,还需要定期清洗。

(1)工作原理　通过风机将空气吸入预过滤器,经由静压箱进入高效过滤器过滤,将过滤后的空气以垂直或水平气流的状态送出,使操作区域达到百级洁净度,保证生产对环境洁净度的要求。

(2)种类　超净工作台根据气流的方向分为垂直流超净工作台和水平流超净工作台。根据操作结构分为单边操作超净工作台和双边操作超净工作台。按其用途又可分为普通超净工作台和生物(医药)超净工作台。

(3)使用管理　①每次使用超净工作台时,实验人员应先开启超净工作台上的紫外线杀菌灯,照射20分钟后使用。②开启超净工作台工作电源,关闭紫外线杀菌灯,并用75%酒精或0.5%过氧乙酸喷洒擦拭消毒工作台面。③整个实验过程中,实验人员应按照无菌操作规程操作。④实验结束后,用消毒液擦拭工作台面,关闭工作电源,重新开启紫外线杀菌灯照射15分钟。⑤如遇机组发生故障,由专业人员检修合格后继续使用。⑥实验人员应注意保持室内整洁。⑦超净工作台的滤材每2年更换1次,并做好更换记录。

(4)无菌室管理　无菌室定期用75%酒精或0.5%苯酚喷雾降尘和消毒,用2%新洁尔灭或75%酒精抹拭台面和用具,用福尔马林(40%甲醛)加少量高锰酸钾定期密闭熏蒸,配合紫外线杀菌灯(每次开启15分钟以上)等消毒灭菌手段,以使无菌室经常保持高度的无菌状态。接种箱内部也应装有紫外线杀菌灯,使用前开灯照射 15 分钟以上。因为照射不到之处仍有杂菌存留,所以照射范围要广。紫外线杀菌灯开启时间较长时,可激发空气中的氧分子合成臭氧分子,这种臭氧分子有很强的杀菌作用,可以对紫外线没有直接照到的角落产生灭菌效果。由于臭氧有碍健康,在进入操作之前应先关掉紫外线杀菌灯后十多分钟。

接种室内力求简洁,凡与本室工作无直接关系的物品一律不能放入,以利保持无菌状态。接种室内的空气与外界空气应绝对隔绝,预留的通气孔道应尽量密闭。通气孔道可设上下气窗,气窗面积宜稍大,需覆上 4 层纱布做简单滤尘。在一天工作之后,可开窗充分换气,然后再予以密闭。总之,既清洁无尘无菌,又空气新鲜,适宜工作。覆在通气窗上的纱布应经常换洗。上述种种措施只是理想的设计方案,往往不易全面做到,其实只要严格无菌操作规程,在门窗敞开的室内,有一超净工作台的保证,接种的污染率仍可控在生产上可以容忍的水平。

2. 空气净化器　又叫室内空气净化器,通常由高压产生电空负离子发生器、微风扇、空气过滤器等系统组成。广泛应用于空调房间如办公室、宾馆、民用住宅、医院病房以及其他需要净化空气的实验室、无菌生产车间(如接种室)、计算机房等场所,它对于改善室内的空气质量大为有益。空气净化器是一种新型家用电器,它具有调节温度、自动检测烟雾、滤去尘埃、消除异味及有害气体、双重灭菌、释放负离子等功能。

(1)工作原理　机器内的马达和风扇使室内空气循环流动,被污染的空气通过空气过滤器的两次过滤后将各种污染物清除或吸附,然后经过装在出风口的负离子发生器,将空气不断电离,产生大量负离子,被微风扇送出,形成负离子气流,达到清洁、净化空气的目的。

(2)种类　分壁挂式空气净化器、吊挂式空气净化器、吸顶式空气净化器、落地式空气净化器。

（3）结构特征　空气净化器，由超细玻璃纤维滤料制造的高效过滤器、多翼前向式低噪声离心风机组、新型无纺布预滤器和电器等部件组成。安装在外表面烘漆、薄钢板折弯焊接成形的箱体内，具有结构紧凑，外形美观，体积小，便于拆卸，耐腐蚀等优点。

（4）使用维护　①空气净化器安装地点应远离高速源和震源，应安装在各级净化厂房或空调厂房内，可根据需要水平安装或垂直安装，安装时应在安装面上放置 5 毫米厚的乳胶海绵密封垫框，确保气密性。②空气净化器自净器安装孔大小根据自净器的外型尺寸确定。③空气净化器如果使用调压器，可调节电压不改变出风面的平均风速，从而最经济地使用自净器，提高高效过滤器的使用寿命。④为保证净化区域的洁净度，每次使用前应提前 15 分钟开机。⑤洁净空气吹出面应正对需要净化的工作区，期间应避免有大面积的物品阻挡。净化区域里应尽量避免作明显扰乱层流的动作。⑥根据环境的洁净程度，定期将顶部预滤器中的无纺布滤料拆下进行清洗，间隔时间一般为 3～6 个月，一般情况当预滤器内的无纺布滤料发黑时，既可拆下清洗，或予以更换。⑦每个月 2 次用 Y09-4 型尘埃粒子计数器测定安装本设备的房间或工作区的洁净度，如不符合技术参数要求，则应更换高效过滤器，高效过滤器的使用寿命为 9 600 小时。⑧更换高效过滤器时须拆下净化器前面压框，将高效过滤器取出，换上新的高效过滤器时，应将高效过滤器上的箭头，指向气体流动方向。⑨更换高效过滤器后，应用 Y09-4 型尘埃粒子计数器扫描捡漏，特别注意四周边框是否良好。⑩空气净化器设备使用温度不得大于 50℃，且严禁使用明火。电气故障需要专业人员进行维修。

二、化学消毒法

化学消毒法是利用化学药物杀灭病原微生物的方法。常用消毒剂有：

(一)乙　醇

乙醇俗称酒精,化学分子式是 C_2H_5OH,在常温、常压下是一种易燃、易挥发的无色透明液体,常用为 70%～75% 的乙醇作消毒剂。乙醇是最常用的表面消毒剂。

1. 消毒原理　乙醇分子具有很大的渗透能力,它能穿过微生物表面的膜,侵入微生物的内部,使蛋白质脱水变性,干扰微生物的新陈代谢,抑制其迅速繁殖并有溶菌作用。

2. 防治对象　对细菌营养体及孢子,真菌营养体及孢子,部分病毒有杀伤作用,但不能杀死细菌芽孢,也不能杀死肝炎病毒。

3. 药剂用途　在食用菌生产中,乙醇只能用作皮肤、器皿、分离材料表面消毒,达不到灭菌标准。

4. 酒精配制　香菇生产中常使用医用或食用酒精,将纯度为 95% 或 99% 的酒精配制成 75% 的酒精的方法是:①量取 95% 酒精 75 毫升,加 20 毫升凉开水即成 75% 酒精。②量取 99% 酒精 75 毫升,加 24 毫升凉开水即成 75% 酒精。

(二)新洁尔灭

新洁尔灭别名苯扎溴铵、溴化苄烷铵,为白色或淡黄色蜡状固体或胶状体,具有芳香气味,味极苦,易溶于水,微溶于乙醇。性质稳定,耐光,耐热,无挥发性,可长期存放。新洁尔灭是阳离子型表面活性杀菌剂,具有杀菌、洗涤、去垢、灭藻和提高消毒效果的作用。

1. 消毒原理　吸附于菌体表面,改变细胞壁的渗透性,降低细胞表面张力,使微生物菌体破裂;破坏菌体内的各种酶系统,使蛋白质变性。

2. 防治对象　对细菌、病毒有较好的杀灭能力,但对真菌杀灭效果差;对革兰氏阳性细菌作用较强,但对绿脓杆菌、抗酸杆菌等阴性细菌和细菌芽孢仅有抑制作用。

3. 药剂用途 在食用菌生产中,主要用于洗手、各种器皿及橡胶制品浸泡消毒,加大浓度可用于接种室喷雾消毒。香菇生产中,新洁尔灭与其他杀菌药剂混合,清洗菌种袋皮。

4. 使用方法 0.05%～0.1%的稀释液可用接种前洗手,需浸泡 5 分钟。一般使用 0.25%水溶液浸泡、喷洒、擦抹,作用 10 分钟。商品为 5%溶液,使用时加水稀释 20 倍,即成 0.25%水溶液。

(三)苯 酚

苯酚又名石炭酸,分子式为 C_6H_5OH,是最简单的酚类有机物,一种弱酸。常温下为无色晶体,有毒。苯酚有腐蚀性,常温下微溶于水,易溶于有机溶液;当温度高于 65℃时,能跟水以任意比例互溶。苯酚暴露在空气中呈粉红色,溶液沾到皮肤上可用酒精洗涤。

1. 消毒原理 在高浓度下可裂解并穿透细胞壁,使菌体蛋白变性形成朊盐沉淀。在低浓度下,可使细胞的重要酶系统失去活性,能杀死细菌芽孢而对真菌孢子的杀伤作用不大。

2. 防治对象 不同浓度有不同的作用,0.2%水溶液有抑菌作用;1%水溶液有杀菌作用,对革兰氏阳性和革兰氏阴性菌有效;1.3%水溶液可杀灭真菌;5%水溶液可在 24 小时内杀灭结核杆菌;稀溶液能使感觉神经末梢麻痹,发挥局部麻醉作用;0.5%～1.5%水溶液有止痒作用,对细菌芽孢、病毒无效。

3. 药剂用途 在食用菌生产中,通常使用 3%～5%水溶液用于接种室(箱)的墙壁、地面、桌架、器具、工作服、空间喷雾消毒。

4. 配制方法 5%溶液的配置方法:苯酚原为结晶体,可将药瓶置于水浴锅中加热溶化,倒出溶化的原液 50 毫升,加水 950 毫升,搅拌均匀而成。溶液中加入食盐有增效作用,而加入乙醇有减效作用。

(四)煤 酚 皂

主要成分为甲基苯酚,分子式为 C_7H_8O,无色或灰棕黄色液体,久贮或露置日光下颜色变暗,有酚臭。可溶于水;能与乙醇、氯仿、乙醚、甘油混溶;极易溶于脂肪油和挥发油;可溶于碱性溶液,2%的水溶液呈中性。煤酚为邻位、间位、对位 3 种甲基苯酚的混合液。煤酚皂溶液俗称来苏儿,系含 50%煤酚皂的水溶液。

1. 消毒原理 杀菌原理与苯酚相同,甲基苯酚消毒作用较苯酚强 3~10 倍,而毒性几乎相等。

2. 防治对象 可杀灭细菌繁殖体和亲脂类病毒,不能杀灭细菌芽孢和亲水类病毒,对于真菌的杀灭效果较差。2%溶液经10~15 分钟能杀死大部分致病性细菌,2.5%溶液 30 分钟能杀灭结核杆菌。

3. 药剂用途 在食用菌生产上,用于手和器皿表面消毒,空间喷雾及不能遇热的器具消毒,加大浓度可用于接种室喷雾消毒。

4. 使用方法 1%~2%水溶液用于洗手和空间消毒;3%~5%水溶液用于接种室、接种箱、器械、用具消毒。菌种瓶外壁消毒需要浸泡 1 小时。

第二节 灭菌方法

灭菌是采用强烈的物理或化学方法杀死物体表面及内部所有微生物的方法,包括病原微生物和非病原微生物的繁殖体、真菌、病毒及芽孢。灭菌方法分物理灭菌法和化学灭菌法。

一、物理灭菌法

物理灭菌法主要是高温灭菌法,利用热能使蛋白质或核酸变性,破坏细胞膜或包膜来实现杀死微生物的方法。分干热灭菌法和湿热灭菌法两大类。

（一）干热灭菌法

干热灭菌法是利用干热空气或火焰使微生物的原生质凝固，并使微生物的酶系统破坏而杀死微生物的方法。多用于容器及用具的灭菌。常用的方法有：

1. 焚烧 适用于废弃物品或动物尸体等灭菌。

2. 烧灼 适用于实验室的镊、剪、接种环等金属器械及玻璃试管口和瓶口的灭菌。

3. 干烤 在干烤箱内加热至160℃～170℃保持2小时，可杀灭包括芽孢在内的所有微生物。适用于耐高温的玻璃器皿、瓷器、玻璃注射器等。

（二）湿热灭菌法

湿热灭菌法是指用饱和水蒸气、沸水或流通蒸汽杀死微生物的方法。湿热灭菌法可在相对较低的温度下达到与干热法相同的灭菌效果。由于蒸汽的穿透力较热空气强，蛋白质、原生质胶体在湿热条件下容易凝固变性，酶系统容易被破坏，蒸汽进入细胞内凝结成水，能放出潜在热量而提高温度，更增强了杀菌力。常用的湿热灭菌法有：

1. 高压蒸汽灭菌法 利用高温高压蒸汽进行灭菌的方法。高压蒸汽灭菌可以杀死一切微生物，包括细菌的芽孢、真菌的孢子或休眠体等耐高温的个体。灭菌的蒸汽温度随蒸汽压力增加而升高，增加蒸汽压力，灭菌的时间可以大大缩短。因此，它是一种最有效的、使用最广泛的灭菌方法。

（1）灭菌时间 高压灭菌所采用的蒸汽压力与灭菌时间，应根据具体灭菌物质而定。液体培养基灭菌时，一般采用0.103兆帕，温度121℃，灭菌30分钟。母种、栽培种等固体培养基灭菌时，通常采用0.165兆帕，温度129℃，灭菌1～2.5小时。有些固体培养基导热性差,培养基中耐热性微生物又较多,如制备蘑菇栽培种的河泥烘料培养基,灭菌时间或灭菌压力要有所增加,通常压力为0.196兆帕,135℃,灭菌时间为4小时。

(2)**注意事项** ①灭菌锅内的冷气必须排尽。冷空气的热膨胀系数大,若灭菌锅内留有冷空气,当灭菌锅密闭加热时,冷空气受热很快膨胀,使压力上升,造成灭菌锅内压力与温度不一致,产生假性蒸汽压,锅内温度低于蒸汽压表示的相应的温度,致使灭菌不能彻底。特别是使用只装有压力表,没有温度表的灭菌锅时,尤应注意。排除冷空气的方法有两种:缓慢排气和集中排气。缓慢排气法,即开始加热灭菌时便打开排气阀门,随灭菌锅内温度逐渐上升,锅内的冷空气便逐渐排出,当锅内温度上升到100℃,大量蒸汽从排气阀中排出时,即可关闭排气阀,进行升压灭菌。集中排气法,即在开始加热灭菌时,先关闭排气阀,当压力升到0.05兆帕左右时,打开排气阀,集中排出空气,让压力降到0,并有大量蒸汽排出时,再关闭排气阀进行升压灭菌。固体培养基灭菌时可采用集中排气法。液体培养基灭菌时一般不宜采用,以免液体冲出瓶口。②灭菌锅内的培养基必须排列疏松,使蒸汽畅通。灭菌锅内蒸汽是否畅通,关系到灭菌温度是否均一。灭菌材料若放得过多、过密,会妨碍蒸汽的流通,影响温度分布的均一,造成局部地区温度较低,甚至形成温度"死角",达不到彻底灭菌的目的,常常导致杂菌污染。③灭菌完毕,应缓慢减压。高压蒸汽灭菌结束后的排汽降压不能太快,若排汽太快,瓶内外的压力差就会增大,引起瓶塞冲出瓶口;液体培养基灭菌时,液体会突然沸腾,弄脏瓶塞;塑料袋装培养料灭菌时,应让其自然冷却,当压力下降到0时,再打开排气阀放气,以免在减压过程中,袋内外产生压力差,把塑料袋击穿,导致以后杂菌污染。④注意棉塞防潮。用棉塞的瓶子或试管,在高压蒸汽灭菌锅中灭菌时,因锅中热蒸汽在锅壁四周和锅盖内侧容易产生凝结水,凝结水沿着锅壁和锅盖下流,弄湿棉塞。潮湿的棉塞在培养过程中,容易生长脉孢霉等真菌,污染培养物。为了防止棉塞潮湿,灭菌时,瓶子的棉塞不能接触灭菌锅壁,瓶子上面盖铝帽或防水油纸,以免锅盖下面的水流到棉塞上。灭菌结束时,应先排放锅内热水,然后再慢慢排放蒸汽降压。若棉塞潮湿,可在锅中烘烤一定时间再取出来。

2. 常压蒸汽灭菌法 采用自然压力的蒸汽进行灭菌的方法。我国食用菌栽培种或栽培袋生产过程中,利用钢管钢筋结构灭菌锅、钢板结构灭菌锅或钢筋水泥结构灭菌锅,一次可灭菌 5 000～10 000 袋。利用常压蒸汽灭菌时,培养袋在灭菌锅内排列不能过密,要保证蒸汽能在锅内均匀地流通。流通蒸汽的温度一般为100℃左右,要杀死耐热性的芽孢,必须延长灭菌时间。这种常压蒸汽灭菌锅的最大优点是:容量大,结构简单,成本低廉,可自行建造。缺点是灭菌时间长,能源消耗量大,稍不注意就有灭菌不彻底的现象发生。

3. 间歇灭菌法 指间歇一定时间,连续消毒几次达到灭菌的方法。此方法运用于不耐100℃高温的培养基的灭菌。要杀死培养基的芽孢,可将其在流通蒸汽中消毒20～30分钟,先杀死其中的营养体细胞,然后将培养基在室温或温箱中培养,使芽孢发芽长成营养体,再用流通蒸汽消毒20～30分钟,杀死新长成的营养体细胞,这样连续 3 次,即可杀死培养基中的全部芽孢,达到无菌状态。

二、化学灭菌法

化学灭菌法是利用化学药物杀灭病原微生物的方法。化学药剂可分为 4 类,即毒害类物质,包括汞、银、铝、锌、铜,对微生物有毒害作用;氧化剂类物质,包括高锰酸钾、过氧化氢、臭氧、过氧乙酸、次氯酸钠、次氯酸钙等;还原剂类物质,如甲醛等;表面活性物质,包括乙醇、新洁尔灭等。

(一)石　灰

石灰分生石灰与熟石灰。生石灰主要成分是氧化钙,化学分子式为 CaO,白色固体,与水反应生成熟石灰,学名氢氧化钙,化学分子式为 $Ca(OH)_2$。生石灰并无杀菌作用,只有当生石灰遇水后变成熟石灰才能显示强碱性,因而具有杀菌作用。

1. 杀菌原理　石灰是强碱性物质,能夺取微生物细胞的水分,破坏微生物的蛋白质和核酸,扰乱其正常代谢。

2. 防治对象　细菌、真菌等微生物。

3. 药剂用途　在食用菌生产中,用于出菇棚土壤和发菌棚地面处理及段木截口的杀菌等。

4. 使用方法　①发菌棚地面和周围场所撒生石灰粉,生石灰吸湿后变成熟石灰,起到杀死病原微生物和害虫的作用。②5%～10%的石灰乳剂,用于段木截面涂刷或喷洒环境。③用石灰处理出菇棚土壤,防止地栽香菇烂棒。

(二)高锰酸钾

高锰酸钾化学分子式是 $KMnO_4$,为具有金属光泽的暗紫红色棱状晶体,可溶于水。高锰酸钾水溶液在酸、碱条件下都不稳定,易分解失效,常用作消毒剂和灭菌剂。

1. 杀菌原理　高锰酸钾是强氧化剂,能使蛋白质和氨基酸氧化,并使酶失去活性,导致微生物营养体和细菌芽孢死亡。

2. 防治对象　高锰酸钾对细菌营养体和部分细菌芽孢有杀灭作用。0.1%水溶液作用 10～30 分钟即可杀灭细菌营养体;2%～5%水溶液作用 24 小时,可杀灭细菌芽孢。

3. 药剂用途　在食用菌生产中,用于清洗菌种袋皮,接种室(箱)、发菌棚熏蒸消毒。

4. 使用方法　①使用浓度为 0.1%～0.5%高锰酸钾水溶液,浸泡、清洗菌种袋皮,达到灭菌的目的。②高锰酸钾与过量的甲醛反应,产生大量热量使甲醛挥发,甲醛气体具有消毒灭菌的功能。

5. 注意事项 ①吸入高锰酸钾后可引起呼吸道损害。②溅落眼睛内,刺激结膜,重者致灼伤。③浓溶液或结晶对皮肤有刺激性、腐蚀性。④口服腐蚀口腔和消化道,出现口内烧灼感、上腹痛、恶心、呕吐、口咽肿胀等,口腔黏膜呈棕黑色、肿胀糜烂,剧烈腹痛,呕吐,血便,休克,最后死于循环衰竭。

(三)甲 醛

甲醛亦称蚁醛,化学分子为 CH_2O,易溶于水、醇和醚,是一种可燃、无色及有刺激性的气体。37%～40%甲醛水溶液叫作福尔马林,其中常掺有 10%～20%甲醇以防止聚合。福尔马林具有防腐杀菌性能,可用来浸制生物标本及灭菌等。

1. 杀菌原理 甲醛与微生物体内蛋白质上的氨基发生反应,使蛋白质变性。

2. 防治对象 甲醛对细菌、真菌、酵母菌等有很好的杀灭作用。甲醛气体在空气中浓度为 15 毫克/升时,作用 2 小时可杀灭细菌营养体,12 小时可杀灭细菌芽孢。

3. 药剂用途 在食用菌生产中,用于接种室(箱)、培养室、发菌棚熏蒸灭菌。

4. 使用方法 ①按每立方米空间甲醛 10 毫升计算,将甲醛置于玻璃、陶质或金属容器中,直接放在酒精灯或火炉上加热。②按每立方米空间甲醛 10 毫升,高锰酸钾 5 克计算,将称好的高锰酸钾放入容器中,然后注入甲醛溶液。甲醛挥发后密闭 24 小时通风。

5. 注意事项 ①甲醛对眼睛、呼吸道及皮肤有强烈刺激性及致突变性和生殖毒性。②熏蒸消毒后,一定要喷洒与甲醛等量的 25%氨水,消除甲醛残余气体。

(四)硫　磺

硫磺外观为黄色固体或粉末,有特殊臭味,能挥发,不溶于水,微溶于乙醇、醚。硫磺燃烧时发出青色火焰,伴随燃烧产生二氧化硫气体,二氧化硫与水反应,生成亚硫酸,能提高杀菌能力,并能杀螨、杀虫。

1. 杀菌原理　二氧化硫与水结合形成亚硫酸,亚硫酸具有氧化性,利用氧化性杀菌。

2. 防治对象　细菌、真菌等病原微生物和螨虫。

3. 药剂用途　在食用菌生产中,用于接种室、培养室或发菌棚熏蒸灭菌。

4. 使用方法　在培养室或发菌棚的墙壁或地面上喷少量的水,将硫磺粉倒入磁盘内点燃,每立方米空间用硫磺粉末15~20克,点燃密闭24小时后通风。为了充分发挥药效,室内墙壁、地面、床架上事先喷水湿润。

5. 注意事项　①二氧化硫是无色、有毒气体,对呼吸道黏膜和眼结膜有刺激性,大量吸入可引起肺水肿、喉水肿、声带痉挛而窒息。②亚硫酸对眼睛、皮肤、黏膜和呼吸道有强烈的刺激作用。中毒表现有烧灼感、咳嗽、喘息、喉炎、气短、头痛、恶心和呕吐。③二氧化硫、亚硫酸对金属都有腐蚀作用。

(五)氯 化 汞

氯化汞俗称升汞,化学名称二氯化汞,白色晶体、颗粒或粉末,有剧毒,溶于水、醇、醚和乙酸。氯化汞可用于木材和解剖标本的保存、皮革鞣制和钢铁镂蚀,是分析化学的重要试剂,还可作消毒剂和防腐剂。

1. 杀菌原理　二价汞离子可与带负电荷的蛋白质结合,使蛋白质变性,酶失去活性。汞还能与菌体蛋白中—SH结合,破坏其蛋白质结构,使其永久变性,影响代谢,微生物发育、繁殖受阻或被破坏。

2. 防治对象 可有效杀死附着在植体表面细菌、真菌及芽孢,灭菌效果好。

3. 药剂用途 食用菌组织分离时常用于种菇表面消毒。

4. 使用方法 使用时配制成 0.2%的水溶液,即升汞 2 克加蒸馏水 1 000 毫升。配制时先将升汞放于少量的酒精中溶解,然后加蒸馏水稀释而成。

5. 注意事项 用氯化汞灭菌的分离材料要用无菌水多次洗涤,一般不少于 5 次,才可将残留的药剂除净。使用氯化汞给环境造成污染,一般情况下,应尽量用其他灭菌剂灭菌,少用或不用氯化汞。

(六)过氧乙酸

过氧乙酸化学分子式为 $C_2H_4O_3$,无色透明液体,呈弱碱性,有酸臭味,易挥发,溶于水、醇、醚、硫酸。腐蚀性强,有漂白作用,不稳定,遇热、还原剂或有金属离子等易分解。过氧乙酸属于气体和液体都具有极强的杀菌作用,为高效、速效、低毒、广谱杀菌剂。过氧乙酸分解物为醋酸、氧气和水,无残留性,使用方便,在一定时间内,可保证培养和灭菌对象无毒。

1. 杀菌原理 过氧乙酸属于为过氧化物类灭菌剂,有很强的氧化性,遇有机物放出新生态的氧而起氧化作用,可有效杀灭各种微生物。

2. 防治对象 对细菌繁殖体及芽孢、病毒、真菌均有杀灭作用。

3. 药剂用途 在食用菌生产中,用于各种器具及空气、环境灭菌及预防消毒。

4. 使用方法 在 0.5%浓度作用只需 5 分钟,就能杀死微生物的营养体;杀死细菌芽孢则需 1%的浓度作用 5 分钟。在溶液中加入 20%～70%的酒精,可提高杀菌作用 4～10 倍。若用于空气熏蒸消毒,在空气相对湿度 60%～90%的条件下,每立方米 5 毫升作用 30 分钟,对枯杆菌芽孢的杀死率达 99.99%。温度高,杀菌效果好。

(七)洁 霉 精

采用进口原料生产的一种新型高效灭菌剂,杀菌力强、消毒彻底,对人畜安全、无毒、无公害、无残留。20 分钟内对各种真杂菌的杀灭率达 99%以上。

1. 杀菌原理 化学成分未知,杀菌机制不详。

2. 防治对象 绿霉等真菌病原微生物。

3. 药剂用途 香菇生产中与新洁尔灭混用清洗菌种袋皮。

4. 使用方法 本品每袋内含两小包,使用时一起将两小包药粉倒入 10～15 升水中,即刻产生强烈化学反应,反应完毕(约 2 分钟)经搅拌即生成超强型洁霉精溶液。

(八)二氯异氰尿酸钠

二氯异氰尿酸钠别名优氯净,为白色粉末状或颗粒状的固体,是氧化性杀菌剂中杀菌最为广谱、高效、安全的消毒剂,可强力杀灭细菌繁殖体、细菌芽孢和真菌等各种致病性微生物,对肝炎病毒有特效杀灭作用,快速杀灭并强力抑制蓝绿藻、红藻和海藻等藻类植物。香菇生产中使用的气雾消毒盒,主要成分是二氯异氰尿酸钠消毒粉。

1. 杀菌原理 喷施在作物表面能慢慢地释放次氯酸(HCIO),次氯酸具有强氧化作用,通过使菌体蛋白质变性,改变膜通透性,干扰酶系统生理生化及影响 DNA 合成等过程,使病原菌迅速死亡。

2. 防治对象 细菌、真菌、病毒和藻类。

3. 药剂用途 在食用菌生产中,用于接种箱、接种室、接种帐、发菌室和栽培房熏蒸灭菌。

4. 使用方法　使用二氯异氰尿酸钠消毒粉（有效氯含量为330 克~400 克/千克）熏蒸时，接种箱熏蒸 30 分钟，接种室（接种帐）熏蒸 8 小时后进行接种操作。

5. 注意事项　①二氯异氰尿酸钠消毒粉不得口服，应置于儿童不易触及处。②二氯异氰尿酸钠消毒粉会使有色衣物和丝毛织品脱色、变黄。③二氯异氰尿酸钠消毒粉对金属有腐蚀作用，不可用于金属织品的消毒。

（九）一擦灵

一擦灵又名擦特灵，为多种广谱杀菌剂咪酰胺和乙醇、表面活性剂、增效剂经科学配制而成的高效表面消毒剂，在 1 分钟内对各种杂菌和真菌杀灭率达 98% 以上。咪酰胺为橙黄色针状晶体，不溶于水，微溶于乙醇、苯、醋酸乙酯，溶于乙醚和热醋酸。

1. 杀菌原理　抑制麦角甾醇的生物合成而起到杀菌作用，具有保护和铲除作用。

2. 防治对象　对多种作物子囊菌和半知菌病害有显著防治效果。

3. 药剂用途　香菇接种时擦拭培养袋接种面。

4. 使用方法　接种时摇动一擦灵药液，使药液混匀，然后倒入碗或其他容器内，用 3 厘米宽的毛刷，蘸上药液从培养袋的一头到另一头涂刷一遍，涂刷部分要求涂得薄而均匀，等药液未干前迅速打孔、接种并堆放整齐，三者紧密结合，中间不能停留。

5. 注意事项　①一擦灵可燃，注意安全使用，久置会沉淀，但不影响药效。②滑子菇对一擦灵药液敏感，影响成活率，接种时禁止使用。

第五章　香菇菌种制作技术

第一节　菌种繁殖方式

一、菌种繁殖方式

培育香菇母种时,分有性繁殖与无性繁殖两种方式。

(一)无性繁殖

没有进行性结合的一切繁殖过程,称为无性繁殖。从香菇子实体或菇木中人工分离菌丝体,在培养基上使其回复到菌丝发育阶段,来获取母种的方法,称为无性繁殖,也称无性分离。

(二)有性繁殖

由担孢子或子囊孢子形成的菌丝,经过配对的性结合而繁殖的过程,称为有性繁殖。香菇子实体成熟时,弹射出许多不同性别的担孢子,这些担孢子着落在培养基上,萌发后产生不同性的单核菌丝,经异宗结合成为双核菌丝,这种繁殖方式称为有性繁殖,也称有性分离。

二、菌种分级形式

香菇菌种是指经人工培养并可供进一步繁殖或栽培使用的香菇菌丝纯培养物。我国香菇菌种生产采用母种、原种、栽培种三级繁育程序。

(一)母　种

母种是经选育得到的具有结实性的菌丝体纯培养物及其继代培养物。以玻璃试管为培养容器和使用单位,也称一级种、试管种。

(二)原　种

原种是由母种移植、扩大培养而成的菌丝体纯培养物,称为原种,也称二级种。常以玻璃菌种瓶或塑料菌种瓶或 15 厘米×28 厘米聚丙烯塑料袋为容器。

(三)栽 培 种

栽培种是由原种移植、扩大培养而成的菌丝体纯培养物,称为栽培种,也称三级种。常以玻璃瓶或塑料袋为容器。

三、母种种源

母种种源对菌种生产者影响重大,它是种性优良、性状稳定一致,没有退化的纯培养物。母种来源可分为两大类:第一种是直接从育种者或受育种者授权的单位引进。第二是母种生产企业自己选育并保藏的菌种。不管哪种来源,用于生产母种之前都应该进行出菇试验,确定其种性是否优良。

第二节　母种的分离和制作技术

一、培养基配方

(一)PDA 培养基(马铃薯葡萄糖琼脂培养基)

马铃薯 200 克,葡萄糖 20 克,琼脂 20 克,水 1000 毫升。如果配方中的葡萄糖替换成蔗糖,称为 PSA 培养基。

(二)CPDA 培养基(综合马铃薯葡萄糖琼脂培养基)

马铃薯 200 克,葡萄糖 20 克,磷酸二氢钾 2 克,硫酸镁 0.5 克,琼脂 20 克,水 1 000 毫升。

二、培养基制作

(一)制作方法

选择优质马铃薯,洗净去皮后,切成 1 厘米见方的小块。称取 200 克放入铝锅或钢精锅中,加水 1 200 毫升,煮沸后用文火保持 30 分钟,使马铃薯熟而不酥。趁热用 4 层纱布过滤,将马铃薯汁放回铝锅(或钢精锅)中,将浸水后的琼脂加入马铃薯汁中,继续以文火加热至琼脂全部融化后加入葡萄糖。在加热过程中要用筷子不断搅拌,防止溢出和煮煳。将熬制好的培养液再过滤 1 次,滤出杂质和沉淀物,用 100℃的开水补足至 1 000 毫升,趁热(60℃)分装试管。

(二)做 棉 塞

取适量棉花做成较紧实的棉塞,塞入试管约 2 厘米左右,外留 1 厘米,紧贴试管内壁,松紧度以用手指提起棉塞而不脱掉为宜。

(三)分　装

食用菌常用的玻璃试管是 18 毫米×180 毫米和 20 毫米×200 毫米两种规格。选用洁净、完整、无损的玻璃试管进行分装。分装装置可用带铁环和漏斗的分装架或灌肠杯。左手持 2～3 支试管,管口朝上,令其下端整齐,上移试管至漏斗软管,插入试管内约 3 厘米,右手捏紧软管止流夹,使培养基液体流入试管,装量一般为试管长度的 1/4。将试管下移离开软管,再分装第二支试管,直至全部装完。装完后立即用棉花塞口,并要求松紧适度。棉花塞入试管口的部分为 2 厘米,留 1 厘米在管外便于拔出。试管塞好棉花后,取 10 支同样规格的试管,用牛皮纸或双层报纸将棉塞包住,并向下延伸到试管中部,用粗棉线将其扎成一把,竖置于铁丝笼中,放入高压锅中灭菌。

(四)灭 菌

将分装包扎好后的试管直立放入灭菌锅套桶中,盖上锅盖,拧紧螺丝,关闭放气阀,开始加热。当压力表指针达到 0.05 兆帕时,打开放气阀,放尽锅内气体,并有大量蒸汽排出时再关上排气阀。当压力表升至 0.11~0.12 兆帕时,在此压力下维持 30 分钟后关闭热源。当压力降至 0 后,打开排气阀,放净饱和蒸汽,放气时要先慢排,后快排,最后再微开锅盖,让余热把棉塞吸附的水汽蒸发。

(五)排成斜面

灭菌后的培养基温度下降到 60℃时,就要把试管倾斜,使之凝结成斜面。斜度以斜面达到试管长的 1/2 为宜,冷却后,即成试管斜面培养基。

(六)检验灭菌效果

检验灭菌效果是包括对灭菌设备性能的检测和对某种培养基在预定的压力、时间下灭菌效果的检测。随机抽取 2~3 支试管放在恒温箱中,在 28℃条件下培养 5~7 天后,检查斜面上有无细菌和霉菌菌落。在此期间培养基上没有出现任何杂菌,表明灭菌效果良好;如果发现有杂菌,说明灭菌不彻底,要重新灭菌。要从灭菌锅的压力、蒸汽锅炉、灭菌时间时等环节查找灭菌不彻底的原因,加以改进。

(七)无 菌 水

在菌种分离时,常需要用无菌水洗涤子实体。在配制培养基时要有计划制作一些无菌水,无菌水保存的时间不宜过长。

无菌水的制作方法:用洁净的无杂质、无沉淀的自来水或河水作为水源。将水装进三角瓶或试管中,一般 500 毫升的三角瓶装入 250 毫升水,塞上棉塞或盖一层聚丙烯薄膜,再覆盖一层牛皮纸,用绳线扎口。试管采用 18 毫米×180 毫米的型号,装水的高度为管长的 1/4,塞上棉塞,放入试管架内,上端用牛皮纸包扎,然后用 0.105 兆帕压力,温度为 121℃,灭菌 30 分钟,冷却备用。

三、接　种

(一)接种室和接种箱的消毒处理

1. 药物熏蒸消毒　①甲醛和高锰酸钾:按每立方米 10 毫升甲醛加 5 克高锰酸钾计算用量,在使用前一天进行熏蒸。熏蒸时,先将门窗关闭,将适量的高锰酸钾放在大烧杯或盆内,操作人员戴上口罩倒入相应量的甲醛,快速出室关门,密闭 24 小时后通风。通风后要喷洒与甲醛等量的 25% 的氨水,消除甲醛残余气体。②二氯异氰尿酸钠:每立方米用二氯异氰尿酸钠 6～8 克,点燃后对接种箱熏蒸 30 分钟,接种室(接种帐)熏蒸 8 小时后进行接种操作。

2. 药物喷雾消毒　接种之前,用 5% 石炭酸或煤酚皂(来苏儿)在接种室或接种箱喷雾。液体消毒液除具杀菌外,还可以沉降空气中的尘埃和杂菌孢子,起到净化空气的作用,减少污染。

3. 紫外线杀菌灯辐射消毒　使用紫外线杀菌灯消毒必须在接种前 30 分钟进行。

(二)接种室和接种箱的使用规程

①接种室地面要定期清洁,清洁时必须用拖布拖,不能用笤帚清扫,以防扬尘。

②消毒前将需要接种的物品如试管斜面、接种用具等一并放入接种室或接种箱。

③接种室即使长期不用,也要定期进行消毒处理。以保证接种室的无菌状态。

④接种人员接种前先用肥皂清洗双手和手腕部位。在缓冲室

更衣,进入接种室再用75％酒精棉球擦拭双手和操作台面。

⑤接种过程中,无关人员不可随便进出,以免影响接种成功率。

⑥接种后要对台面及时清洁,连续使用则清洁后要重新消毒处理。

(三)接种方法

接种室或接种箱消毒处理后,即可进行接种。接种方法是:左手平托母种试管和另一支待接种的试管斜面,菌种在外,试管斜面在内。右手持接种钩,接种钩首先在酒精中浸蘸一下,然后在火焰上方灼烧片刻。在酒精灯火焰上方拔下试管棉塞,夹于右手指间,接种钩冷却后进母种试管切取(3～5)毫米×(3～5)毫米大小的一块母种,迅速转移至待接种试管斜面中央位置,在火焰上方同时塞好母种和新接种试管的棉塞。这样,一支试管母种接种结束。如此反复,1支试管母种可转接扩繁30～40支试管。

(四)接种操作注意事项

①酒精灯火焰要足够高,火焰周围的无菌范围相对大,有利于无菌操作。

②母种试管并未在无菌条件下保存,所以,试管表面或多或少存在微生物。试管母种使用前,在接种室或接种箱内先用75％酒精擦拭试管表面,拔下棉塞后,将试管口在酒精灯火焰上转动2～3圈,这样可以有效烧死试管口存在的微生物,减少菌种造成的污染。

③接种操作要在火焰上方无菌区进行。

④接种钩最好使用较薄的材料制成,灼烧时要烧至材料变红,并注意灼烧的长度以试管长度为度,在火焰上方反复灼烧3～4次即可。

⑤接种钩灼烧后要冷却才能使用。冷却一般在无菌的待接试

管的上部空间进行,也可在斜面上端冷却。

　　⑥棉塞在接种时要夹于右手指间,不可放在操作台上。棉塞受潮或者掉在地上,更换备用棉塞。

　　⑦消毒用的酒精要定期更换,并保持清洁。酒精灯使用前要检查酒精灯内酒精是否够用和酒精灯芯的长度是否合适。

　　⑧操作过程中要动作轻盈、敏捷、快速、准确,尽可能地减少动作过大和声音干扰。

　　⑨接种后及时清理垃圾,打开门窗,排除接种时酒精燃烧放出的废气。之后,关闭门窗,打开紫外线杀菌灯进行消毒,便于以后使用。

四、母种分离培育

　　母种分离方法有组织分离法、孢子分离法和基内菌丝分离法3种。

(一)组织分离法

　　该方法是利用食用菌子实体的组织(或子实层、菌核、菌索等),在无菌的条件下分离出幼嫩的小组织块,在适宜的环境条件下培养成菌丝体,从而获得纯菌种的方法。

　　组织分离是无性繁殖,繁殖的后代变异小,能保持原菌株的优良种性。香菇优良菌株确定后,多数采用子实体组织分离法。

　　1. 种菇选择　在高产、稳产、适应性强的优良品系中,选择单生、出菇早、朵形好、菌盖肥厚、菌柄粗短、八分成熟、大小适中、生长旺盛、符合本品种特征、无病虫害子实体。子实体采摘后放入灭过菌的纸袋内,带回接种室(箱)。

　　2. 种菇消毒　在接种室(箱)内无菌操作。用75%酒精将手和工具消毒。将符合标准的种菇用消毒脱脂棉球取75%酒精,对种菇表面擦洗消毒,并用无菌滤纸充分吸干。或用0.1%升汞水浸5分钟,取出后用无菌水冲洗多次,并用无菌滤纸充分吸干,置于清洁的培养皿中备用。

3. 接种培养　在酒精灯火焰上方，用双手将菇体掰开，用灭过菌的接种刀，在菌盖与菌柄交界处切取 10 毫米×5 毫米"目"字形小块为接种材料。用接种针挑选取一小块组织片，迅速地接入试管斜面培养基的中央，然后将试管口和棉花塞在酒精灯火焰上过火灭菌后塞好，将接种后的试管放入 25℃ 的恒温箱内培养，2～3 天后组织块及周围便长出白色的菌丝，7～8 天菌丝可长满试管斜面。

4. 母种转管　菌块萌发成菌落时，筛选萌发早、生长快的菌落，用接种针取菌落边缘的菌丝尖端进行移接转管，并检查香菇锁状联合。经过 3～4 次转管后，从中选出长势良好的进行出菇试验。组织分离所得的菌株只有通过出菇试验证明其高产、稳产、生物性状优良后才能用于生产。

（二）孢子分离法

该方法是利用成熟子实体的有性孢子（担孢子或子囊孢子），自发地从子实层或子囊中弹射出来的特点收集孢子，并在无菌条件下，在适宜的培养基上和环境条件下，使孢子萌发成菌丝，获得纯种的方法。孢子分离法分为多孢分离法和单孢分离法两种。多孢分离法较易成功，所获的纯种基本上能形成子实体，仍需做出菇试验后才能用于生产。

1. 种菇选择　选择菇形商品性状好、外表清洁、无病虫害、七八分成熟、菌膜将破的子实体。采摘后放入灭过菌的纸袋内，带回接种室（箱）。

2. 孢子的采集　在接种室（箱）内无菌操作。用 75% 酒精将手和工具消毒。切去种菇菌柄，用镊子夹住种菇，浸入 75% 酒精或 0.1% 升汞溶液中 1～2 分钟，以杀死种菇表面上的杂菌，然后用无菌水冲洗数次，放在无菌滤纸上吸干水分，迅速将种菇放在铁丝三脚架上，置于盛有滤纸的器皿内，连器皿一起放在磁盘上，盖上钟罩,在适宜的温度下静置 12~24 小时。随着菌盖的开展,白色粉末状孢子即大量地从菌褶上弹落于器皿上,形成一层白色孢子印。

3. 接种培养　用接种针挑取少量的孢子,放入装无菌水的三角瓶中,稍加摇动,便制成孢子悬浮液。用注射器吸取孢子悬浮液,每只试管斜面上滴几滴,然后移入 25℃ 恒温箱内培养。经3~4 天后,孢子萌发生成菌落,10 天后,由孢子萌发的白色菌丝长满整个试管培养基的斜面,即得一级香菇母种。

4. 母种转管　孢子萌发成菌落时,筛选萌发早、生长快的菌落,用接种针取菌落边缘的菌丝尖端进行移接转管,并检查香菇锁状联合。经过几次转管后,从中选出长势良好的进行出菇试验。孢子分离所得的菌株只有通过出菇试验证明其高产、稳产、生物性状优良后才能用于生产。

(三)基内菌丝分离法

该方法又称菇木分离法或菌棒分离法。当从菇木上长出的子实体已过熟腐烂或因子实体很小而不能进行组织分离时,可以采用菇木分离法。

1. 选择菇木　在野生香菇的菇木、段木栽培的菇木或袋栽香菇菌棒上,选择出菇多、菇大肉厚、发育良好、成熟适当、无病虫害的菇木。

2. 无菌处理　在接种室(箱)内无菌操作。用 75% 酒精将手和工具消毒。将选好的段木锯成一小段,削去树皮及表层木质部,用 75% 酒精擦洗消毒后,锯成 1 厘米厚的薄片,然后放入 0.1% 的升汞水中消毒 1~2 分钟,再用无菌水洗去升汞水废液。

3. 接种培育　将消过毒的菇木小薄片,劈成 0.5~1 毫米宽的小木条,接到斜面培养基中央,移入 25℃ 恒温箱中培养,使菌丝恢复生长。菇木分离法需要接种 7 天,才能断定菌丝是否成活。

4. 母种转管　在菌丝生长之后,通过 3~4 次转管纯,选择长势较好的进行出菇试验。

五、提纯选育

无论是孢子分离、组织分离或基内菌丝分离,所得到的菌丝,并不都是优质的,因此还必须提纯选育。

一个子实体弹射出来数以亿计的孢子中,并不是每个孢子都是优质的,有的孢子未成熟,有的生长畸形不能萌发或发芽力弱,也有的孢子发芽后菌丝蔓延困难。孢子采集后,还必须提纯选育。在采集许多孢子后,用连续稀释的方法获得优良孢子进行培育。操作方法是:在接种箱内,用注射器吸取 5 毫升的无菌水,注入盛有孢子的培养皿内,轻轻搅动,使孢子均匀地悬浮于水中,即成孢子悬浮液。再将注射器插上长针头,吸入孢子悬浮液,让针头朝上,静放几分钟,使饱满的孢子沉于注射器的下部,推去上部的悬浮液,吸入无菌水将孢子稀释。再把装有培养基的试管棉塞拔松,针头从试管壁处插入,注入孢子悬浮液 1~2 滴,然后拔出针头,塞紧棉塞。接种后,将试管移入恒温箱内培养,在 25℃~28℃ 下培养 10 天,即可看到白色茸毛状的菌丝分布在培养基上面,待长满后,即为母代母种。

组织分离和基内菌丝分离所得的菌丝萌发后,通过认真观察,选择色白、健壮、长势正常无间断的菌丝,在接种箱内,钩取纯菌丝连同培养基接入试管培养基上,在 23℃~28℃ 恒温条件下培育 10 天,菌丝长满管后,也就是母代母种。

六、母种扩繁

由于所获得的母种数量不多,因此,必须进行转管扩繁,才能满足原种生产的要求。刚分离培养成的母种称为母代母种,标明代号为"P",再经过提纯扩大分离培养而成的母种,成为子代母种,其标明代号为"F0",应该按照扩大次数而分别称为第一代子代母种或第二代子代母种。标名代数在"F"右下角写上阿拉伯数字，如 F_1，F_2，F_3 等。每支母代母种可扩繁 30～50 支子代母种。

　　生产上供应的多为子代母种，它可以进行再次转管扩接，但转管次数不应过多，以免削弱菌丝生活力，降低出菇率。在生产上，转管一般以不超过 5 次为好。

七、出菇试验

　　分离选育的母种，还必须进行出菇试验。方法是把母种接入瓶装或袋装的木屑培养基上，经过 24℃～27℃ 的恒温培养，待白色菌丝长满瓶或袋，并有原基或红色斑点出现时，进行温差刺激，喷水加湿，促进转色，使原基分化长菇。通过出菇试验，观察表现，做好记录，掌握种性特征，确定菌株代号，贴好标签，方可用于生产。

八、优良母种的特征

　　采用马铃薯、葡萄糖、琼脂(PDA)培养基，斜面在 25℃ 下培养 10～14 天后，菌丝长满斜面，略有爬壁现象，菌丝洁白，有光泽，粗壮，多分枝，生长浓密，呈茸毛状，平坦，紧贴管壁。转接到新培养基上，萌发吃料快，长势又快又旺。早熟菌株存放时间长会形成原基，因此必须掌握适龄使用，避免原基形成。

第二节　原种制作技术

　　获得优良的香菇纯母种后，为了满足大面积生产的需要，应选择菌丝健壮而洁白、生长旺盛、无老化、无杂菌感染的母种试管进行扩大生产原种。

一、培养基配方

(一)木屑培养基

1. 配方　阔叶树木屑 78%，麦麸 20%，蔗糖 1%，石膏 1%，含水量 58%±2%，灭菌前 pH 值 6.5～7.0。

2. 制作方法　木屑须预先过筛，除去其中的大木签和杂物，以防装塑料袋时刺破袋壁。拌料时按比例称取木屑、麦麸、石膏等倒入搅拌机，搅拌均匀后，加入糖水再反复搅拌，含水量达到 56%～60%时出料装瓶(袋)。

(二)棉籽壳培养

1. 配方　阔叶树木屑 63%，棉籽壳 15%，麦麸 20%，蔗糖 1%，石膏 1%，含水量 58%±2%，灭菌前 pH 值 6.5～7.0。

2. 制作方法　为了除去对菌丝生长不利的棉酚，需将棉籽壳置于 pH 值 9～10 的石灰水中浸泡 18～24 小时，经清水冲洗至 pH 值 7.0 以下，然后堆置发酵 5～7 天。棉籽壳吸水较慢，拌料后 1 小时再装瓶或装袋。

(三)玉米芯培养基

1. 配方　阔叶树木屑 63%，玉米芯 15%，麦麸 20%，蔗糖 1%，石膏 1%，含水量 58%±2%，灭菌前 pH 值 6.5～7.0。

2. 制作方法　选用无霉变经过暴晒的玉米芯，粉碎成黄豆粒大小颗粒。然后用水将玉米芯浸泡 4～5 小时，使玉米芯吃透水。拌料时按比例称取木屑、玉米芯、麦麸、石膏等倒入搅拌机，搅拌均匀后，加入糖水再反复搅拌，含水量达到 56%～60%时出料装瓶(袋)。

二、装　瓶(袋)

制原种的容器为玻璃菌种瓶、聚丙烯塑料瓶或折角聚丙烯塑料袋3种。玻璃菌种瓶规格一般为650毫升～750毫升,耐126℃高温的无色或近无色的小口瓶,或850毫升、耐126℃高温、白色半透明、符合GB 9687卫生规定的聚丙烯塑料菌种瓶,或15厘米×28厘米耐126℃高温符合GB 9687卫生规定的聚丙烯塑料袋。各类容器都应使用棉塞;也可使用能够满足滤菌和透气要求的无棉塑料盖代替棉塞。

(一)装瓶操作

将培养料装入菌种瓶,要一边装料,一边将瓶子上下抖动,使培养料的松紧度上下均匀,一般装至瓶肩处。装完后,用"丁"字形铁钩压实,并使培养料表面平整。装瓶后用一根直径为1.5厘米粗的锥形木棒,在培养基的正中间打一个直到瓶底的洞。接种后利于菌种向四周蔓延,菌丝生长迅速。打洞后用清水洗净菌种瓶外部后擦干,用棉花塞瓶口,再用一层12厘米×12厘米正方形的聚丙烯塑料薄膜和外加一层12厘米×12厘米正方形的牛皮纸包扎瓶颈和棉塞,进行高压或常压灭菌。

(二)装塑料袋操作

培养基装袋可用手工装料或装袋机装料。手工装袋采用边装料边用手压料,使培养基紧贴培养袋,表面平整,上紧下松,底部平稳。培养基装完后,用锥形木棒在培养基中间轻轻打洞,再将袋口抹干净,套上海绵套环。装袋机装袋打孔同时进行,装完袋后直接套上海绵套环。

三、灭　菌

原种培养基装瓶(袋)后应在4小时内进灭菌锅,按照NY/T 528—2002食用菌菌种生产技术规定,原种培养基必须高压灭菌。装完锅后,关闭锅门,拧紧螺杆。将压力控制器的旋钮拧至套层,先将套层加热升压,当压力达到0.05兆帕时,打开放气阀,排净锅内冷气,并有大量蒸汽排出时关闭排气阀。当套层内压力达到预置压力 0.15 兆帕时,将压力控制器的旋钮拧至消毒,使套层的蒸汽进入消毒室,从此开始计时,在此压力下灭菌 2.0～2.5 小时。灭菌达到要求的时间后,关闭热源,使压力和温度自然下降。灭菌完毕后,不可人工强制排汽降压,否则会使原种瓶或原种袋由于压力突变而破裂。当压力降至 0 后,打开排气阀,放净饱和蒸汽,放汽时要先慢排,后快排,最后再微开锅盖,让余热把棉塞吸附的水汽蒸发。

四、接　种

打开锅盖,取出原种瓶(袋),搬入预先消毒处理过的洁净的冷却室。培养基冷却到 30℃ 左右及时接种。接种前使用 75% 酒精棉球对试管表面进行擦拭消毒和除尘。在无菌条件下去除母种试管斜面原有的接种块,将母种斜面培养基割成 5～6 块,连同培养基接入原种瓶(袋)口的洞口处,以利生长。

(一)二人接种

左边的人持待接的原种瓶(袋),负责开盖和盖盖(塞),右边的人持试管母种和接种钩负责切取菌种和置入原种瓶(袋)。

(二)一人接种

将试管母种固定在架子上,固定的高度以试管口正处于酒精灯火焰上方为准。左手移动被接种的原种瓶(袋)开盖和盖盖,右手持接种钩切取试管母种,置入原种瓶(袋)。或将菌种瓶固定在瓶架上,用酒精灯火焰封锁瓶口。火焰与瓶口相距 1～1.5 厘米,不要直接灼烧瓶口,以免炸裂。接种后,用酒精灯火焰灼烧瓶口、棉塞,然后将棉塞塞到瓶口上。

五、培　养

培养室接种前 2 天,要进行清洁和药物消毒,以提高培养环境的洁净度。

(一)温 度

接种后 10 天,室内温度保持 23℃～25℃。当菌丝长到 1/3 时,室温保持在 20℃～23℃。20 天后室温恢复到 25℃。培养室加温的方法有暖气增温、暖风炉增温、电热风幕机增温或太阳能升温等。降温措施可采用空调降温、遮阳降温、通风降温或室外喷水降温等。

(二)湿 度

培养室空气相对湿度控制在 60％～70％之间。高温季节要注意排湿,除湿的方法有空调降温除湿、通风和石灰吸附等措施。

(三)光 线

培养室要避光养菌,特别是培养后期,上部菌丝比较成熟,见光后易形成原基。

(四)氧 气

香菇是好气性真菌,菌丝生长需要充足的氧气。培养室要适时通风,增加室内氧气,排除室内二氧化碳。

(五)检 查

在原种培养期间要定期进行检查,及时淘汰劣质菌种和污染个体。原种接种后 4～7 天内进行第一次检查,表面菌丝长满之前进行第二次检查,菌丝长至瓶肩下至瓶的 1/2 时进行第三次检查,当多数菌丝长至接近满瓶时进行第 4 次检查。经过四次检查后一切都正常的菌种才能成为合格产品,主要检查以下几个方面:

1. 菌种萌发是否正常 逐瓶检查,发现菌种萌发缓慢或菌丝纤细者,及时拣出。

2. 有无污染 每次都要仔细检查是否有污染,特别是分解木质纤维素能力不强的杂菌(如青霉)侵染后,仅在培养基表面形成小小的菌落,经数日培养后,常被食用菌菌丝所覆盖,需要在早期检查时发现,菌丝长满后很难分辨。

3. 活力和生长势　主要表现在菌丝的粗细、浓密程度、洁白度和整齐度等。要挑出菌丝细弱、稀疏、无力、边缘生长不健壮、不整齐的个体。

4. 培养时间　在常规木屑麦麸培养基上 25℃ 恒温培养,750毫升菌种瓶,原种一般 40～45 天菌丝长满瓶。

六、优良原种的特征

菌丝洁白,粗壮浓密,生长均匀,生长边缘整齐,不易产生菌皮。表面茸毛菌丝生长旺盛,菌丝分泌棕褐色水珠,培养料变为淡黄色,且不松散,有一定弹性,菌丝聚集成白色小棉球。在常规木屑麦麸培养基上 25℃ 恒温培养,750 毫升菌种瓶,原种一般 40～45 天菌丝长满瓶后。在加有一定比例的玉米粉的木屑培养基,菌丝更加浓密、洁白,生长期可缩短 3 天左右。在相对加富的各种培养基上,气生菌丝都有不同程度的增加。在较高的培养温度(30℃或更高)下,培养基中的菌丝稀疏,生长边缘可见的丝状不明显。在高温条件下,培养基表面易出现分泌物,这些分泌物常由无色透明逐渐变为黄色至褐色,其色泽的深浅与品种有关。香菇菌种在有光和低温的刺激下,常在表面或贴壁处有菌丝聚集的瘤状物出现,这是短期周期品种和易出菇的标志。生长良好的原种有浓郁的香菇味。

第四节　栽培种制作技术

我国食用菌菌种为三级制,是利用栽培种进行栽培。国外食用菌菌种为二级制,没用栽培种,直接使用原种栽培。

一、栽培种配方

栽培种培养基配方与原种制作培养基配量相同（详见培养基配方）。

(一)木屑培养基

木屑78％，麦麸20％，蔗糖1％，石膏1％，含水量58％±2％，灭菌前pH值6.5～7。

(二)棉籽壳培养

阔叶树木屑63％，玉米芯粉15％，麸皮20％，蔗糖1％，石膏1％，含水量58％±2％，灭菌前pH值6.5～7。

(三)玉米芯培养基

阔叶树木屑63％，玉米芯15％，麦麸20％，蔗糖1％，石膏1％，含水量58％±2％，灭菌前pH值6.5～7。

二、装　瓶(袋)

栽培种的容器为玻璃菌种瓶、聚丙烯塑料瓶和折角聚丙烯塑料袋3种。玻璃菌种瓶规格一般为650毫升～750毫升，耐126℃高温的无色或近无色的小口瓶，或850毫升、耐126℃高温、白色半透明、符合GB 9687卫生规定的聚丙烯塑料菌种瓶，或15厘米×28厘米耐126℃高温符合GB 9687卫生规定的聚丙烯塑料袋。各类容器都应使用棉塞，也可使用能够满足滤菌和透气要求的无棉塑料盖代替棉塞。作为商品出售的菌种多采用折径宽17厘米×长35厘米×厚0.005厘米的折角聚乙烯塑料袋。料柱长度19厘米，重量1.25～1.3千克。

三、灭　菌

由于栽培种数量大，可以高压灭菌，也可以常压灭菌，大多数采用常压灭菌。高压灭菌操作与原种高压灭菌相同。

常压灭菌操作：将要灭菌培养袋装框放入灭菌锅内，每锅装4 000袋，装完后封锅灭菌。大火猛攻，4小时内使灭菌锅温度达到100℃，在100℃条件下保持24小时后停火，培养料温度降至70℃出锅。

四、接　种

培养料温度降到28℃在接种箱进行接种。每个接种箱只需3个人，一个人负责装袋及出箱等服务工作，另外二个人接种，各自完成一套程序。1瓶原种可接塑料瓶(袋)30瓶(袋)。

提前半天，用0.1%高锰酸钾溶液或新洁尔灭加洁霉精配制的消毒液清洗原种。接种前，用75%酒精擦拭接种工具。接种前，负责服务工作的人将待接种的栽培袋、消毒后的原种和接种工具放入接种箱内，封严接种箱两头塑料桶敞口处，用以二氯异氰尿酸钠为主要成分的气雾消毒盒对接种箱密闭熏蒸消毒，每立方米用药4克，30分钟后进行接种。

接种时，二人对坐在接种箱前，将手及胶手套用75%酒精消毒后，双手进入接种箱内。一人将接种用具及菌棒用酒精棉球消毒，负责用长镊子挖取菌种、放入菌种；另一人在酒精灯火焰旁负责打开塑料瓶(袋)的瓶盖或棉塞，接种后回盖瓶盖或棉塞。二人接种速度快、质量好。

五、培养与检查

栽培种的培养和检查方法与原种相同。在适宜的培养基上，在适温(23℃±2℃)下，菌丝长满容器一般需要40～45天。

六、优良栽培种的特征

在常规木屑麦麸培养基上25℃恒温培养，750毫升菌种瓶，栽培种一般 40～45 天菌丝长满瓶。菌丝洁白,粗壮浓密,生长均匀,有光泽,香味浓郁。表面茸毛菌丝生长旺盛,菌丝分泌棕褐色水珠,培养料变为淡黄色,且不松散,有一定弹性,菌丝聚集成白色小棉球,在此时使用最好。如果菌丝与瓶壁脱离、萎缩,产生较厚的褐色菌膜,说明菌种已老化,要尽快使用,并去掉老化膜,取用中间菌种块;如果培养料木屑未变黄,说明培养时间短,可继续培养一段时间后再使用。

七、栽培种后熟培养

香菇栽培种长满袋后,若用于代料栽培,最好再培养 10～15 天;若用于段木栽培,需要再培养 20～25 天。目的是让菌丝在培养基中增多、加浓,把培养基中的营养物质分解完,尤其是菌袋下部分的培养基。这种菌龄略长、较成熟的栽培种,在生产上无论代料接种或段木接种,暴露在空气中的菌种块,菌丝恢复能力、抗逆性能比菌龄短的菌种强。

第五节　菌种保藏与复壮技术

一、菌种保藏技术

(一)菌种保藏概念

运用物理、生物手段让菌种处于完全休眠或半休眠状态,使在长期时间贮存后仍能保持菌种原有生物特性和生命力的菌种贮存措施。

(二)菌种保藏的原理

通过降低基质含水量、降低培养基营养成分,或利用低温或降低氧分压的方法抑制食药用菌的呼吸、生长,抑制其新陈代谢、使其处于半休眠状态或全休眠状态,以显著延缓其菌种衰老速度,降低发生变异的机会,从而使菌种保持良好的遗传特性和生理状态。

(三)菌种保藏的目的

①在较长时间内保持菌种的生存。

②保持菌种形态、遗传、生理等性状的稳定。

③保持其纯培养状态,免受其他生物的侵染。

④作为食用菌商业品种,菌种保藏的最主要的目的在于保持其优良的农艺性状。

(四)菌种保藏技术分类

1. 试管斜面低温保藏法 是菌种保藏最常用、最简便的方法。

(1)优缺点 优点是应用仪器设备简单,操作方便,简便易行。缺点是菌种退化快,较长时间保藏后常出现菌丝生长缓慢,甚至不能生长的现象,有的种类形成色素(如香菇、黑木耳等),菌落形态也常发生变化。

(2)保藏方法 将长满菌丝的香菇斜面试管,用牛皮纸包好,置于冰箱中,温度保持在 2℃~4℃,有效期 4~6 个月,之后继代培养。

(3)注意事项 ①保藏使用的培养基最好用 PDA 培养基,而不用营养丰富的培养基。为了减少培养基中水分的散发,延长保藏时间,可将琼脂的用量增加到 2.5%,并增加试管中的培养基量。②培养基斜面稍短些,菌丝满管后再保藏。保藏时,应尽量减少开冰箱次数,冰箱温度要稳定在 2℃~4℃。③为防止试管棉塞受潮,可用玻璃纸、塑料膜或用石蜡封住棉塞,以防培养基过快干缩。④冰箱保藏的菌种,取出须放在常温下 1~2 天,待其恢复活力后,方可移管接种。

2. 木屑保藏法 配料为阔叶树木屑 78%,麦麸 20%,石膏

1%,蔗糖 1%,加适量水拌匀,装入试管长度的 3/4,稍按紧,洗净试管外壁及管口,塞上棉塞,放入铁丝篓,用牛皮纸包扎管口,在0.15 兆帕压力下灭菌 1 小时,待试管冷却后接种、培养,当菌丝长到培养基的 2/3 时,取出用蜡封棉塞,再包上硫酸纸或薄膜,置于4℃冰箱中,能保藏 1～2 年。使用时,从冰箱中取出保藏的菌种,在室温下或 25℃恒温箱中放置 12～24 小时,使菌丝恢复活力,再以无菌操作去掉培养基表面的菌种,挑取下面较新鲜的菌丝体(可带少许木屑培养基),接入斜面培养基即可。此法适用于香菇、黑木耳菌丝体保藏。

3. 木片保藏法　用此法可以保藏香菇、木耳、侧耳类、猴头和灵芝等菌种。

(1)木片准备　选用质地较疏松的阔叶树木片,将其削成宽1～1.5 厘米,厚 0.2～0.3 厘米,长 2.5～3 厘米的短木片,晾干后再浸泡在 5%的米糠水中 6～12 小时,使木片吸水。

(2)木片培养基准备　取阔叶树木屑 78%,麦麸 20%,石膏1%,糖 1%。先将前 3 者混合均匀,然后将糖溶于水中,再加入木屑混合物中,使培养基含水量达到 60%。

(3)分装试管、灭菌　选用 18 毫米×180 毫米的试管,或 20毫米×200 毫米的粗试管,将上述木片和木屑培养基以 3∶1(体积比)混合,装进试管,上面再用木屑培养基盖面约 0.6 厘米,并压平,清洗试管外壁及管口,塞上棉塞,在 0.15 兆帕压力下灭菌 2小时。

(4)接种保藏　灭菌试管冷却后,无菌操作下接入需保藏的菌种。在 25℃下培养,菌丝长满培养基后,将棉塞齐管口剪平,用石蜡封口,外包硫酸纸,或无菌条件下换橡皮塞,在 4℃冰箱中保藏。使用时,无菌操作取出试管内的木片菌种,用无菌剪刀或无菌解剖刀,将木片切成米粒大小的木块,每只试管培养基斜面接种 1 块,在适宜温度下培养即可。

4. 蒸馏水保藏法 将刚长满管的菌种在无菌条件下注入蒸馏水,并将水面高出斜面培养基约 2 厘米,换用橡皮塞。用蜡封严,直立保藏于 4℃条件下,可保藏 2 年之多,菌丝仍成活。

5. 超低温冰箱保藏法 需要超低温冰箱,温度控制在 −76℃～−80℃,可以长期保藏。

6. 孢子滤纸保存法 在无菌条件下,将孢子收集在无菌滤纸片(0.5 厘米×1 厘米)上,再把带有孢子的滤纸片放入安瓿(pù)内,或放入 10 毫米×60 毫米指形管(已灭菌)内,塞上木塞,用石蜡封口(安瓿熔融封口)。双孢蘑菇保存 3 年仍有活力,香菇孢子用此法保存效果也很好。

7. 菌丝球保藏法 菌丝球保藏法是用液体培养基培养食用菌菌丝球,然后进行保藏。用此法可保藏香菇、黑木耳、双孢菇、侧耳、猴头菌和灵芝等多种食用菌菌种。保藏 3 年仍有较强的生活力。

(1)液体培养基 采用不加琼脂的马铃薯蔗糖培养基或麦麸葡萄糖培养基,分装于 250 毫升三角瓶,每瓶装 60 毫升,于 0.103 兆帕的压力下,灭菌 30 分钟。

(2)菌种培养 将食用菌菌种无菌操作接种于上述液体培养基中,置于 25℃～28℃下振荡培养 4～7 天(180 转/分),便形成大量菌丝球。

(3)菌丝球保藏 将培养好的菌丝球,在牛肉汤或牛肉汁培养基斜面上进行无菌测定,确保无杂菌感染后,将菌丝球接入无菌生理盐水试管中,换上无菌胶塞,将保藏的试管直立于铁丝试管篓内,在 4℃的冰箱或常温下保存。使用时可直接从试管中挑取一个菌丝球,移接到新培养基上,即可恢复生长。

8. 风干子实体菌种保藏法 选择生长健壮的子实体及时风干,用灭菌防潮纸包好,放在干燥塔内,采用真空抽气密封保藏,可存活 1～2 年。使用时,先用无菌蒸馏水湿润,恢复自然状态后,稍加风干即可进行组织分离法分离菌种。

9. 液状石蜡保存法 液状石蜡又称矿物油,是一种泻剂,医药商店一般都出售。

(1)保藏原理 在培养基上灌注液状石蜡后,可以防止培养基水分散失,还能使菌丝体与空气隔绝,从而抑制菌丝的新陈代谢,延缓细胞衰老,因此能较长时间地保存菌种。

(2)菌种的培养 将需要保藏的食用菌菌种接入适宜的试管培养基斜面上,置于 25℃～28℃条件下培养,待斜面长满健壮的菌丝后,放入接种箱。

(3)液状石蜡的处理 选用化学纯的液状石蜡,装入三角瓶中,装量占瓶体积的 1/3,塞好棉塞;另配一个适合该三角瓶的橡皮塞,并在塞上安装虹吸管,用牛皮纸包好,于三角瓶一起在 0.103 兆帕压力下,121℃,灭菌 2 小时,再经 150℃～160℃条件下干热 1 小时,使水分完全蒸发,液状石蜡成为透明状为止,然后冷却至室温备用。

(4)液状石蜡的灌注 将经过灭菌的三角瓶和虹吸管放进无菌接种箱,在三角瓶上装好虹吸管(也可直接用无菌吸管),无菌操作将液状石蜡注入每一支斜面培养基试管中,使液面高出培养基斜面的顶部 1 厘米。注入液状石蜡的试管不能平放在台面上,必须直立在试管架内,防止液状石蜡倒出。

(5)菌种保藏 已灌入液状石蜡的试管,再用蜜蜡封闭管口或换用灭菌胶塞,用牛皮纸或塑料薄膜扎好,直立于试管架内,放入 4℃冰箱中或置于通风、干燥的室内常温保存。在保存期间经常检查,勿使培养基露于空气中。如果发现液状石蜡变浅、培养基露于液状石蜡之外时,应及时补充液状石蜡。

(6)菌种使用 用液状石蜡保藏菌种,保存期 5～7 年,但最好 1～2 年移植 1 次。移植(转管)时不必倒去液状石蜡,可直接用无菌接种针从斜面上挑取 1 小块菌丝转管,未用完之菌种重新用蜡封口,继续保存。保存的菌种需转接 2～4 次,方可恢复正常生长,检查出菇正常后,才能用于制种。

10.液氮超低温保藏法 菌种保藏时间长达数十年,被保藏的菌种基本上不发生变异,是目前保藏菌种的最好方法,可以长期保藏所有的食用菌菌种。由于需要较昂贵的液氮罐设备,所以这种保藏方法不能广泛应用。液氮保藏单位国内有中国农业科学院农业资源与农业区划研究所、上海市农业科学院食用菌研究所和中国科学院武汉病毒研究所等。

(1)保藏原理 在超低温(-196℃)下,调节和控制细胞生长代谢的各种酶的作用受到极大抑制,细胞内部的生化反应十分缓慢,活细胞物质代谢和生长几乎完全停止,避免了细胞遗传性状的改变和遗传漂变。在最佳条件下活化后,细胞仍可保持其原有的代谢活性。

(2)制备常用专用培养基 马铃薯热水浸提液约 1 000 毫升,葡萄糖 20 克,酵母膏 1.5 克,KH_2PO_4 3 克,$MgSO_4 \cdot 7H_2O$ 1.5 克,琼脂 20 克,pH 值 5.6,灭菌制成液体培养基或固体培养基。

(3)保护剂制备 液氮超低温保藏都要使用保护剂,菌类菌种常用保护剂为 10%(体积分数)的甘油(丙三醇)蒸馏水或 5%(体积分数)的二甲基亚砜蒸馏水。甘油可以高压灭菌,一般 0.11 兆帕灭菌 30 分钟,二甲基亚砜不可高压灭菌,而需要过滤灭菌。

(4)菌种的制备 制备孢子液菌种、斜面菌丝体菌种、液体深层培养制备菌球菌种备用。

(5)安瓿瓶制备 一般选用硼硅质玻璃,当温度突变时,其膨胀系数小,不易破碎,容易用火焰熔封瓶口,启用时容易打开,类似医用液体针剂瓶。安瓿瓶的大小根据需要而定,通常是 10 毫米×75 毫米。选好安瓿瓶后,用印油书写准备保藏的食用菌菌种的编号于管壁上。然后放进电热干燥箱中用 160℃烘干,使印记牢固地印在管壁上。每瓶装入 0.8 毫升保护剂,塞上棉塞,于 0.103 兆帕压强灭菌 15 分钟。室温后接入菌种,拔弃棉塞,直接经火焰封瓶口后,检查是否漏气,留好的备用。

(6)冷冻保藏　将封口安瓿瓶放在慢速冻结器内,以每分钟下降 1℃速度缓慢降温,直至-35℃后不必控制温度。当保护剂与菌体一起冻结后,可将其放入液氮罐内或液氮冰箱内,罐内的气相温度-150℃,液相中温度为-196℃。

(7)菌种的复苏培养　从-196℃条件下取安瓿瓶,立即置38℃~40℃的水浴中摇荡,使安瓿瓶内冻结物全部融解,然后开启安瓿瓶,取悬浮的菌丝块移植于适宜的培养基上活化培养。

(8)注意事项　在存取安瓿瓶时,必须注意安全,戴好皮手套或棉手套,并严禁液氮飞溅,以免冻伤皮肤、眼睛等。

11. 原种与栽培种短期保藏法　原种和栽培种在一般情况下要按计划生产,菌丝长好后要及时使用,不宜长时间贮藏,如果有必要也只能做短时间的保存。要保存的菌种必须是菌丝粗壮,生命力强,无杂菌污染,无衰老现象。把符合保存标准的原种和栽培种放入保存室中,保存室必须是干净、凉爽、干燥、黑暗,保存室的温度以 5℃~10℃为宜,不要超过 15℃,也不能低于 0℃。在这样条件下,可保存 2~3 个月。温度越高,保存期越短。

二、香菇菌种复壮技术

菌种长期保藏或长期使用以及转管次数过多,都会导致活力降低。因此,必须进行复壮,确保菌种优良性状,防止退化。复壮方法有以下 3 种:

(一)分离提纯

分离提纯就是重新选育菌种。在原有优良菌株中,通过栽培出菇,然后对不同品系的菌株进行对照,挑选性状稳定、没有变异、比其他品种强的,再次分离,使之继代。

(二)活化移植

菌种在低温保藏期间,通常每隔 3~4 个月要重新移植 1 次,并放在适宜的温度下培养,待菌丝基本布满斜面后,再用低温保藏。

(三)更换培养基

各种菌类对培养基的营养成分往往有喜新厌旧的现象,连续使用同一培养基会引起菌种退化。因此,注意变换不同配方的培养基可增强新的生活力,促进良种复壮。特别是母种生产移植过程中尽可能地使用不同配方的培养基,以促进菌丝的复壮。

第六章 香菇栽培品种

第一节 香菇品种的分类

一、优良品种必须具备的条件

(一)菌丝形态

菌丝细胞已核配,每个细胞有 2 个细胞核,细胞有横膈膜,有锁状联合。锁状联合越多,出菇能力越强。

(二)菌丝活力

菌丝生活力旺盛,抗逆性强,适应性广,并带有"野性"。

(三)出菇与菇潮

采菇后菇脚坑菌丝恢复快,两个菇潮相隔时间短,出菇快。

(四)鲜菇商品率高

菇形圆整,肉质细密,肉厚,柄短,出菇率高。在适时采收条件下,优良菌株出口鲜菇率达 30%～40%,差的只有 20%左右。

(五)生物学效率

生物学效率(每 100 千克干的培养料,能生产出鲜香菇的数量)高。

二、香菇品种的分类

(一)根据栽培基质类型划分

1. 段木种　适于段木栽培,较耐干旱,出菇期长,不适于代料栽培。品种有香菇 241、7401 等。

2. 木屑种　适于木屑栽培,多数耐湿性较强,出菇期较短。适于木屑栽培的品种最多,如香菇 241-4、L135、庆元 9015、L808 等。

3. 草料种　适于木屑和一定比例草本植物的秸秆混合料栽培。较好品种有 Cr-04、L66 等。

4. 菌草种　可以种植香菇的菌草有几十种,主要有芒萁、雀稗、芦苇、拟高粱、大米草等。适宜的品种有 LC206、LC236、LC087 等。

5. 两用种　即可用于段木栽培,又可用于代料栽培。较好品种有香菇 241-4、7402、8001 等。

(二)根据原基的分化温度划分

1. 低温型品种　自然条件下,冬季和早春出菇,子实体分化发育温度范围为 5℃～18℃,适宜温度为 10℃～15℃。子实体质地紧密,菌盖厚而柄短,品质好,适合干菇栽培。品种有 7401、7403、7912、7920、908、L121 等。

2. 中温型品种　自然条件下,秋季和春季出菇,子实体分化发育温度范围为 8℃～22℃,适宜温度为 15℃～20℃。子实体质地紧密,菌盖较厚,柄短,品质好。中温品种使用较广泛。品种有 7402、香菇 241-4、904、庆元 9015 等。

3. 高温型品种　也称周年发生品种。自然条件下,春、夏、秋季出菇,出菇温度 12℃～25℃,适宜温度为 17℃～22℃。子实体质地较松,菌盖较薄,菌柄较长,品质较差。品种有 7404、7405、

L18、L26、8001、武香 1 号等。

4. 广温型品种　春夏秋季出菇,出菇温度 8℃～28℃,子实体质地随温度改变有差异,较低温度下子实体质地紧密,柄短肉厚,品质好;较高温度下菌盖小而薄,菌柄细而长。品种有 Cr-02、中香 68、辽抚 4 号等。

(三)根据菌丝生理成熟时间划分

1. 早熟品种　菌丝生理成熟时间 60～90 天,有效积温 800℃～1 300℃,多数出菇温度较高。品种有 8001、武香 1 号、L18 等。

2. 中熟品种　菌丝生理成熟时间 90～120 天,有效积温 1 400℃～2 000℃,出菇温度适中。品种有 L808、中香 68 、辽抚 4 号等。

3. 晚熟品种　菌丝生理成熟时间 120～180 天,有效积温 2 000℃～2 500℃,多数出菇温度较低。品种有 L135、香菇 241-4 等。

(四)根据菌盖大小划分

1. 小叶(型)品种　成熟菇盖直径 4～6 厘米。品种有 7402、Cr-01、Cr-02、L18 等。

2. 中叶(型)品种　成熟菇盖直径 6～9 厘米。品种有香菇 241-4、L135、庆元 9015 等。

3. 大叶(型)品种　成熟菇盖直径 9～20 厘米。品种有 8001、Cr-33、L808、中香 68 等。

(五)根据菌盖菌肉厚薄划分

1. 薄肉品种　成熟菌肉厚度 7 毫米以下。

2. 中肉品种　成熟菌肉厚度 7～12 毫米。品种有 7402、7404、7405、7922、L18 等。

3. 厚肉品种　成熟菌肉厚度 12 毫米以上。品种有 L135、

L808、中香 68、辽抚 4 号等。

(六)根据菌柄长短划分

1. 长柄 柄长 4 厘米以上。

2. 短柄 柄长 3 厘米以下。

(七)根据菌柄粗细划分

1. 粗柄 柄粗 1.2 厘米以上。

2. 细柄 柄粗 1 厘米以下。

(八)按产品适宜的销售形态划分

1. 干销种 品种菌肉组织致密,含水量低,出干率较高,适于干制。常用的品种有香菇 241-4、L135、K-3、L26 等。

2. 普通鲜销种 品种多生长周期短,个体较均匀,菇质较轻,含水量较高。常见的优良品种有 Cr-04、Cr-63、Cr-66 等。

3. 保鲜鲜销种 品种多作为保鲜菇供出口,要求菇体含水量较低,菇形圆整,不易开膜。采摘后生理后熟较缓慢,柄短肉厚。品种有香菇 241-4、Cr-04 等。

(九)根据菌盖色泽划分

深褐色、棕褐色、黄褐色、淡黄色。

(十)根据香味划分

浓香型、淡香型。

三、香菇品种引进的原则

(一)品种的温型

不同香菇品种对温度的要求不同,根据原基分化对温度的要求可分为高温型、中温型、低温型、广温型 4 类。由于高温型品种、广温型品种可在中温或低温环境中出菇,所以高温品种、广温性型品种可以周年出菇。低温品种不能在中温或高温环境中出菇。

(二)品种的特性

菌丝生长旺盛,粗壮浓密,抗逆性强,适应性广,子实体商品性好。

(三)产品销售形式

夏季出菇,一般以鲜菇上市,品种要选用高温品种、中高温品种、广温品种。秋季与春季出菇,以生产干菇、花菇为主,应选择低温品种、中低温品种。

(四)出菇试验

引进香菇新品种后,先做品种比较试验,然后根据实验结果,选用适合当地气候条件及出菇设施条件的优良品种,逐步推广利用,才能获得预期的栽培效果。

第二节　国家审定的香菇品种

一、申香8号

申香8号是上海市农业科学院食用菌研究所以70(野生)×苏香,采用单核原生质体杂交育成的香菇品种。2004年通过上海市农作物品种审定委员会审定。2007年通过全国食用菌品种认定委员会认定,认证编号:国品认菌2007001。

(一)形态特征

子实体质地坚实紧密,单生或丛生,菇形圆整,朵形属中偏大叶型,浓香型。菌盖呈淡褐色,直径8厘米左右,厚1.2厘米。菌柄长4~6厘米,属短柄型,直径1.2厘米,呈淡褐色。

(二)生物学特性

中高温型菌株,菌龄70天左右。发菌适温24℃左右,栽培中菌丝体可耐受最高温度30℃,最低0℃。出菇温度14℃～23℃,菇蕾形成时需要8℃～10℃的温差刺激,菇潮明显,间隔15天左右。生物学效率83%。

(三)栽培技术要点

适宜代料栽培,浙江地区8月上中旬接种菌棒;培养过程中需要刺孔通气。采收2～3潮菇后,需要适当补水。

(四)认定意见

经审核,该品种符合国家食用菌品种认定标准,通过认定。建议在浙江、福建、四川、河南、山东和辽宁等地栽培。

二、申香10号

申香10号是上海市农业科学院食用菌研究所以26×苏香,采用原生质体非对称杂交育成的香菇品种。2004年通过上海市农作物品种审定委员会审定。2007年通过全国食用菌品种认定委员会认定,认证编号:国品认菌2007002。

(一)形态特征

子实体单生,菌盖呈半球形至平展,菇形圆整,朵形属中偏大叶型。菌盖直径10厘米左右,淡褐色,厚1.5厘米,表面有白色鳞片。菌柄长3～5厘米,直径1.2～1.5厘米,褐色。口感嫩滑,浓香。

(二)生物学特性

申香10号属中温型品种,菌龄65～70天。发菌适温24℃±1℃左右,菌丝体可耐受最高温度32℃,最低可至0℃以下。最适出菇温度16℃～20℃,菇蕾形成时需要8℃～10℃的温差刺激,子实体耐受最高温度30℃,最低可至0℃。转潮快,菇潮明显,间隔期15天左右。生物学效率90%以上。

(三)栽培技术要点

根据培养和出菇温度调整制种和接种时间。江浙地区 8 月中下旬接种菌棒,菌棒发菌成熟后,即移至塑料大棚内,给予昼夜温差刺激 3~5 天,显现菇蕾后,立即脱袋,否则会造成大量畸形菇,空气相对湿度控制在 85%~95%。一潮菇采收后,养菌 4~6 天,现蕾后再提高湿度,采收 2~3 潮菇后需适当补水。适于作出口保鲜菇生产,烘干收缩率高,不宜干制。申香 10 号极易成花,作为短菌龄花菇品种栽培,深受菇农喜爱。

(四)认定意见

经审核,该品种符合国家食用菌品种认定标准,通过认定。建议在浙江、福建、四川、河南、山东和辽宁等地栽培。

三、申香 12 号

申香 12 号是上海市农业科学院食用菌研究所以 69 号(野生菌种)×苏香,采用原生质体非对称杂交育成的香菇品种。2004年通过上海市农作物品种审定委员会审定。2007 年通过全国食用菌品种认定委员会认定,认证编号:国品认菌 2007003。

(一)形态特征

朵形圆整,属中叶型。菌盖直径 8~10 厘米,厚 1.5 厘米左右,菌盖褐色,表面鳞片较多。菌柄长 4~7 厘米,直径 1.2~1.3厘米,淡褐色。耐贮存,2℃~5℃下货架寿命为 10 天。口感嫩滑,浓香。

(二)生物学特性

中高温型品种,菌龄 70~75 天。菌丝最适生长温度 18℃~25℃,栽培中菌丝体可耐受的最高温度 32℃,最低可至 0℃以下。最适出菇温度 16℃~20℃,菇蕾形成时需要 8℃~10℃的温差刺激,子实体不超过 30℃,最低可至 0℃以下。出菇潮次明显,间隔期 15 天左右。生物学效率 99% 以上。

(三)栽培技术要点

根据培养和出菇温度调整制种和接种时间。江浙地区 8 月上中旬接种菌棒,一潮菇采收完以后,需养菌 4～6 天,控制环境湿度在 80%～85%,待现蕾后再提高湿度。采收 2～3 潮菇后,需适量补水。

(四)认定意见

经审核,该品种符合国家食用菌品种认定标准,通过认定。建议在浙江、河南等地栽培。

四、Cr-02

香菇 Cr-02 是福建省三明市真菌研究所以 7402×Lc-01(当地野生品种),单孢杂交育成的香菇品种。2007 年通过全国食用菌品种认定委员会认定,认证编号:国品认菌 2007004。

(一)形态特征

子实体单生或少有群生,菇形圆整,菌盖暗褐色或棕褐色,纤毛较细,有时光滑。菌盖直径 3～8 厘米,平均直径 3.8 厘米,菌肉厚 0.8～1.3 厘米。菌柄圆柱形,有时顶稍粗,淡褐色,有纤毛;平均长度 2.8 厘米,平均直径 0.96 厘米,长度与直径比 2.9,长度与菌盖直径比 0.74。子实体较致密、嫩滑、浓香。

(二)生物学特性

香菇 Cr-02 属于中温偏低型早熟品种,菌龄 60～65 天。菌丝生长温度 5℃～33℃,最适生长温度 25℃～26℃,菌丝可耐受 4℃低温和 35℃高温。出菇温度 5℃～20℃,最适出菇温度 17℃±3℃。子实体分化时需 6℃～10℃的昼夜温差刺激,子实体可耐受 7℃低温和 25℃高温。在福建省秋季袋式栽培生物学效率 90%～100%。

(三)栽培技术要点

福建地区8月底至9月上旬制棒、接菌,菌棒含水量50%以上,11月上中旬出菇。菇潮明显,间隔10~15天。适合鲜菇和脱水烘干销售。

(四)认定意见

经审核,该品种符合国家食用菌品种认定标准,通过认定。建议在福建及相似生态地区栽培。

五、L135

香菇L135是福建省三明市真菌研究所从国外引进品种筛选育成的香菇品种。2007年通过全国食用菌品种认定委员会认定,认证编号:国品认菌2007005。

(一)形态特征

子实体单生,组织致密,菌肉肥厚,菌盖圆整内卷,不易开伞。菌盖茶褐色,鳞片少或无;菌盖直径5~8厘米,平均直径6.58厘米,厚2.27厘米。菌柄上粗下细且极短,纤毛少或无,平均长3.42厘米,平均直径1.19厘米。

(二)生物学特性

中温偏低型品种,菌龄150~180天。菌丝抗逆性中等,含水量高的菌棒越夏易烂棒。子实体中型,形态好,出菇整齐,菇质优良,畸形菇少,耐贮运。天白花菇比例高,阴雨天通过适当管理可以形成茶花菇,是适于生产花菇和厚菇的优良菌株。

(三)栽培技术要点

适于花菇和厚菇生产。福建地区2~4月份接种,在25℃~28℃条件下发菌期30~35天,后熟期150~180天,栽培周期为2个月至翌年4月份。在18℃~28℃弱光或避光条件下后熟培养

200～240 天。越夏注意预防料温过高而烧菌。

(四)认定意见

经审核,该品种符合国家食用菌品种认定标准,通过认定。建议在福建、江西、浙江、安徽、湖北、四川、重庆、贵州等地区栽培。

六、闽丰一号

闽丰一号是福建省三明市真菌研究所以 L12×L34,单孢杂交选育的香菇品种。2007 年通过全国食用菌品种认定委员会认定,认证编号:国品认菌 2007006。

(一)形态特征

子实体散生,朵形大,菌肉厚。菌盖圆整,黄色至褐棕色,盖顶中央光洁,半径 1/2 处着生鳞片,边缘有纤毛,平均直径 7.5 厘米,平均厚度 2.1 厘米。菌柄圆柱形或近圆柱形,有纤毛,平均长度 4.7 厘米,平均直径 1.5 厘米,长度与直径比为 3.2,长度与菌盖直径比 0.63。

(二)生物学特性

早生品种,菌龄 60 天。菌丝可耐受 5℃的低温、35℃高温。出菇温度 15℃～25℃,菇蕾形成时需要不低于 3℃的温差刺激;子实体可耐受 8℃低温、28℃高温。转潮快,菇潮明显,间隔期 10 天。秋季袋式栽培生物学效率 90%～100%。

(三)栽培技术要点

福建地区 8 月底至 9 月上旬接种,栽培周期为 8 月下旬至翌年 4 月份。在 25℃～28℃条件下发菌期 30 天,后熟期 25 天。菌丝长满后,在 23℃～28℃弱光或避光条件下培养 25 天。菇蕾形成时拉大昼夜温差,气温在 10℃～25℃,空气相对湿度 85%～95%。

(四)认定意见

经审核,该品种符合国家食用菌品种认定标准,通过认定。建议在福建及相似生态地区栽培。

七、Cr-62

香菇 Cr-62 是福建省三明市真菌研究所以 7917×L21,单孢杂交育成选育的香菇品种。2007 年通过全国食用菌品种认定委员会认定,认证编号:国品认菌 2007007。

(一)形态特征

子实体群生。菌盖圆整,较致密,浅褐色,鳞片少,平均直径 6 厘米,平均厚度 1.6 厘米。菌柄圆柱形,纤毛少,平均长 3.9 厘米,平均直径 1 厘米,长度与直径比 0.65。朵形大,圆整,美观,菌肉厚。

(二)生物学特性

中高温型品种,菌龄 65～70 天。菌丝可耐受 5℃低温、35℃高温,子实体可耐受 7℃低温、28℃高温。出菇温度在 7℃～28℃,最适温度 14℃～20℃;菇蕾形成时需不低于 5℃的温差刺激。菇潮明显,间隔期 10～15 天。生物学效率 90%～100%。

(三)栽培技术要点

福建地区 8 月底至 9 月上旬接种,栽培周期为 8 月下旬至翌年 4 月份。香菇 Cr-62 为秋春多生型品种,能适应一般的栽培环境,可适用于栽培普通菇,也是栽培花菇的理想品种。适于脱水烘干和保鲜销售。在 25℃～28℃条件下,发菌期 30～35 天,后熟期 30 天,发菌期尽量减少温差,后熟期最好保持温度在 23℃～28℃。菇蕾形成期时拉大日夜温差,在 13℃～26℃、空气相对湿度 85%～95%条件下催蕾。

（四）认定意见

经审核，该品种符合国家食用菌品种认定标准，通过认定。建议在福建、江西、广东、广西、浙江、安徽、湖北、四川、重庆等地区栽培。

八、Cr-04

香菇 Cr-04（Cr-20）是福建省三明市真菌研究所以 7917×L21，单孢杂交育成的香菇品种。2007 年通过全国食用菌品种认定委员会认定，认证编号：国品认菌 2007008。

（一）形态特征

子实体群生。菌盖圆整，较致密，菌肉肥厚；菌盖茶褐色，鳞片少，有时盖顶有稍突起的尖顶；菌盖平均直径 6.5 厘米，平均厚 1.9 厘米。菌柄圆柱形，纤毛少，平均长 4.3 厘米，平均直径 1.1 厘米，菌柄长度与直径比 3.9，菌柄长度与菌盖直径比 0.66。

（二）生物学特性

中高温型品种，菌龄 65～70 天。菌丝生长温度 5℃～33℃，最适生长温度 25℃～26℃，菌丝可耐受 5℃低温和 35℃高温。出菇温度 10℃～28℃，最适出菇温度 18℃～23℃。子实体分化时需 6℃～10℃的昼夜温差刺激，子实体可耐受 7℃低温和 28℃高温。生物学效率 90%～100%。

（三）栽培技术要点

福建地区 8 月上旬接种，11 月上中旬出菇。在 25℃～28℃条件下发菌期 30～35 天，后熟期 30 天。发菌期尽量减少温差，菇蕾形成时拉大昼夜温差，在 13℃～26℃、空气相对湿度 85%～90%条件下催蕾。菇潮明显，间隔 10～15 天。

（四）认定意见

经审核，该品种符合国家食用菌品种认定标准，通过认定。建议在福建、江西、广东、广西、浙江、安徽、湖北、四川、重庆等地区栽培。

九、庆元9015

庆元9015是浙江省庆元县食用菌科学技术研究中心,于1990年从庆元段木香菇老栽培场(历年使用香菇241、8210、日丰34三个菌株)采集子实体,经组织分离筛选育成的香菇品种。1998年通过浙江农作物品种审定委员会认定。2007年通过全国食用菌品种认定委员会认定,认证编号:国品认菌2007009。

(一)形态特征

子实体单生,偶有丛生。菌盖褐色,被有淡色鳞片,菇形大,朵形圆整,易形成花菇。菌盖直径4～14厘米、厚1～1.8厘米。菌褶整齐,呈辐射状。菌柄白黄色,圆柱状,质地紧实,长3.5～5.5厘米,直径1～1.3厘米,被有淡色茸毛。菇质紧实,耐贮存,适于鲜销和干制,鲜菇口感嫩滑清香,干菇口感柔滑浓香。

(二)生物学特性

中温偏低型菌株,菌龄90天,作花厚菇栽培时菌龄120天。菌丝生长温度5℃～32℃,最适宜温度24℃～26℃。出菇温度8℃～20℃,最适宜温度14℃～18℃。菇蕾形成时需6℃～8℃的昼夜温差刺激。菇潮明显,间隔期7～15天。头潮菇在较高的出菇温度条件下,菇柄偏长,菇体偶有丛生。高棚层架栽培花厚菇每100千克干料产干菇9.2～12.8千克。

(三)栽培技术要点

代料和段木栽培两用品种,春、夏、秋三季均可接种。南方菇区2～7月份接种,10月份至翌年4月份出菇。北方菇区3～6月份接种,10月份至翌年4月份出菇。在培养管理的过程中视发菌情况需对菌棒进行2～3次刺孔通气。菌棒振动催蕾效果明显,要提早排场，减少机械振动，否则易导致大量原基形成分化和集中出菇，菇体偏小。出菇期低温时节应及时稀疏菇棚顶部及四周的遮阳物，提高棚内光照度和湿度，以利于提高香菇质量。

（四）认定意见

经审核，该品种符合国家食用菌品种认定标准，通过认定。建议在国内各香菇主产区高棚层架栽培花菇或低棚脱袋栽培普通菇。

十、香菇 241-4

香菇 241-4 是浙江省庆元县食用菌科学技术研究中心，以段木香菇菌种 241 为出发菌株采集特异菌株，经颉颃、品比等试验筛选育成的香菇品种。1995 年通过浙江省农作物品种审定委员会认定。2007 年通过全国食用菌品种认定委员会认定，认证编号：国品认菌 2007010。

（一）形态特征

子实体单生，菇形中等，朵形圆整。菌盖直径 6～10 厘米，厚度 1.8～2.2 厘米，棕褐色，被有淡色鳞片，部分菌盖有斗笠状尖顶。菌柄黄白色，圆柱状，有弯头，质地中等硬，长 3.4～4.2 厘米，直径 1～1.3 厘米，被有淡色茸毛。菌肉质地致密，耐贮存。鲜菇口感嫩滑清香，干菇口感脆而浓香。

（二）生物学特性

中低温型菌株，菌龄 180～200 天。出菇温度 6℃～20℃，最适宜温度 12℃～15℃，菇蕾形成时需 10℃以上的温差刺激。菇潮明显，间隔期 7～15 天。每 100 千克干料产干菇 9.3～11.3 千克。

（三）栽培技术要点

代料和段木栽培两用菌种，适宜春季制棒，秋冬季出菇。南方菇区适宜接种期为 2～4 月份，北方菇区适宜接种期为 3～5 月份，

10 月份至翌年 4 月份出菇。发菌期间要先后刺孔通气 2 次,早期菌丝生长缓慢时通"小气",长满全袋 5～7 天后排气。排场可安排在排气后至出菇期前 15 天;菇棚内连续 3 天最高气温在 16℃以下,50％菌棒自然出菇为脱袋适期。补水水温要低于棚内气温 5℃～10℃。花菇比例低,不适作花菇品种使用。

(四)认定意见

经审核,该品种符合国家食用菌品种认定标准,通过认定。建议在国内各香菇主产区栽培。

十一、武香 1 号

武香 1 号是浙江省武义县真菌研究所从国外引进菌种,常规系统选育而成的香菇品种。1998 年通过浙江省农作物品种审定委员会认定。2007 年通过全国食用菌品种认定委员会认定,认证编号:国品认菌 2007011。

(一)特征特性

子实体单生,偶有丛生,中等大小。菌盖直径 5～10 厘米,淡灰褐色,被有鳞片,边缘白色有绵毛。菌柄白色,有茸毛,菌柄长 3～6 厘米,直径 1～1.5 厘米。菇体致密,有弹性,有硬实感,口感嫩滑清香。

(二)生物学特性

高温型菌株,菌龄 65～70 天。菌丝生长温度 5℃～34℃,最适宜温度 24℃～27℃,菌丝生长快,浓白,旺盛,抗高温能力强,在 34℃时菌丝尚能生长。出菇温度范围 5℃～30℃,最适出菇温度 16℃～25℃,菇蕾形成时要求温差 10℃以上,耐高温,出菇早,转潮快。在高温、高湿、通风不足的环境下菌棒易受杂菌感染,且子实体发生量多,生长快,肉质薄,菇柄长,易开伞。生物学效率在 113％以上。

(三)栽培技术要点

南方地区3月下旬至4月中下旬制棒接种,6月中下旬开始排场转色、出菇、采收。北方地区2月上中旬至3月下旬制棒接种,5月上中旬开始排场转色、出菇、采收。子实体6~8分熟时采收,出口鲜菇5~6分熟时采收。在菌棒排场之前,掌握3个特征:①菌棒菌丝体膨胀瘤状隆起物占整个袋面的2/3。②手握菌棒时,瘤状物菌体有弹性和松软感。③菌棒接种点四周出现少许的棕褐色分泌物。菌棒排场后,约1周后,瘤状物基本长满菌棒,并有2/3转为棕褐色时,即可脱袋。吐黄水期间,经常通风喷水。菌棒含水量降至35%~40%时进行补水。

(四)认定意见

经审核,该品种符合国家食用菌品种认定标准,通过认定。建议在全国100~500米的低海拔地区、半山区、小平原地区高温季节栽培,海拔较高的地区进行夏季栽培。

十二、赣香1号

赣香1号是江西省农业科学院微生物研究所以1303和HO3,单孢杂交育成的香菇品种。2007年通过全国食用菌品种认定委员会认定,认证编号:国品认菌2007012。

(一)形态特征

子实体单生或丛生。菌盖深褐色,直径4~10厘米。菌柄长3~8厘米,直径0.5~1.5厘米。

(二)生物学特性

接种到出菇60~65天,出菇温度5℃~24℃,最适宜出菇温度为16℃~22℃,前期现蕾较多。鲜菇贮藏温度4℃~5℃,保藏期7天以上。生物学效率在110%以上。

(三)栽培技术要点

制袋宜在 8 月底至 9 月初,10 月底至 11 月初脱袋出菇,常应用于冬季和春季出菇。培养料添加 10%～20%棉籽壳。出菇管理要求掌握好最佳脱袋时间,菌棒养菌期 60 天左右,根据天气适时脱袋,进行出菇管理。

(四)认定意见

经审核,该品种符合国家食用菌品种认定标准,通过认定。建议在江西赣南、赣北香菇产区栽培。

十三、金地香菇

金地香菇是四川省农业科学院土壤肥料研究所以 L939×135 原生质体融合育成的香菇品种。2003 年通过四川省农作物品种审定委员会审定。2007 年通过全国食用菌品种认定委员会认定,认证编号:国品认菌 2007013。

(一)形态特征

子实体单生,少有簇生,菇体扁平球形,稍平展,红褐色。菌盖直径 12～16 厘米,厚 1～2 厘米,边缘有明显的鳞片。菌褶白色,较密。菌柄长 8～10 厘米,直径 0.5～1 厘米。菇体致密,柔软。

(二)生物学特性

子实体生长最适宜温度 15℃～22℃。菇潮间隔期约 15 天。生物学效率 80%～95%。

(三)栽培技术要点

脱袋关闭大棚保湿转色,温度保持 18℃～22℃,空气湿度 80%～85%,给予散射光。转色后增强光照强度到 100 勒以上,同时加大温差,刺激出菇,连续处理 5 天,现蕾后开始进入出菇管理。菌棒温度控制在 15℃～25℃,采收前 2 天停止喷水。养菌 7～10

天,再进行催菇和出菇管理。采收 1～2 潮后,应及时注水补水。

(四)认定意见

经审核,该品种符合国家食用菌品种认定标准,通过认定。建议在我国西南香菇产区栽培。

十四、森源 10 号

森源 10 号是湖北省宜昌森源食用菌责任公司以 8404×135 单孢杂交育成的香菇品种。2007 年通过全国食用菌品种认定委员会认定,认证编号:国品认菌 2007015。

(一)形态特征

大中叶型,单生,浅褐色,短柄盖大,菇形圆整。菌盖直径 4～8 厘米,厚 1～3 厘米。菌柄白色,质地紧实,有弹性,长 1～3 厘米,直径 1～1.5 厘米,菌柄长与菌盖直径的比 1:4。子实体致密度中等,高温时稍疏松,口感嫩滑、浓香。

(二)生物学特性

低温型中熟代料与段木栽培两用种,成活率高,接种后菌种定植快,菇潮明显,不易开伞,保鲜期长。栽培中菌丝体可耐受最高温度 35℃、最低温度 5℃,最适宜温度为 15℃～25℃。子实体可耐受最高温度 30℃、最低温度 5℃,出菇温度 6℃～20℃。代料栽培每千克干料产干菇 150 千克左右,段木栽培每立方米段木产干菇 25 千克以上。

(三)栽培技术要点

代料栽培适宜接种时间为 1～4 月份,发菌温度 15℃～25℃,越夏期间保持通风避光,10 月份至翌年 5 月份出菇,采用不脱袋划口出菇,菇潮明显,菇潮期间适量补水。段木栽培适宜接种时间为 11 月份至 12 月上旬和 2 月中旬至 3 月底,落叶后砍树、断筒,30 天后接种,发菌期适量喷水保湿和通风,越夏防强日晒,10 个月后开始出菇,一般采用喷水增湿刺激出菇,出菇季节 10 月份至翌年 5 月份,收获期 3～5 年。培养基水分偏重和菌棒转色过度时产量稍低,但子实体质量更好。

(四)认定意见

经审核,该品种符合国家食用菌品种认定标准,通过认定。建议在湖北襄樊、宜昌及相似生态区冬季、春季代料和段木栽培。

十五、香杂 26 号

香杂 26 号是广东省微生物研究所以野生种 No.8 和 No.40 杂交育成的香菇品种。2008 年通过全国食用菌品种认定委员会认定,认证编号:国品认菌 2008002。

(一)形态特征

菇形为中小型,匀称,柄细而短,肉厚,含水量低。

(二)生物学特性

广温型中熟品种,菌丝培养温度在 15℃～25℃,适宜出菇温度为 20℃～30℃,高温 30℃左右可正常出菇。对半纤维素、纤维素及木质素的降解能力较强,蔗渣等废料利用率高。出菇数量多,味鲜美。生物学效率在 91% 左右。

(三)栽培技术要点

采用蔗渣基质代料栽培,培养料组分为:蔗渣 77%,麦麸 20%,石膏粉 1.5%,尿素 0.5%,磷酸二氢钾 0.3%,硫酸镁 0.2%,水料比为(1.4～1.5):1。栽培时间为每年 10 月份至翌年 4 月份,生长周期为 90 天左右,其中菌丝生长期为 68 天左右。

(四)认定意见

经审核,该品种符合国家食用菌品种认定标准,通过认定。建议在我国南方地区每年 9 月份至翌年 6 月份春、秋、冬栽培。

十六、华香 8 号

华香 8 号是华中农业大学以湖北省武汉市黄陂区香菇栽培品种经分离系统选育而成的香菇品种。2008 年通过全国食用菌品种认定委员会认定,认证编号:国品认菌 2008004。

(一)形态特征

子实体单生,不易开伞。菌盖深褐色,半扁球状或馒头状,鳞片中等,盖径 5～9 厘米,盖厚 1.5～2.0 厘米。柄长 3～6 厘米,柄径 1.3～2 厘米。

(二)生物学特性

采用脱袋出菇方式栽培时,菌龄 65～75 天。转色中等略偏深,出菇较均衡,后劲好。发菌温度为 23℃～26℃,低于 20℃时发菌期延长,高于 28℃时菌丝易老化。出菇温度为 6℃～24℃,最适宜出菇温度为 13℃～20℃,需要 8℃以上的温差刺激。菌丝生长较快,出菇快,菌龄短,抗杂力强,商品菇率高。转色较浅时子实体发生较多,商品性下降。生物学效率可达 90%～120%。

(三)栽培技术要点

适宜用栎木等各种阔叶落叶树种的木屑和麸皮等进行代料栽培。一般在早秋 8 月中旬至 9 月初接种,10 月底至翌年 4 月出菇。每采完一茬菇后,均需干燥养菌 5～7 天,再浸泡或注水补水,补至一批出菇前菌棒重量的 90%～95%。

(四)认定意见

经审核,该品种符合国家食用菌品种认定标准,通过认定。建议在全国脱袋培育鲜香菇地区栽培。

十七、华香 5 号

华香 5 号是华中农业大学从国外引进菌株经分离选育而成的

香菇品种。2008 年通过全国食用菌品种认定委员会认定,认证编号:国品认菌 2008005。

(一)形态特征

菇体大小较均匀,干菇个大,柄略长。菌盖茶褐色,直径 6~21 厘米,盖厚 1.2~1.7 厘米。柄长 3~7 厘米,柄径 1~1.8 厘米,盖顶较平,中等。

(二)生物学特性

采用不脱袋出菇方式栽培时,菌龄约 110 天。发菌温度为 23℃~26℃,低于 20℃时发菌期延长,高于 28℃时菌丝易老化。出菇温度为 5℃~24℃,最适宜出菇温度为 12℃~20℃,需要 8℃以上的温差刺激。转色宜中等略偏深,通风干燥的环境可培育出优质花菇,气温高时开伞较快。生物学效率可达 90%~110%。

(三)栽培技术要点

适宜用栎木类等各种阔叶落叶树种的木屑和麸皮等进行熟料栽培。适宜在 3~4 月份接种,越夏后 10 月底至翌年 4 月份出菇,或 8 月初接种,11 月中旬至翌年 4 月份出菇。每茬菇采完后,需干燥养菌 5~7 天,然后再补水,补至前一批菇出菇前菌棒重量的 90%~95%。菇蕾发生期加强通风,保持空气相对湿度在 85%~90%。盖径达 2~3 厘米后,空气相对湿度降至 70%~75%,可培育优质花菇。冬季气温低时,可适当给予直射阳光,增加花菇率,气温大于 14℃时应适当遮阴。子实体发生较多时,适当疏蕾,每袋留 10~20 个为宜。

(四)认定意见

经审核,该品种符合国家食用菌品种认定标准,通过认定。建议在适宜种植区进行春栽越夏秋冬出菇模式栽培,也可早秋栽培,秋冬出菇。

十八、菌兴8号

菌兴8号是浙江省丽水市食用菌研究开发中心、浙江省林业科学研究院以野生香菇采集分离驯化培育的香菇品种。2008年通过全国食用菌品种认定委员会认定,认证编号:国品认菌2008007。

(一)形态特征

子实体单生,偶有丛生。菌盖颜色较深,为棕褐色,茸毛较少,菌肉较厚,质地致密结实,菇盖直径为4～7厘米,菌肉厚1.5～2厘米。菌柄相对较短。

(二)生物学特性

高温型香菇品种,菌龄60天以上。菌丝体洁白,气生菌丝较致密,爬壁能力较强,在木屑培养基上菌丝生长旺盛,但转色时间长。菌丝抗逆性强,不易发生烂棒。菌丝生长温度为5℃～35℃,最适生长温度为24℃～28℃。子实体生长温度为10℃～32℃,最适出菇温度为18℃～23℃,并且需要有5℃以上的温差刺激。生物学效率可达90%～100%,平均每袋产鲜菇680克(塑料袋规格为折径宽15厘米×长55厘米)。

(三)栽培技术要点

适于夏季高温反季节覆土栽培和畦床露地栽培。浙江地区适宜接种期为11月份至翌年4月份,出菇期为5～11月份。培养基中麦麸用量在22%以上,含水量控制在55%以下,以提高香菇单产。在菌棒转色均匀并有零星菇蕾发生后进行覆土,排场时避免振动菌棒,防止头潮菇发生过多。每潮菇后,均需适当干燥养菌4～6天,待菇脚处培养料菌丝重生后再进行浸水催蕾。

(四)认定意见

经审核,该品种符合国家食用菌品种认定标准,通过认定。建议在浙江及其生态相似地区作为反季高温香菇品种栽培。

十九、L9319

香菇 L9319 是浙江省丽水市大山菇业研究开发有限公司从丽水莲都农民菇棚采集种菇分离驯化育成的香菇品种。2008 年通过全国食用菌品种认定委员会认定，认证编号：国品认菌 2008008。

(一)形态特征

子实体中大型。菌盖黄褐色，朵形圆整，菌柄中等，菇质硬实。

(二)生物学特性

高温型品种，菌龄 120 天。菌丝粗壮浓白、抗逆性强、适应性广。菌丝生长温度范围 5℃～33℃，最适宜生长温度 25℃，出菇温度为 12℃～34℃，最适宜出菇温度为 15℃～28℃。温差、湿差、振动刺激有利于子实体发生。在年前接种香菇产量较高，春夏、夏秋季出菇，潮次明显，抗逆性强，适应性广。低海拔地区生物学效率 70%～80%，高海拔地区生物学效率 80%～90%。

(三)栽培技术要点

配方：杂木屑 78%，麦麸 20%，石膏粉 1%，红糖 1%。采用折径宽 15 厘米×长 55 厘米筒袋，以香菇专用粉碎机粉碎的硬杂木屑为主料，每袋装干料 900～1 000 克，适期接种。南方菇区 11 月份至翌年 3 月份接种，5～6 月份、8～11 月份出菇。北方菇区 10～12 月份接种，翌年 6～10 月份出菇。需要注意的是，春节后接种会导致减产；菌丝生长过程中需刺孔通气；适时排场、适时脱袋；适时喷水，防止烂棒；出菇阶段增加遮阳物，降低菇棚温度。

(四)认定意见

经审核，该品种符合国家食用菌品种认定标准，通过认定。建议在全国各香菇产区栽培。

二十、L808

香菇 L808 是浙江省丽水市大山菇业研究开发有限公司从兰州某菇场段木香菇组织分离选育的香菇品种。2008 年通过全国食用菌品种认定委员会认定,认证编号:国品认菌 2008009。

(一)形态特征

子实体单生,圆整,畸形菇少。菌盖直径 4.5～7 厘米,半球形,深褐色,颜色中间深,边缘浅,菌盖丛毛状鳞片较多,呈圆周性,肉质厚,组织致密,白色,不易开伞,厚度 1.2～2.2 厘米。菌褶直生,宽度 0.4 厘米,白色,不等长,密度中等。菌柄短而粗,长1.5～3.5 厘米,粗 1.5～2.5 厘米,上粗下细,实心白色,圆柱形,基部圆头状。孢子印白色。

(二)生物学特性

中温偏高型品种,菌龄 100 天～120 天。夏季制棒菌龄 100天,反季节菌龄 120 天。菌丝粗壮、抗逆性强,适应性广。子实体大叶型,菇质、菇形好,出菇整齐,产量高。

(三)认定意见

经审核,该品种符合国家食用菌品种认定标准,通过认定。建议在全国各地香菇产区栽培。

二十一、庆科 20

香菇庆科 20 是浙江省庆元县食用菌科学技术研究中心从"庆元 9015"采集子实体经组织分离等筛选育成的香菇品种。2005年通过浙江省农作物品种审定委员会认定。2010 年通过全国食用菌品种认定委员会认定,认证编号:国品认菌 2010003。

(一)形态特征

子实体单生,朵形圆整。菌盖平整呈淡褐色,被有少量淡色鳞片,含水量高时颜色较深。菌盖直径 2～7 厘米,肉厚 0.5～1.5 厘米,组织致密,不易开伞。菌柄圆柱状、直生、短小,呈白黄色,被有淡色茸毛,质地软。柄长 2.8～4.0 厘米,直径 0.8～1.3 厘米,比庆元 9015 明显短小。菌褶整齐,较致密,呈辐射状排列,易开膜。

(二)生物学特性

中低温型菌株,菌龄 90～120 天。菌丝粗壮浓白,抗逆性强,适应性广。菌丝生长温度为 23℃～26℃,子实体出菇温度 8℃～22℃,最适宜 14℃～18℃。原基形成不需要温差刺激,子实体分化时需 6℃～8℃的昼夜温差刺激。易形成花菇,花菇率 44.7%,花菇折干率为(4.3～6.1):1,普通菇折干率(8.1～9.6):1,收缩率为 28.5%～34.3%。菇潮明显,潮间隔期 7～15 天。春栽鲜菇生物学效率 141%,秋栽鲜菇生物学效率 118%。

(三)栽培技术要点

栽培周期为春夏栽培,秋冬出菇。春、夏、秋 3 季均可接种。南方菇区 2～7 月份接种,10 月份至翌年 4 月份出菇。北方菇区 3～6 月份接种,10 月份至翌年 4 月份出菇。栽培最适配方:杂木屑 73%,麦麸 25%,红糖 1%,石膏 1%,含水量 60%～65%。在培菌过程中视发菌情况需对菌棒进行 2～3 次刺孔通气。菌棒振动催蕾效果明显,要提早排场,减少机械振动,否则易导致大量原基形成分化和集中出菇,菇体偏小,出菇菌棒要及时疏蕾,每棒留菇蕾数少于 4 个时,菇潮不明显,可连续出菇。菌棒未疏蕾,留菇蕾数多时,则有菇潮,潮间隔期 7～15 天。出菇期低温时节应及时稀疏菇棚顶部及四周的遮阳物,提高棚内光照度和温度,有利于提高菇质。

(四)认定意见

经审核,该品种符合国家食用菌品种认定标准,通过认定。建议在国内各香菇主产区作高棚层架栽培花菇或低棚脱袋栽培普通菇。

第三节　常用代料香菇品种

一、中香 68

中香 68 是福建省农业区划研究所以中高温品种 Cr-04 和段木菌株 L221,采用单孢杂交选育而成的适宜立棒、层架栽培的香菇品种。

(一)形态特征

子实体单生,大叶型,外形美观,质地致密,耐储运,最大单菇重 90.60 克。菌盖圆整,表面弧形、平整、棕褐色,鳞片较多,菌肉肥厚,菌盖直径 4～10 厘米,平均直径 7.08 厘米,平均厚度 1.98 厘米。菌褶白色,褶间不规则、不清晰,有隔膜,菌盖与菌柄交界处无菌褶。菌柄圆柱状,低温时倒圆锥形,高温时菌柄长、基部明显膨大,菌柄平均长度 4.14 厘米,直径 1.55 厘米。

(二)生物学特性

广温偏高型菌株,菌龄 90～120 天。菌丝生长速度快、菌丝粗壮、抗逆性强,适应性广。出菇阶段气温 25℃ 以上时,菇柄较长,基部膨大呈保龄球形,气温 23℃ 以下,随气温降低,菇柄缩短,基部膨大现象逐步消失,呈倒圆锥形。

1. 温度　菌丝生长温度 5℃～33℃,最适宜生长温度 25℃。出菇温度 6℃～28℃,最适宜出菇温度 16℃～23℃。子实体分化时需 6℃～10℃ 的昼夜温差刺激。

2. 湿度　菌丝生长阶段室内相对湿度 70％ 以下,菇蕾分化阶段以 80％～90％ 为宜,子实体生长阶段以 85％ 比较适宜。培养料的含水量 60％～65％ 为宜。

3. 空气　菌丝生长和出菇阶段都需要充足的氧气,菌丝生长前期和中期,二氧化碳浓度过高会阻碍菌丝生长,影响菌棒成熟时间,延长菌龄,后期适当的二氧化碳浓度有利于诱发菇蕾形成。

4. 光照　菌棒培养阶段不需要光线,以遮光培养为宜,菌丝生长后期则需要适当光照,促进菌丝的成熟和出菇方向转化。

5. 酸碱度　培养料灭菌前 pH 值 6.5~7.0 为宜。

二、香菇 L18

香菇 L18 是福建省三明市真菌研究所选育的适宜反季节覆土栽培品种。

(一)形态特征

子实体中小型,形态好,肉厚,质地致密,耐贮运。子实体菌盖圆整,温度较高(≥18℃)时,扁半球形,茶褐色;温度较低(≤10℃)时,中央斗笠状突起,棕褐色。菌盖直径 3~3.5 厘米,表面有茶褐色鳞片,外围有白色茸毛,菌盖厚度 1.0~1.8 厘米,质地致密。菌褶直生与弯生相间。菌柄圆柱状,长 3~5 厘米,粗 1.0~1.2厘米。

(二)生物学特性

高温型品种,菌龄 70~80 天。菌丝粗壮、抗逆性强,适应性广。

1. 温度　菌丝生长温度 5℃~33℃,最适宜生长温度 24℃~26℃。原基形成温度 12℃~25℃,最适宜温度 15℃~22℃。3℃温差刺激可诱导子实体原基发生,子实体发育的最适温度 18℃~26℃。

2. 湿度　菌丝生长阶段室内相对湿度 60%~65%,菇蕾分化阶段出菇棚空气湿度 90% 为宜,子实体生长阶段以 85% 出菇棚空气湿度比较适宜。培养料的含水量比常规菌株稍高,以 58%~

60%为宜。

3. 空气　菌丝生长和出菇阶段都需要充足的氧气,菌丝生长前期和中期,二氧化碳浓度过高会阻碍菌丝生长,影响菌棒成熟时间,延长菌龄,后期适当的二氧化碳浓度有利于诱发菇蕾形成。

4. 光照　菌棒培养阶段不需要光线,以遮光培养为宜,菌丝生长后期则需要适当光照,促进菌丝的成熟和子实体形成。

5. 酸碱度　培养料灭菌后 pH 值 5.5～6.5 为宜。

三、辽抚 4 号

辽抚 4 号(0912)是辽宁省抚顺市农业科学研究院食用菌研究所和辽宁省农业科学研究院蔬菜研究所联合攻关,利用长白山野生杂交菌株 0571 和国内香菇优良品种 808 作亲本,采用单孢杂交育种技术配制选育而成,适宜立棒、层架、地埋、多柱一体多种栽培模式。辽抚 4 号于 2011 年通过辽宁省食用菌认定委员会的认定,同时申报国家知识产权保护,为抚顺市农业科学研究院和辽宁省农业科学研究院共有知识产权。

(一)形态特征

子实体单生,大叶型,菇形圆整,肉质厚,组织致密,质地坚实。菌盖半球形,浅棕色,颜色中间浅,边缘深,鳞片较少。菌盖直径 7.5 厘米,厚度 1.9 厘米。菌褶直生,宽度 0.4 厘米,白色,不等长,密度中等。菌柄短而粗,长度 4.4 厘米,粗 1.4 厘米,上粗下细,实心白色,圆柱形,基部圆头状。孢子印白色。

(二)生物学特性

广温型品种,菌龄 100～107 天,有效积温 1 800℃以上,出菇期比 937 早 3～5 天。菌丝粗壮、抗逆性强,适应性广。菌丝生长速度特快,在 24℃条件下,木屑培养基上菌丝每天生长 4.9 毫米。出菇整齐,优质菇比例多,不易开伞,产量高,高温下能出优质菇等特点。单菇鲜重 30.8 克,单菇干重 4.36 克,鲜干比率 7∶1,生物学转化率 85%。头潮菇易爆发性出菇,应引起高度注意。

1. 温度 菌丝生长温度 5℃～33℃,最适宜生长温度 25℃。出菇温度 10℃～29℃,最适宜出菇温度 15℃～22℃。子实体分化时需 8℃～10℃的昼夜温差刺激。

2. 湿度 菌丝生长阶段室内相对湿度 70%以下,菇蕾分化阶段以 90%左右为宜,子实体生长阶段以 85%比较适宜。培养料的含水量以 55%～58%为宜。

3. 空气 菌丝生长和出菇阶段都需要充足的氧气,菌丝生长前期和中期,二氧化碳浓度过高会阻碍菌丝生长,影响菌棒成熟时间,延长菌龄,后期适当的二氧化碳浓度有利于诱发菇蕾形成。

4. 光照 菌棒培养阶段不需要光线,以遮光培养为宜,菌丝生长后期则需要适当光照,促进菌丝的成熟。出菇阶段保证 800勒的散射光。

5. 酸碱度 采用木屑 79%,麦麸 20%,石膏 1%,含水量55%～58%的培养料配方,培养料灭菌后 pH 值 5.5～6.5 为宜。

四、庆科 212

庆科 212 是浙江省庆元县食用菌科学技术研究中心育成的香菇新品种,2015 年通过浙江省非主要农作物品种审定委员会审定,审定编号:浙(非)审菌 2015001。

(一)生物学特性

1. 菌丝生长特性 庆科 212 菌丝白色、浓密、茸毛状,气生菌丝生长旺盛,爬壁力强。在常规木屑培养基适温情况培养,菌丝洁白、浓密、粗壮、生长速度快。

2. 形态特征 子实体单生,菇形朵大,菌盖圆整、顶部稍隆起、呈弧形。菌盖表面灰褐色,含水量高时颜色有所加深,直径 3～16 厘米,菌盖中部鳞片小、周边大,菌肉组织致密、厚 1.5～3 厘米,菌盖内卷,不易开伞。菌褶细密,褶间不规则,呈辐射状排列。菌幕长,菌盖与菌柄交界处有菌幕残留。菌柄上粗下细、呈倒圆锥形,菌柄上部中空,随着菌盖完全开伞,菌柄中空部会向内收缩。菌柄长 3～6 厘米,粗 0.8～3 厘米。商品性好,口感佳,鲜菇口感嫩滑清香,干菇口感柔滑而浓香。

3. 菌株温型 中偏高温型品种,菌丝生长温度 5℃～30℃,最适宜温度 18℃～25℃。出菇范围 8℃～30℃,适宜出菇温度为 16℃～22℃。代料栽培,在适温条件下,培养 80～90 天,即能达到生理成熟。轻微振动菌棒,便能刺激出菇。

(二)栽培技术要点

1. 栽培季节 各香菇栽培区海拔、气候差异较大,应根据各地海拔气候条件合理安排栽培季节。以庆元气候条件,适宜接种期为 6～9 月份,出菇期为 9 月份至翌年 6 月份。

2. 培养料配方 杂木屑 78%,麦麸 20%,石膏 1%,糖 1%,含水量 52%左右。

3. 菌棒制作 力争做到当天拌料,当天装袋灭菌,避免堆积过夜,以减少培养料灭菌前自繁微生物的滋生量。装袋宜紧不宜松,装好的料筒手捏应无指痕,每筒袋(规格为折径宽 15 厘米×长 55 厘米)湿料重 1.6 千克左右。其灭菌、冷却、接种工艺与常规操作无异。

4. 培菌管理 ①培菌环境要求洁净、干燥、阴凉、通风。②刺孔通气根据发菌情况对菌棒进行 2～3 次刺孔通气,以利于菌丝分解基质、吸收和积聚营养,促进菌丝生长和生理成熟。方法如下:当接种穴菌丝圈直径达 6～7 厘米时,脱去外袋并用 4.3 厘米铁钉在菌丝圈内 2 厘米处刺 3～4 个孔,孔深 1 厘米。第二次在接种穴周菌丝圈直径达 10～12 厘米时,用 4.3 厘米铁钉在穴周菌丝圈内 3 厘米处刺 8 个孔,孔深 1.5 厘米,菌棒呈三角形堆放。第三次在香菇菌丝生长满袋后,再培养 5 天,随即用长 5.1 厘米铁钉分期分批进行刺孔增氧(放大气),每筒刺孔 50～70 个(根据每筒重量,重的多刺些,轻的少刺些),孔深 1.5～2.5 厘米,刺孔后,菌棒呈三角形堆放,并加强通风,以满足菌丝生长对氧气的需求。具体操作时应避开高温闷热天气,刺孔通气应选择在天气凉爽时,分批进行。刺孔后菌棒内温度上升较快,2～3 天内都应加强通风散热,以防止烧菌。应在出菇期来临前 20 天完成排场,避免在低温或高温天气排场。当菌棒菌丝达到生理成熟时受到惊蕈刺激就会诱发子实体大量发生。

5. 高温季节管理及适期排场　及早做好菌棒散堆、排场。香菇菌丝对外界温度十分敏感,气温高于 35℃会引起菌丝死亡。原则上,菌棒应避开高温天气,在高温季节前选择通风条件良好环境完成散堆、移堆工作,并且应轻拿轻放,避免振动菌棒。

(1)荫棚发菌　接种后宜选择室外荫棚发菌,由于室外荫棚通风好、降温快,可有效减少高温烧菌情况发生。

室外荫棚棚顶及四周覆盖芒萁、树枝、竹枝等物,加强通风,以免棚内闷热造成烧菌。棚四周可搭架种植南瓜、丝瓜等攀爬作物,提高遮阴效果。对于老菇棚,在进棚前要进行 1 次全面的清扫与杀虫灭菌工作。如遇连续高温天气,可选择凌晨至上午 9 时前采用棚顶安装转动喷头或喷雾器喷水方式进行降温,也可在棚内四周及人行道两边挖通地沟,引入跑马水降温。

(2)适期排场　庆科 212 菌株菇木菌丝达到生理成熟后,在出菇适温下对惊蕈刺激很敏感,只要给予一定的搬动、拍打等惊蕈刺激,就会诱发子实体大量发生,最迟应在当出菇期来临前 15～20 天做好排场工作,特别是对花菇栽培管理的,否则会在出菇适温下,因排场的振动刺激造成大量出菇,从而增加管理难度。庆科 212,菇质优,其出菇有一定的潮次,接种期越迟,潮次越明显。

6. 出菇管理

(1)光照　庆科 212 子实体发生和生长要求有较强的散射光,

在较强的光照条件下,长成的子实体柄短肉厚,质量好。菌棒转色和子实体生长阶段需要有较强的散射光,通过控制棚顶部及四周遮阳物来调节光照和温度。

(2)催蕾 庆科212催蕾管理采取机械振动、温差刺激、湿差刺激等3种催蕾措施即可取得较好的催蕾效果。

(3)低棚脱袋出菇栽培管理 在达到适宜温度时,掌握大部分菇木已有较多菇蕾时脱袋,更有利于脱袋后管理。脱袋时间应选择稳定低于25℃的天气,进行脱袋,脱袋后3天内保持湿度90%左右,温度低于28℃时不需通风,高于28℃时适当通风。第四天起喷少量水并适当通风,促使菌棒转色。出菇阶段应适当通风并合理调节喷水量,促使子实体正常生长。每潮菇结束后养菌7～10天,并根据菌棒情况及时补充水分。

(4)高棚层架花菇栽培管理

①适时割袋 当菇蕾长至直径1～1.5厘米时进行优选,每袋菌棒择优保留5～10只菇蕾,对菇蕾周边薄膜用刀划开3/4左右。让菇蕾从割口处长出,并剔除多余的菇蕾,以减少营养消耗。

②保湿育菇 刚割袋的菇蕾和幼菇十分娇嫩,可通过地面洒水、空间喷水、盖膜保湿等措施,保持菇棚内空气相对湿度75%～90%,确保菇蕾和幼菇成活。

③催花管理 当菇蕾长至直径2～3厘米之后,进入催花管理阶段,在"内湿、外干、通风"的生态环境因子调节下,菇盖表面形成裂纹最终培育出花菇。催花阶段要做好"降湿、通风、增光"等措施,一是棚内空气相对湿度宜控制在55%～65%;二是加强通风次数;三是增加光照强度。主要是通过调节四周的塑料薄膜和荫棚顶部及周围的遮阳物来实现。

7. 采收 该品种朵大圆整菇形好,适合鲜销干销,可根据市场需求,根据成熟度分批进行采摘。用于鲜销宜选择未开膜前采收;烘干选择菌盖尚未完全展开尚保持内卷时采收,即八、九分成熟时为采摘适期。采收时应将菌棒上的菇柄残留处理干净,避免菇柄腐烂引发病虫害。

(三)审定意见

该品种菌龄短,出菇早,菇形较大,菇柄较短,商品性好,菇质优,产量高。

五、申香 16 号

申香 16 号是上海市农业科学院食用菌研究所以香菇品种"939"和"135"为亲本,利用原生质体单核化技术,采用对称杂交和非对称杂交方法进行杂交,通过数年多点栽培试验,从 79 个杂交组合中筛选获得香菇新菌株——"申香 16 号"。该品种改良了 939 菌柄偏长和 L135 抗性差、产量不稳的不足,推广过程中表现出菇形好,产量高,优质出口菇比例高,易管理,适应性广的突出特点。

(一)形态特征

子实体单生,朵形圆整。菌盖黄棕色,菌肉厚实,耐贮藏。菌盖直径 6～9 厘米,鳞片白色,中等大小,布满菌盖。菌柄细,柱状,长 3～5 厘米,表面有纤毛。菌盖直径与菌柄长度比 1.6～1.8,属短柄型。菌褶白色。

(二)生物学特性

中温型品种,菌龄 75～80 天。菌丝粗壮浓白,抗逆性强;菌棒转色快、深、均匀。菌丝生长适宜温度为 20℃～25℃,出菇温度为 10℃～22℃,菇蕾形成时需要 6℃～8℃的昼夜温差刺激。产量稳定,1 千克干料产鲜菇 900～950 克。鲜菇口感嫩滑清香,适于鲜销。

(三)栽培技术要点

适宜代料栽培。制袋期的安排要根据不同地区、不同海拔高度而定,浙江地区制袋在 8 月中下旬,11 月上旬至翌年 4 月份出菇。菌丝培养阶段需刺孔 2～3 次，每次刺孔后 10 天内菌棒温度不宜超过 28℃。选择最高气温稳定在 20℃～25℃，晴天或阴天时排场、脱袋。棚内的相对湿度要求保持在 90％以上，菇蕾形成需要 6℃～8℃的昼夜温差刺激。菌丝恢复能力强，潮次明显，便于管理。

第七章　香菇栽培技术演变史

第一节　香菇原木砍花法栽培技术

一、香菇原木砍花法栽培技术创始人

西晋张华的《博物志》中有"江南诸山群中,大树断倒着,经春夏生菌,谓之椹",这是中国人工栽培香菇的最早记载,距今已有1 800多年。香菇人工栽培的初始阶段非常粗放,菇农在原木上砍一些刀痕,好似有"气"(孢子)着生在原木上,过一段时间木中长满"云"(菌丝),第二年原木上竟然长出香菇。菇农望着那朵朵香菇,觉得很神奇,内心很满足。

吴昱,宋高宗建炎四年(1130)3月17日出生在浙江省龙泉市龙溪乡龙岩村(另一说法是《庆元县志·人物》记载:吴三公为庆元县百山祖乡龙岩村人)。后随父迁居庆元县五大堡乡西洋村,因其兄弟排行第三,故称吴三公。吴三公居住在深山密林中,以打猎和采食野生菌蕈为生。一天,他发现一棵砍断的树倒在地上,上面生有许多蘑菇,就将这些蘑菇采下来少量食用,这些蘑菇不但没有毒,反而有很香的味道,就称之香蕈("闻起来很香"之意)。后来,他发现,当用刀砍了木头之后,上面长出的香蕈又大又壮。经过多年的研究发现,树种不同,被砍的刀痕深浅、大小、位置、方向不同,出菇的数量、大小都不一样,有的刀痕甚至不出菇。为此,他选择出一些容易出菇的树种,用不同的刀法,按不同方向、深浅等要求规范有序地砍出刀痕进行对比,从中得出许多经验。有一年,他看

着已经砍花 2 年，菌丝发育良好而不出菇的菇木，感到十分懊丧，在叹气声中以斧头敲击菇木，不料数日之后，菇就大出。同样的菇木，敲了就出，不敲不出，从此形成"惊蕈"术。通过多年实践与探索，吴三公总结出包括选树、伐木、砍花、遮衣、惊蕈、烘烤、分级等生产工艺的香菇原木砍花法栽培技术。菇木上整齐的、白如霜花的刀痕，吴三公称为"花"，砍花的手法被称为"砍花法"。

香菇原木砍花法栽培技术是以吴三公为代表菇民经过多年的实践、总结和完善，形成一套较为完整的栽培技术。吴三公将此技术传授给庆元、龙泉、景宁（晋时三地均属于永嘉郡）一带菇民，菇民以砍花法栽培香菇作为谋生手段，世代相传。南宋时期形成了香菇原木砍花法栽培技术，人工栽培香菇已初具生产规模。吴三公被后人尊奉为"香菇始祖"、"中华香菇之神"。始建于宋咸淳元年，坐落在今天庆元县五大堡乡西洋村的西洋殿贡奉着"菇神"吴三公。1988 年在香港召开的第八届国际应用微生物及生物技术学术讨论会，吴三公被公认为香菇原木砍花法栽培技术创始人，同时，认定香菇原木砍花法栽培技术源自中国浙江省龙泉、庆元、景宁三县交界的吴三公出生地龙岩村。

原木砍花法生产的香菇虽然菇形小，但是香味浓郁，深受消费者喜欢；虽然产量较低，但采收年限较长，砍花 1 次后，可连续采收 5～7 年。香菇原木砍花法栽培直到 20 世纪 60 年代仍是我国香菇栽培的主要方法。20 世纪 80 年代出现香菇菌棒栽培技术，香菇原木砍花法栽培才被彻底取代。香菇原木砍花法栽培技术是我国劳动人民在认识自然、改造自然、利用自然中的一项伟大创举，它是中华农业文明史上的一座丰碑，必将永载史册。

二、香菇原木砍花法栽培技术要点

（一）建　场

选择在通风向阳、沙质土壤、空气湿润、坡度不陡、具有遮阴条件深山老林中建出菇场。

(二)选 树

最初选用纹母树和杜英等砍花易于成功、栽培香菇产量高的树种,以后拓展到栎、椎、枫、楮、栲等适宜种植香菇的阔叶树种。

(三)伐 木

冬季香菇孢子产生时正值树木休眠期,树木储存了充足营养,是伐木的最佳时期。砍树时要考虑到树木周围的遮阴度,留足遮阴树作"凉柴",为孢子萌发、定植、菌丝生长创造最佳的环境条件,小树留作母树。砍伐树径35~65厘米树木作菇树,砍倒后,用斧头一边砍掉大部分枝木,一边适当地调整菇树倒放的位置。

(四)开水口

香菇孢子成熟,在空气中含量最高,最易萌发的时间有限,菇民一个冬春在菇山作业时间有限,必须在特定时间内完成砍花作业,而不能坐等各种菇树达到自然阴干程度,同时要确保菇木自伐倒至完全腐朽的整个出菇时期,有一定湿度,特别是要适应不同菇场的气候条件,不同时期的自然气候变化,而不是依靠人工补给,这就是开"水口"的重要作用。"水口"又分"放水口"与"保水口"。

1. 放水口 放水口劈成光滑不留水的口子,菇民称开"光堵"。作用是排除树木内多余水分和树木内萜类、酚类、生物碱等次生物质(菇民称"苦水"),适当承受自然降下的水分。当雨水过量时,菇木不会积贮水分。

2. 保水口 保水口开成粗糙状,使雨水有一个稍作停留渗透的时间,以补充树木内水分不足,菇民称之为"糙堵"。

3. 开水口的时间 在树木伐后立即进行,借助根压和蒸腾压力的作用,在砍口处形成伤流,排除水分和"苦水"

4. 开水口的要求 放水口或保水口在数量、部位、深浅、大小均有一定的要求。大体是开在菇木中间偏上部位,短菇木开一口,长菇木开两口。含水量特别大的如枫树,含特殊物质的如漆树,开于两侧成"八"字状,只放不保。

(五)砍花或溜花

在冬季香菇孢子产生时进行砍花或溜花,砍口承受自然沉降的香菇孢子。斧口砍入木质部的称为砍花;斧口砍入树皮的1/2、1/3处,或深入于树皮与形成层之间的称为溜花。溜花是砍花的一种补充,并非所有树种都用溜花。根据树木的种类不同选择"砍花法"或"溜花法",多数树种采用砍花法,槠、栲类树种两种方法同时使用。

1. 砍口深浅 菇民描述砍花深浅的谚语"过深水鼓胀,过浅成干柴"。过深犹如菇木密布水槽,水分占有了木头内的全部空隙,成"鼓胀"状态,导致失败;过浅,无从引水、滞水和吸水,成为干柴。

(1)"薄篾" 约1毫米,此法用于杜英、白栲等树种,出菇最有把握,出菇期较早,是操作较容易的砍花法。

(2)"细爿(pán)米" 为1粒米纵向的2/5,约1.5毫米,大量树种采用此种深度,如鹅耳枥、米槠、锥栗、漆树等。

(3)"爿米" 为1粒米纵向的1/2,约2毫米,用于红栲等树种,初学砍花的菇民,均以此为试用,红栲树皮厚薄适宜,不易起翘,含水量适中,砍花或放水口要求均不如枫树等严格。

(4)"烤柴半粒米,橄榄洋钱边" 砍入木质部的深浅,即前者约2.2毫米,后者约2.3毫米。

2. 砍口深浅的一般规律 "山水浓偏深,山水淡偏浅;树龄老偏深,树龄少偏浅;材质硬偏深,材质松偏浅;海拔高偏深,海拔低偏浅;树皮厚偏深,树皮薄偏浅。"

(六)遮 衣

立春前后,孢子沉降侵染砍口后进行遮衣。采用树枝、树叶或杂草铺盖在菇木上,再把它包围起来,遮阴防晒,保持孢子萌发和菌丝生长所需的温度、湿度。

1. 高凉与低凉　砍树前留足留好遮阳树,菇农称之为"凉柴"。凉柴属于活树,遮阴效果好、作用大,"一株小凉柴,胜过十株大菇树","凉柴少了一株,十株菇木都报废"。凉柴分"高凉"与"低凉"两种。前者指高大乔木,后者为一般小乔木或灌木。高低凉柴各取其利,适当搭配,既能阻挡当空的炎夏烈日,又能缓和强烈的阳光,创造一个良好的小气候。

2. 凉柴的种类　作"高凉"使用的树种较多,常绿树均可。"低凉"十分讲究,原则是树木长势与树冠结构稳定;不能选用某些长势过速的阔叶树,否则"低凉"会变"高凉",失去应用价值。凉柴要求生命力强但长势不过分旺盛,夏秋炎日、冬春严寒不易落叶,更少病虫害,猴子等野兽家畜都不会去糟蹋。"杜翁橄榄种香蕈,却曲朱镖当凉柴"。

(七)惊　蕈

当菇木发菌良好不出菇时,用材质松软的木板轻轻地敲击菇木两侧,几天之后,香菇大量长出。

(八)烘　干

最初用很细的竹篾从菇柄处将香菇穿起来,放在火堆旁烘干(1209 年南宋·何澹《龙泉县志》)。商品量大了,将香菇放在编好的焙笼或筛子中摊好,一层一层地放在架子上,用炭火烘干(元·王祯《农书》)。

(九)分　级

分日蕈、花菇、厚菇、薄菇等几个级别。

菇山辽阔,菇树大,出菇持续时间长达一个冬春,常有小蕈在菇木上留着未采而自然干燥,何澹将此称为"日蕈"。"日蕈"或为花菇或为厚菇,自然品质上乘。

(十)生产周期

经过"头年砍树砍花;二年唱花,菇始出;三年当旺,菇旺盛;四年二旺;五年三旺",一个生产周期历时 5～7 年。

第二节　香菇改良段市种菇术

一、香菇改良段木种菇术创始人

李师颐,字吉生,1905 年出生在浙江省龙泉市城关镇一个贫农家庭。旧制中学毕业后,在中药店当学徒。李师颐在工作之余,刻苦学习与钻研菇耳栽培的书籍,下乡采集中草药时,十分注意各类菇耳树种和野生蕈菌,与菇民交朋友,采集香菇树种标本近200 种。

辛亥革命成功后,许多有志之士受新思想的影响,开始引进国外的种菇技术,在国内成立各种农艺社、种蕈园,出版许多种菇的科普读物,推广新的栽培技术。李师颐经常与福建好友潘志农切磋引进日本香菇栽培技术,改良香菇原木砍花法栽培技术。在潘志农的启迪与帮助下,进行香菇和银耳的研究。李师颐利用著名菇乡龙泉市香菇栽培的有利条件,于 1931 年开始全力投入新法栽培香菇—香菇改良段木种菇术,试验段木人工接种孢子粉菌种与木片菌种,经五六年无数次试验获得成功。1938 年建立了"龙泉市香菇种子繁殖场",示范推广香菇改良段木种菇术。

1939 年上海中国农业书局出版了李师颐的著作《改良段木种菰术》,这是中国第一部论述香菇栽培技术的著作。该书内容包括三个部分,第一部分是香菇的生物学特性,阐明了子实体—孢子—菌丝生活规律,香菇的结构和商品分级;第二部分写香菇树种;第三部分是段木孢子和菌木接种。

1939 年,李师颐受聘赴宁波三石站银耳、香菇繁殖场指导食用菌生产，并进行银耳菌种分离和人工接种试验，获得成功。1940年李师颐的著作《银耳香菇种植律》一书出版，应邀赴浙江省永康县和福建省三明、南平、沙县等地，指导新法栽培香菇。1942年9月，福建省立科学馆聘请李师颐从事专职菇耳研究，任菌类研究室主任。1944年，入浙江大学龙泉分校农学院当旁听生，继续开展香菇人工接种栽培，并向师生介绍香菇新法栽培研究成果，深得农学院教授的支持，将改良香菇段木种菇术首次列入课程，并开辟种植试验地，进一步研究推广。

1948年2月国民政府农林部部长左舜生特发聘书聘任李师颐为专门委员，李师颐成为中国第一个食用菌研究专家。1977年受聘于龙泉县食用菌研究所，1979年逝世。

与李师颐同时进行香菇技术革新的还有潘志农和胡昌炽，他们在理论传播和实践活动上发挥了重大作用。潘志农考察了日本菇业之后，在福建省闽侯县成立了三山农艺社种菇部，对香菇、平菇、草菇的菌种生产和四季栽培技术做了推广。1929年胡昌炽的《中国食用蕈种类和西洋蕈培养法》出版。1933年潘志农《四季栽培人工种菇大全》出版，1946年潘志农《最新实验人工种菇问答》出版。潘志农两本专著自出版后至1947年先后再版4次，受到栽培者的极大欢迎，书中介绍了双孢菇、金针菇、银耳、香菇、平菇、草菇的菌种生产和栽培技术，还首次倡导推广木屑栽培金针菇和纯菌种栽培草菇。

从原木砍花法利用天然孢子为菌种栽培香菇，到改良段木种菇术人工接种孢子粉菌种与木片菌种栽培香菇，是香菇栽培技术巨大创新和进步，为我国进一步研究香菇纯菌丝菌种与香菇段木栽培技术奠定了基础。

二、香菇改良段木种菇术技术要点

(一)孢子粉菌种接种方法

取新鲜香菇之菌褶,将其连孢子粉一起自然阴干,磨成粉,然后过筛,经发芽试验确定有效后,制成孢子粉菌种。"以稀薄的米汤拌入孢子粉后,以毛笔刷在椴木的播种穴内",或"用小凿子将树皮凿开后刷入孢子液,每包孢子(粉)可播 1.2 米长段木约 20 根"。

(二)木片菌种接种方法

从砍花后经 2 年出菇良好的红栲菇木,将其边材部分连同皮层切成长、宽各 1~2 厘米、厚 0.5 厘米的木片,将段木木质部凿入约 1 厘米,在树皮翘起的播种孔内塞入菌木,起到引种的作用,一般株距为 30~40 厘米,行距为 15 厘米,李师颐称之为"木引法"。

第三节 香菇段木栽培技术

一、香菇段木栽培技术创始人

香菇原木砍花法栽培起源于中国,是靠香菇孢子自然沉降在砍口上,在适宜的条件下孢子萌发产生菌丝,菌丝侵染菇木,孢子成活率极低。1928 年日本人森木彦三郎应用锯木屑纯菌丝菌种进行段木人工栽培成功,发明了香菇段木栽培技术。随着中日往来,这种方法传入我国。浙江省龙泉县的李师颐和福建省闽侯县的潘志农等人首先将段木接种方法进行了传播。1939 年浙江省龙泉李师颐试行了孢子粉菌种、木片菌种,但未能得到大面积推广。我国的台湾、大陆先后于 20 世纪 30 年代和 60 年代分别引入香菇段木栽培技术并获得成功,逐步取代传统的香菇砍花法栽培,从而进入了香菇人工栽培的新时期。

1956 年上海市农业试验站(上海市农业科学院食用菌研究所前身)食用菌专家陈梅朋根据香菇组织分离与孢子分离的原理,制成了香菇木屑纯菌种,1958 年正式生产香菇母种与原种。

1957—1958 年,商业部门组织在江西景德镇进行段木接种试验,上海市农业试验站提供木屑纯菌丝菌种,并参与试验。1959年在陈梅朋和张寿橙共同组织下,上海市农业试验站与龙泉食用菌实验场采用香菇纯菌丝菌种进行 25 个树种的长条原木和段木出菇对比试验,翌年枹树段木首先出菇,许多菇民前往参观。由于受极"左"路线的影响,实验场被撤销,试验未能完成,只获得部分试验数据。

1962 年福建省三明地区真菌试验站成立,是国内成立较早的真菌专业研究机构之一,1978 年改称为"福建省三明市真菌研究所"。1964 年中国科学院中南真菌研究所成立,1972 年更名为广东省微生物研究所。在陆大京教授的主持下,中国科学院中南真菌研究所为我国香菇业的科技创新以及各种菇类的科研与栽培做出了重大贡献。1965—1968 年中国科学院中南真菌研究所张素祥、罗宽华在广东省翁源县进行了大面积的香菇段木接种试验与品种比较试验,获得较高的产量,筛选出优良段木栽培品种,并制成了相应的专用接种工具。

20 世纪 60 年代中期香菇段木栽培技术已经达到完全成熟,先后在江西、广东、广西、福建、浙江、上海、安徽、湖南、湖北、河南、贵州、四川、云南等地试验推广。1968 年广西榕江县栽麻乡采用香菇段木栽培技术获得高产。1979 年华中农业大学教授杨新美与随县外贸局技术员刘毓在湖北省随县三里岗镇杨家棚村,试种段木香菇 2 万棒,1980 年试种段木香菇 10 万棒获得成功,选定7917、7925 为两个当家品种。1979 年龙泉县食用菌实验场段木香菇进行了分树种的优质高产栽培试验。

1952 年裘维蕃的著作《中国食用菌及其栽培》出版,1960 年张寿橙、李萍的著作《香菇栽培方法》出版，1967 年黄年来的著作《香菇及其在福建省的栽培》出版，1971 年福建省三明地区革委会生产指挥处科技组的内部资料《香菇的新法栽培》发行，1974 年广东省微生物研究所编著的《香菇新法栽培》出版，1977 年福建省三明市真菌研究所黄年来、许承诺、吴经纶翻译了日本秋山直忠的著作《新的香菇栽培法》。以上这些著作都是论述香菇段木栽培技术的书籍，为香菇段木栽培提供了必要的理论知识和技术方法。

二、香菇引种育种工作

我国香菇段木栽培的菌株大都是从国外引进菌株。全国供销总社先后于 1974 年和 1979 年两次从日本、德国、韩国引进两批段木香菇菌株，国内编号为 7401～7405,7911～7920 共 24 个菌株。1978 年中国科学院广东微生物研究所和广东省土产进出口公司协作，从国外引进 3 个香菇菌株,1979 年又引进了 9 个香菇菌株。筛选出适宜段木栽培优良菌株 K-3、K-5 等；适宜代料栽培优良菌株"大光号"；选育出香九、香杂 26、广香 51 号等香菇菌株。

上海市农业科学院食用菌研究所于 1974 年试验了 7401、7402、7403、7405、7405 菌株，筛选出 7402 为段木、代料栽培两用良种。20 世纪 80 年代选育出了 8001 菌株。90 年代初采用原生质体融合技术育成了 SFL1、SFL2 香菇菌株，以后又先后选育出申香 2 号、申香 4 号、申香 5 号、申香 6 号、申香 7 号、申香 8 号、申香 9 号、申香 10 号、申香 12 号、申香 15 号、申香 16 号、沪农一号等香菇菌株。福建省三明真菌研究所,70 年代以来选育出 20 多个香菇菌株，其中以 L135、Cr-02、Cr-04 等在全国推广面积较大。浙江省庆元县食用菌科学技术研究中心选育出香菇 241-4、庆元9015、L9319、L808、庆科 20、庆科 212 等香菇菌株。华中农业大学选育出华香 5 号、华香 8 号、L952 等香菇菌株。

80 年代以来，各省、市、县陆续建立了食用菌研究所，普遍开展了香菇选种育种工作，获得了大量高产优质菌株，促进了香菇生产的发展。

三、香菇段木栽培菌株

7401 大叶、厚肉、淡褐色，冬菇、香信用，中温性，出菇温度 8℃～20℃。

7402 中叶、中肉、淡褐色，冬菇、香信用，中温性，出菇温度 8℃～23℃。

7403 大叶、厚肉、明淡褐色，冬菇、香信用，低温性，出菇温度 7℃～18℃。

7404 大叶、中肉、明淡褐色，冬菇、香信用，中高温性，出菇温度 12℃～26℃。

7405 中叶、中肉、淡褐色，香信用，中高温性，出菇温度 12℃～25℃。

7911 大叶、厚肉、茶褐色，香信用，中温性，春秋型，出菇温度 10℃～22℃。

7912 大叶、厚中肉、赤褐色，冬菇用，香信用，低温性，出菇温度 7℃～18℃。

7913 大叶、中肉、茶褐色，冬菇、香信用，低温性，春秋、冬春型，出菇温度 7℃～18℃。

7919 大中叶、中肉、赤褐色，香信用，中高温性，秋型，出菇温度 10℃～25℃。

7921 大中叶、厚肉、茶褐色，鲜菇用，中高温性，周年型，出菇温度 15℃～23℃。

7922 大叶、中肉、明褐色，香信用，中低温性，秋冬型，出菇温度 5℃～20℃。

7923 大叶、厚肉、淡褐色，冬菇、鲜菇用，低温性，春型，出菇温度 5℃～18℃。

7924 大叶、明褐色,秋香信用,春冬菇用,鲜菇用,中低温性,春秋型,出菇温度 5℃～20℃。

7925 中大叶、明褐色,鲜香菇用,高温性,出菇温度 10℃～28℃。

7926 中大叶、明褐色,鲜香菇用,高温性,出菇温度 10℃～28℃。

7927 中大叶、明褐色,香信用,低温性,出菇温度7℃～20℃。

7928 大叶、厚肉、淡茶褐色,冬菇、香信用,中低温性,春秋型,出菇温度 8℃～18℃或 5℃～15℃。

K-3 大叶、厚肉、明褐色,冬菇用,出菇温度 7℃～16℃。

241 中叶、厚肉、茶褐色,冬菇,中低温性,秋冬春型,出菇温度 7℃～18℃。

465 大叶、厚肉、明茶褐色,冬菇、香信用,中高温性,秋春、周年型,出菇温度 10℃～24℃。

127 大叶、厚肉、明茶褐色,冬菇、香信用,低温性,春秋、冬春型,出菇温度 7℃～18℃。

507 大中叶、厚肉、深褐色,柄短,适应性强,中温性,出菇温度 8℃～22℃。

135 中大叶、厚肉、茶褐色,花菇、厚菇比例大,中低温性,出菇温度 8℃～19℃。

四、香菇段木栽培技术

香菇段木栽培是将适宜的菇树砍伐、截段、集中搬运到一起,然后接入纯培养的香菇菌种,在栽培场地进行培菌、出菇管理的技术模式。香菇段木栽培适用于菇木资源丰富的山区。为了种香菇而按一定规格锯断的原木称为段木。

(一)选择场地

由于受林区交通运输条件的限制,香菇段木栽培多采用一场制,即培养菌丝体和架木出菇都在同一场地进行。因此在选择段木栽培场地时要考虑到香菇菌丝体生长阶段和子实体发生阶段对温度、湿度、光照、通风等生态因子的要求,又要兼顾林木资源、水源、地形、海拔以及林相等条件。

1. 海拔　宜设置在海拔 400～800 米的低山。选择背高面低,坐北朝南的山坡建场,既有利于接收暖湿的东南风,阻挡干冷的西北风,又有冬暖夏凉和通风排湿之便。

2. 地面　最好是多石砾的沙质土壤缓坡地,既有利于香菇的生长发育,又便于防涝排渍和操作管理。

3. 菇树　菇场周围菇树资源丰富,使用时间长,运输距离短,节省劳力,降低成本。

4. 水源　菇场内有常年流水的溪沟,保障生活用水和适时浇灌用水。水源较远的,可引流筑池,蓄水备用。

5. 遮阴　按春夏之交时菇场内能有"三分阳七分阴,四分干六分湿"(即荫蔽度 65%～80%)的要求,留下高大常绿树遮阴。天然遮阴不足的场地需搭建荫棚,棚高 2.5～3 米。

(二)场地清理

菇场选定后,进行场地清理,目的是创造一个适宜香菇生长发育,而不利于杂菌危害、害虫滋生的生态环境。清除并烧毁场内的枯枝落叶、树皮、树根及场地外围数米内的腐朽之物,铲除杂菌、害虫滋生源。根据地形,适当平整场地,开辟必要的通道,清理排水沟,修筑浇灌和喷灌设施。场地清理平整工作完成后,地面撒上石灰,防治虫害、消灭杂菌。

(三)菇木选择

能够进行香菇段木栽培的树种有 300 余种,松、柏、杉、樟、桉等含有特殊芳香族类物质的树种不能种植香菇。人工栽培实践证明,树皮薄厚适中,不易脱离,利于调温调湿,减少杂菌侵染的机会。木质适当坚实,边材多,心材较少,有利于香菇菌丝体充分分解利用。

1. 菇树 壳斗科、桦木科和金缕梅科等阔叶树是出菇较多、菇质好的上等菇树,如栎树、槠树、栲树、黑桦树、化香树、枫香树、板栗等。

2. 树龄 使用胸径在 12～20 厘米、树龄 10～25 年树木作菇树。口径太大,搬运困难,管理不方便,浪费木材;口径太小,出菇早,菇期短,总产量低。幼年树心材少,接种后菌丝生长快,出菇早,菌盖较薄,菇木易腐烂,持续产菇年限较短。老龄树口径大于20 厘米以上,接种后一般经过 2 个夏天才能出菇,产菇年限较长。树皮较薄的枫香、毛栗等,树龄可以大些,因为薄皮树出菇快。栓皮栎等厚皮树,树龄可小些,因为厚皮树出菇迟,菌盖较厚,菇质好。生长在阳坡或光照良好地方的树,营养丰富,可以适当减小树径和树龄,阴坡地或山脚生长的树,要选用大口径和大树龄的树。

(四)伐 木

秋天树叶三成变黄时,树木开始进入休眠期,春季萌芽前休眠结束。砍伐菇树的最佳时期是在树木的休眠期。休眠期树干储存了丰富的营养物质,含水量少,树液流动不快,形成层细胞活动慢,树皮与木质部结合紧密,树皮不易脱落,加之气温低,空气相对湿度低,砍后不易受虫害杂菌感染,并有利于树桩及时萌芽再生新枝。

选留部分大树作荫蔽树,小树作母树。为了使砍伐后留下的树桩不致积水烂芽,又有利于新芽的生长,砍后树桩呈倒"V"形。在搬运过程中,必须保持树皮完整无损、不脱落。没有树皮的段木,菌丝很难定植,也很难形成原基和菇蕾。

(五)截 段

1. 干燥 冬季硬质树木冬季含水量(自由水占木材湿重的百

分比)只有 40%～50%,砍伐后 1～2 天进行后剥枝、截断。软质树木含水量 65% 以上,砍倒后不剥枝、不截断,放置 10～20 天,加速树干水分从树枝蒸发,水分适宜时再剥枝、截断。粗大树不易散失水分,30 天后剥枝截断。

2. 剥枝　剥枝时,不要齐树身砍平,须留枝杈 3～5 厘米,以缩小卡砍口,减少杂菌入侵树身。

3. 截断　当干燥后树木没有萌芽力,接种打孔时不渗出树液,横断面变成浅茶色,出现小裂纹,裂纹长度为段木半径的1/2～2/3,内皮层无绿色时,表示原木干燥适合,说明原木含水量在 40%～45%。此时,将原木锯成 1～1.2 米长的木段,用 15%～20% 石灰水或多菌灵、克霉灵等涂刷剥枝后的砍口及两个断面,防止木霉、青霉等杂菌从伤口侵入。最后将段木按粗细和质地软硬的不同分开堆放,接种后分别管理。

(六)接　种

接种时使用最多的是木屑菌种,其次是棒形木块菌种。1 立方米的段木大约需要木屑菌种 7 500 毫升(15×500 毫升)。

1. 品种　段木栽培品种有低温型品种 7401,中低温型品种香菇 241、8210,中温型品种 7402,中高温型品种 L06、L08、L11 等。

2. 接种时间　剥枝后段木含水量在 40%～45%,气温稳定在 5℃ 以上,空气湿度在 70%～85% 时,进行人工接种,气温达到 15℃ 完成接种工作。在此条件下接种,成活率达 98%。

3. 木屑菌种的接种方法

(1)接种工具和用品　接种工具有接种锤或电钻。接种用品有树皮盖和封口蜡。树皮盖制作方法是用比钻头大 2 毫米的冲头打出树皮盖。封口蜡的制作方法是先将 10% 的猪油和 70% 的石蜡融化,再把 20% 的松香碾成粉末加入,拌匀,继续加热至松香熔化。

(2)木屑菌种的接种方法　用直径 1.6 厘米的钻头打 2.5 厘

米深的孔,孔间距 10～15 厘米,行间距 5～6 厘米,成"品"字形排列,边打孔边接种,接种后及时盖树皮盖或涂蜡密封,防止菌种风干、污染杂菌、虫蚁蛀食。树皮盖锤平密封,毛刷涂蜡层要厚薄均匀适中,粘着牢固。

放菌种时要求认真仔细,逐穴装填,松紧适度。如果塞得太多太紧,加盖时就会挤出菌种的水分;太少太松容易干缩悬空,均不利于提高接种质量。

4. 木块菌种的接种方法 用锤形打孔器或者电钻在段木上打接种穴,其深度与种木的长度相等或略深,接种密度稍大于接种木屑菌种的密度,种木植入后锤平即可,不需要盖树皮盖或者封蜡。

(七)假 困 山

接种时菌丝受到一定的损伤,生活力下降,为使菌丝恢复生长,在一定时间内把菇木堆放在温度和湿度适合的场所,称为假困山。假困山以保温保湿为主,保证菌丝成活,促进菌丝生长。假困山的场地应选在背风、向阳、有一定荫蔽度的林内缓坡地、平地上或荫棚中。

1. 菇木堆放的方法 有井字形堆、覆瓦式堆、横堆、竖堆,其中以井子形堆放和覆瓦式堆摆放为最好。

(1)井字形堆 堆下用石块或枕木垫起 20～30 厘米,上放菇木,菇木相间 6～10 厘米、堆成 1.2～1.5 米高井字堆。堆的上面和四周盖上树枝、茅草或塑料薄膜,防晒、防雨、保温、保湿。井字堆占地面积小,菇木上下层之间干湿度差异大。井字堆有利于通风排湿,适合雨水较多、场地较湿的菇场或菇木过湿时使用,也适用于采菇后短期养菌时堆放菇木。

(2)覆瓦式堆 在堆放场所埋两根叉木,间距 1 米,高约 50 厘米,在叉木上架一根菇木作枕木,把菇木排放在枕木上,菇木间距 6～10 厘米左右。在第一排菇木顶端再放一根枕木,排放第二排,上下两排菇木要互相错开,如此反复,成为覆瓦式。覆瓦式堆有利于菇木保湿,适合雨水较少或场地较干时采用,特别是北方干旱山区采用较多。

(3)横堆　地面四角垫石头,上面横放两根菇木,菇木纵放其上,堆长 1～2 米,高 0.8～1 米。横堆菇木排列紧凑,有利于保湿。堆顶部不要盖得过严。适于干旱气候和持水力较差的坡地。

(4)竖堆　地上埋一根固定的树桩,高 1 米,地上铺树叶和塑膜,树桩周围竖放菇木,每堆直径 2 米。堆顶盖针叶树枝和树叶20 厘米,周围用绳子将塑料与菇木捆住,最后再盖上草苫。适于寒冷地区或温度和湿度低的菇场。

2. 菇木管理

(1)温度与湿度　控制堆温在 15℃～25℃,保持堆内空气流畅,防止菌木水分蒸发。正常情况下,经过 7～10 天菌种萌发定植,以后每隔 3～5 天通风 1 次,同时适量喷水,以菇木表面均匀喷湿为宜。经过 15～20 天,接种口就可看到白色的菌丝圈。25～30天进入菇木形成层,2 个月后深入木质部继续生长。

(2)翻堆　气候条件不同,假困山时间的长短不一,一般为15～40 天。假困山时间一个月以上的,在 20 天左右翻堆检查 1次。翻堆后菌丝生长正常的菇木单独建堆,失水的菇木马上淋水增加湿度,菌种死亡的菌穴,孔穴适当处理后及时补种,发现虫害,及时捕杀或药杀。

(八)困　山

经过一段时间假困山,菌丝已在菇木中蔓延,当气温稳定通过15℃时,把假困山菇木堆拆散,将菇木移到更通风、更适宜菌丝生长的场所,重新堆放,继续培养称为困山。困山场地以三分阳、七分阴为宜,达到遮阴、通风、防杂菌的效果。困山和假困山可以在同一场地进行,也可以选在向阳缓坡地上通风透光条件好的混交林(花花太阳照得进)。林地光线强,应及时用树枝进行覆盖,减少风吹雨打和日晒;林地光线弱,适当间伐林木。如果没有林地,可采用70%~85%的遮阳网搭建荫棚。荫棚内菇木上覆盖树枝厚度30厘米以上,宽度超过菇木堆1倍。

1. 菇木堆放的方法 有覆瓦式、蜈蚣式、牌坊式和井字式4种方式。

(1)覆瓦式 在堆放场所埋两根叉木,高约50厘米,两根叉木间距1米,在其上架一根菇木作枕木,把菇木排放在枕木上,粗的一头向上,细的一端着地,以利吸收雨水。菇木间距10厘米左右以利通风。在第一排菇木顶端再放一根枕木,排放第二排,上下两排菇木要互相错开,如此反复,成为覆瓦式。覆瓦式是最普通、最常用的困山方法,适于较干燥平地和斜坡地。

(2)蜈蚣式 在堆放菇木的地方,先打根叉形木桩,然后把一根菇木的一头放在叉形木桩上,一头着地,第二根交叉斜靠在第根菇木的上部,第三根交叉斜靠在第二根菇木的上部,如此重复,每次靠一根,一左一右,排成蜈蚣式。蜈蚣式占地太多,堆放不易平稳。适于通风不良的多雨潮湿地和陡坡地。

(3)牌坊式 与覆瓦式极相似,其不同点是斜靠在枕木上的菇木每排只有两根。因此,像牌坊一样。牌坊式通风特别好,适于潮湿地及多雨季节或在多年老菇场上采用。

(4)井字式 堆放的方法与井字堆假困山菇木堆放方式相同。井字式占地面积最少,上、中、下部干湿度差较大,需要增加翻堆次数,才能使每根菇木发菌均匀。适于高温多雨季节或杂菌和病虫害易发的堆放场。

2. 菇木管理 困山期是菌丝生长的主要时期,必须根据香菇特点进行管理,包括光照、湿度、翻堆、防虫等工作。

(1)控制干湿 调节菇场环境湿度,为菌丝迅速、健壮生长创造条件。在干旱或长期干燥的晴天,必须进行喷水保湿。雨季或大雨之后,应及时排放场地积水,防止场地过湿,滋生杂菌,注意通风。以树枝等覆盖的,在雨季或雨天加盖塑膜防雨,雨后及时解开通风,防止菇木过湿。

(2)翻堆养菌 为了使各部位菇木发菌均匀,困山期间必须定期翻堆。把菇木上下左右的位置调头换位,互相调整。雨水偏多时,15~20 天翻堆 1 次;雨水稀少时,30 天翻堆喷水 1 次。翻堆时,也可根据需要改变堆放形式,以利菌丝生长。

(3)病虫防治 清除菇场内外的枯枝落叶和杂草,清沟除渍,保持清洁,减少害虫和杂菌。

(九)出　菇

经过近 8~10 个月的养菌,菇木菌丝生长达到生理成熟,如果外界温度适宜,便进入出菇阶段。发菌较差的菇木,当年秋天很难大量出菇,这类菇木应继续发菌,待来年再催蕾出菇。

1. 菇木成熟度的判断 用手摸菇木表面粗糙不平、触按柔软有弹性;敲击声低沉,发出半浊音或浊音;树皮形成层呈黄白色或黄褐色,年轮区分不清,菌丝已长透或基本长透心材,组织松软,截断时不费力,具香菇的香味;成熟的菇木,吸水能力强,增重在 20%以上。达到上述特征的菇木已经达到生理成熟。

2. 补水 对已达到生理成熟,采用淋水或浸水的方式补水。喷水前先将成熟的菇木集中倒地,然后喷水 4~6 天,每天数次,勤喷、轻喷、细喷,喷洒均匀,喷水时要翻动菇木,使之吸水均匀。浸水是将成熟菇木浸于溪水沟或水池中,压上重石,浸水时间 12~24 小时。无论是采取淋水或是浸水,当菇木含水量达到 60%左右,即菇木增重 20%时达到最佳补水标准。补水后,将菇木井字式或其他方式堆放沥水,堆高视场地干湿而定。根据栽培品种、菇木吸水程度、气象条件等,用或不用塑膜覆盖,控温在 12℃~18℃,2~5 天之后就可出现菇蕾。

3. 架木出菇 菇木现蕾后采用人字架木或覆瓦式出菇。

(1)人字架木出菇 在出菇场地先栽上一排排木叉,高 60~

70厘米,两根木叉间距5～10米,加上横木,横木距离地面60厘米。将菇木一根根地交叉排列斜靠在横木两侧,大头朝上,小头着地,菇木间距10厘米,以利于子实体接受光照,方便采摘。架与架之间留30～60厘米作业道。人字架木方式采菇方便,占地面积大,菇木水分散失多,不利保湿,是潮湿地区菇场采用架木出菇方式。

(2)覆瓦式架木出菇 架木垫石或木桩高30厘米,架上枕木,排放上菇木,大头搁在枕木上,小头着地,每根菇木之间10～16厘米。搁在上头菇木距离地面50厘米左右。比较干燥的菇场,菇木架要低些,以利于菇木吸收水分;较潮湿的菇场,菇木架要高些,以利通风排湿。架与架之间留作业道。覆瓦式架木出菇保湿性好,占地面积是人字架的一半。

4. 管理 段木接种,秋季10～11月份可少量出菇,第二年、第三年大量出菇,第四年、第五年出菇量减少。

香菇段木栽培在北方自然条件下,一般春秋菇产量不多,只有夏季才是香菇的盛产期,在南方则是春秋产量高。在春、秋季的出菇管理上要注重保温保湿,尽可能延长产菇期。出菇期多喷水保湿,防止干热风对菇木的侵袭。在秋末冬初还要加强保温措施,严防寒潮的危害。

(十)采 收

1. 时期 香菇的采收的适期是菌盖尚未完全张开,菌膜已破,边缘内卷呈"铜锣边"状,菌褶已全部伸直,并由白色转为淡黄褐色。其中香信在九分开时为最佳采收期,冬菇在七至八分开时采收质量最好。如果过早采收,会影响产量,过迟了又会影响品质。适时采收的香菇,色泽鲜艳,香味浓,菌盖厚,肉质柔嫩,商品价值高。

2. 方法 采收时,用手捏住菌柄基部轻轻拧下,不留残柄,不损伤旁边的菇蕾和幼菇。如果香菇生长较密,基部较深,可用尖头小刀从菇脚基部挖取。采菇后及时清理残留的菇根、烂菇,防止滋生杂菌和虫害。采收后的鲜菇应按大小及时分级,按不同级别分别处理。适于鲜销的应立即进行包装、上市;适于加工干制的香菇应先摊晒,再烘烤,逐步升温,缓缓脱水至干,包装销售。

(十一)休　菌

香菇段木栽培中,当一批香菇采摘完毕后,菌柄基部附近或出菇多的菇木菌丝体中养分和水分大量减少。为使菌丝体重新积累养分和水分,就得让菌丝休息养菌,复壮后才能继续出好菇。一潮香菇采收完毕后至下潮香菇进行出菇管理之前进行的管理,称为潮间休菌。

香菇段木栽培在春、秋两季出菇,冬季与夏季不出菇,需要进行越冬休菌与越夏休菌管理。

1. 潮间休菌　在休养期间菇木水分要掌握略偏干些,通风量大些,温度尽量提高些,为菌丝复壮创造良好的环境条件。

2. 越冬管理　较温暖地区的越冬管理比较简单,即采收最后一潮秋菇后,将菇木堆放在背风向阳的地方,适当覆盖,保温保湿过冬,待翌年温度适宜时再进行出菇管理。寒冷的地区,一般要把菇木井字形堆放,再加盖塑料薄膜、草苫等保温保湿安全过冬。特别寒冷地区冬季时间长,有时气温在−10℃以下,越冬的方法比较复杂。在架木场地,每两排架木间挖一个深沟,把两架的菇木倒地放入沟中,再把挖出的土覆盖上,浇水越冬。如果冬季雨雪少,在春节前后至出菇前浇两次水,保持土壤湿润。菇木在湿土里,即保湿又能吸足水分,春季温度适宜时,再从土里起出来进行出菇管理。

3. 越夏管理　夏季来临时,随着气温升高,菇木便很少出菇,采完春菇后,菇木进入越夏休菌期,越夏休菌期长达 4～5 个月。越夏时将菇木恢复立架前的堆放状态,给予适宜的温度、湿度和通气等,让段木菌丝恢复生长,积累营养。

已经出过香菇的菇木,较易吸收水分,也易遭到杂菌和害虫的危害,更应注意防止夏季的高温、高湿造成菌丝体衰竭死亡。荫蔽不够的菇场要迅速采取补救措施,既要避免中午前后的烈日直射菇木,也要防止东西斜向的阳光照射菇木。伏旱年份则应在加强荫蔽的同时,适时浇水保湿,供给菇木中的菌丝体生长发育所必需的水分。结合翻堆,经常检查,做好防杂菌、害虫的工作。秋季温度适宜时再进行架木出菇。

第四节　香菇压块栽培技术

一、香菇压块栽培技术创始人

1957 年香菇木屑瓶栽技术在上海市农业试验站试验成功。1959 年上海市农业试验站编写的《食用菌栽培》一书出版,书中对香菇、平菇、蘑菇等大型真菌菌种的孢子分离、组织分离及栽培方法做了专门论述。1960 年上海市农业科学院食用菌研究所成立,陈梅朋出任第一任所长、副研究员、上海市园艺学会副理事长。

1964 年上海市农业科学院食用菌研究所研究员何园素、王曰英等进行的香菇压块栽培试验获得成功,在试验中获得每平方米6.75 千克鲜菇产量。与压块栽培相配套的掏瓶、压块、转色、催蕾、出菇管理等项操作也逐渐规范,全国各地纷纷学习仿效。由于当时没有相适应的香菇菌株,未能迅速大面积推广。

1974 年上海市农业科学院食用菌研究所试验了香菇 7401、7402、7403、7404、7405 等菌株。同年,何园素与王曰英作为香菇压块栽培技术创始人,在上海市马陆公社(今嘉定区马陆镇)蹲点指导,连续 3 年进行了大量试验,筛选香菇压块栽培品种。选定了中低温型香菇菌株 7402 为段木、代料栽培两用良种,并在全国逐步推广。在以后 10 年里,7402 一直成为全国推广的当家品种。

　　1978 年上海市嘉定区、川沙县等地香菇压块栽培面积达 5.6 万米^2，嘉定区一度成为全国香菇压块栽培中心。1979 年上海市嘉定区马陆公社五层香菇大楼建成，成为推广香菇压块栽培技术的样板基地，拌料、装瓶、灭菌、接种、发菌、压块、出菇都在大楼内完成，每平方米压块可收鲜菇 13.5 千克。香菇压块栽培技术于 1979 年获得上海市重大科技三等奖，马陆公社香菇图片资料代表上海市科技革新成果送往联合国参加优质农特产品展示和宣传。当时中共中央政治局委员、上海市委书记彭冲亲往视察，给予很高评价。香菇压块栽培技术在上海市嘉定区马陆公社推广成功，标志着上海市农业科学院食用菌研究所在香菇代料栽培技术研究和品种选育处于全国领先水平。1979 年以后香菇压块栽培技术在全国许多香菇生产基地逐步推广。香菇压块栽培技术一时风行大江南北，给我国香菇代料栽培开辟了新的途径。

　　香菇压块栽培也存在一些缺点，主要是工艺比较烦琐，压块工艺费工较多，压块后菌丝愈合过程中有再次遭受霉菌危害的风险，一般头潮菇收获期比其他代料栽培方式约晚 15 天。至 1987 年逐步被古田彭兆旺的香菇菌棒栽培技术所取代，中国香菇代料栽培技术创新又进入一个新的历史时期。

二、香菇压块栽培技术

(一)菇　房

　　菇房周围要环境清洁，临近水源，交通便捷。按照香菇生长发育对生活条件的要求，把菇房建造成光线充足、昼夜温差较大、既能保温保湿、又具有通风换气等功能的专用房子。菇房使用砖瓦房、茅草屋、塑料大棚、山洞、地下人防工程等均可。

(二)床　架

　　架宽140 厘米，分 5 层，最下层距地面 38 厘米，最上层距屋顶

62 厘米,其余层距 50 厘米。床架柱直径 5～6 厘米,柱距 123 厘米,床架要求牢固、平整。床上先铺竹片或细竹,再覆盖芦苇帘和塑料薄膜。床架要求一边稍高,一边稍低,形成 10°倾斜角,以利于排除积水。各床之间留走道 55～60 厘米。

(三)生产季节

南方使用香菇菌株 7402 进行秋季压块栽培,6 月上旬生产原种,7 月中下旬生产栽培种,10 月上旬挖瓶压块,20 天后便可出菇。

(四)栽培种配方

木屑 78％,麦麸 20％,蔗糖 1％,石膏 1％,含水量 55％～60％。木屑选用栎树、栲树、米槠、枫树、拟赤杨等阔叶硬杂木。

(五)灭　菌

人工将培养料搅拌均匀,含水量 55％～60％时,将培养料装入 750 毫升的玻璃瓶中或折径宽 17 厘米×长 33 厘米塑料袋内,高压灭菌 2 小时或常压蒸汽灭菌 6～8 小时,料温降至 60℃出锅。

(六)培　菌

培养料温度 25℃时接种原种,接种后培养室温度控制在 23℃～26℃,进行栽培种培养,菌龄适宜时进行压块。

栽培种菌龄的长短,直接影响到制块后菌丝恢复快慢、抗霉能力的强弱、转色好坏及产品质量。菌龄过短、菌丝未达到营养生长旺盛期,压块后,菌丝易徒长、转色慢或不转色,出菇推迟。如果瓶壁或袋壁出现菌膜,褐变吐黄水,上部培养基开始收缩,表明菌龄过老。菌龄过老压块后菌丝恢复慢,转色差或不转色,出菇稀疏,抗霉能力差,当气温高于 25℃,霉菌大量污染,导致严重损失。

菌龄适宜的感官指标是 750 克广口瓶培养的栽培种,菌丝发满全瓶培养基后,复壮 10～12 天。折径宽 17 厘米×长 33 厘米塑料袋培育的栽培种,菌丝发满全袋后,复壮 10～20 天。

(七)压　块

按菌龄长短有次序进行分批压块,切忌菌龄长短混合,更不能不同品种混淆压块。压块时气温最高不得超过 25℃,不低于15℃,雨天不宜压块,不能在阳光照射和大风吹刮的场地挖种、压块。

1. 模具　坯模规格为长 33.3 厘米×宽 33.3 厘米×高 10 厘米。压板规格为长 20 厘米×宽 12 厘米×厚 2.5 厘米。

2. 消毒　压块前 2 天用 0.5％漂白粉混悬液对菇房、床架、挖种场地等进行喷冲消毒。压块前对挖瓶工具、瓶口及外壁、盛菌丝的容器、坯模、压板、垫板、覆盖用的薄膜等用 0.1％高锰酸钾消毒。

3. 压块　当气温稳定在 18℃～25℃时,选择晴天进行挖块。拔去棉塞,挖去老菌皮(老菌皮易污染杂菌),将菌料挖出后放入坯模中,破碎成蚕豆大小的颗粒,压成厚度 4.5～5.0 厘米、重3.75～4.00 千克的菌块。菌块制好后放置在消过毒的菇房培养架上,间距 4～5 厘米,摆放满一层菌块,马上用薄膜保湿,以利于菌丝恢复生长。

4. 管理　从压块到出菇,是压块栽培管理的关键时期,管理得当,菌丝就不徒长,不霉烂,产量就高。管理关键是适时掀动塑料膜通风。

(1)菌丝愈合期的管理　挖瓶压块的过程,菌丝被损伤,生活力下降。菌丝愈合期管理的重点是给予适宜的温度和新鲜的空气,促使菌丝快速恢复生长,菌块迅速愈合。根据气温的变化,控制好压块通风时间和次数,保持室温在 23℃～25℃之间,严防高温和菌块发霉。

掀膜换气要视气温和湿度情况,灵活掌握。当菇房气温超过28℃,因温度高菌丝新陈代谢强,上午制的菌块,傍晚就应掀膜换气。气温如果超过 25℃,每天掀动 3～4 次,甚至更多。气温低于

25℃,3天后掀膜换气,每天掀动1次。湿度大,多掀动;湿度小,少掀动或不掀动。压块后3～4天菌丝恢复生长,菌块表面布满新生菌丝,压块5～6天后菌丝就能愈合。

(2)转色期的管理　压块后7～10天,当菌块表面菌丝浓白,看不到培养料颗粒时表明菌丝基本成熟,就应进行转色管理。菌块转色的适宜温度为20℃～25℃、空气相对湿度80%～90%,要有充足的氧气、适宜的散射光。转色期间,菇房每天开启天窗和门窗数次,使菇房内空气新鲜。

第一、第二天掀揭塑膜,人为地拉大菌块表面干湿差,并要增加揭膜次数和通风时间,将湿润的菌块表面晾成不粘手的"假干"状,再覆盖塑膜。覆盖后的3～4天内不再掀动,人为地制造大量水汽促使菌块表面形成大量健壮、浓密的气生菌丝。气生菌丝形成后,增加掀膜次数,再一次人为地制造适宜的干湿差,促使菌丝适时倒伏。菌丝倒伏后每天掀膜换气2～3次,每次20分钟或更长时间。在适宜温度、湿度、光线、氧气的环境条件下,菌块表面菌丝就会分泌色素,白色的菌膜逐渐变成淡棕褐色,进而转变成红褐色或棕褐色,形成具有光泽,薄厚适当,韧性结实,富有弹性的菌膜。

如果茸毛状菌丝不倒伏或倒伏后又生成茸毛状菌丝,这是菇房湿度偏高,或培养料中氮素丰富,此时应加大通风或喷2%石灰水,强迫倒伏。在晴天中午空气较干燥时,掀膜数小时或更长时间,并得到较强散射光刺激,则效果更好。待菌块表面湿度下降,菌丝倒伏后再将塑膜盖上,2～3天内不掀膜,只开门窗换气。通过上述措施,菌块可以正常转色。

菌块转色期间,菌块表面及周围塑料膜上有时出现菌丝分泌的红色积水,此时要掀开塑料膜用干净纱布或棉球吸干积水,再覆盖上塑料膜。以后出现红水时,还要重复吸水,转色开始至出菇前需要吸水2～3次。吸水时,勿移动菌块,以免积水渗入菌块底部,使菌膜增厚,影响产量。

(八)出　菇

压块后 15～20 天,菌丝顺利转色,形成褐色菌皮就可以进行出菇管理。

1. 出菇方式　有 3 种:一是平放式,此法菇形完整,受光较均匀,占地面积较大。二是人字式,此法可两面出菇,中后期菌块易断裂。三是竖立式,将菌块竖起,每隔 15～18 厘米距离排立摆置,两块之间用"Ⅱ"形铅丝定位,两边用塑料丝夹拦,此法可增加菇房利用率,有利于两面出菇,小空间保湿性能好,光照度不如平放式强而均匀。

2. 出菇管理措施　首先减少通风换气,2～3 天内基本不掀塑膜,让菌块表面处于湿润状态,气温保持在 22℃～24℃ 的恒温,然后,在白天降温至 18℃,在晚间降至 4℃～6℃。夜间通过掀膜,打开门窗、天窗,拉大昼夜温差和干湿差,连续 3 天左右,迫使菌丝扭结成盘状体,同时加强光照,这样可使原基发育分化为菇蕾。当大多数原基长至黄豆大时,把菌块翻转过来或立起来,把覆盖的塑膜抬高 20 厘米架空,同时提高菇房相对湿度,进行出菇管理。

3. 秋菇管理　秋菇期是指 10～12 月份这段时间,秋高气爽,空气干燥,气温从 20℃ 降到 7℃ 左右,昼夜温差越来越大。菌块菌丝健壮、营养丰富、含水量及营养物质能够满足子实体生长发育的要求。在早秋管理上注意遮阳降温,利用早、晚通风换气,并结合喷水调湿。在晚秋管理上,必须侧重增温、保温、保湿管理。大棚栽培的则应疏散或去掉棚上的遮阳物,以增加棚内温度。室内栽培的加强保温保湿,适当通风换气,一般保持空气相对湿度为85%～95%,以利于出菇。

第一潮子实体采收后,揭开薄膜,清洗菌块上的香菇孢子,挖出老根和死菇,清扫菇房,养菌 7～10 天。待菇脚坑菌丝发白,见不到培养料颗粒,表明菌丝已经积累充足营养,此时再覆盖薄膜。

这时要保湿,每天喷1～2次水,达到干干湿湿。利用气温下降的时机,促使第二批原基和菇蕾形成。见蕾后,把薄膜架空,做成小拱棚,促使子实体正常生长。第三潮出菇时,气温下降偏低,气候开始干燥,在管理上应结合气候和菇房的特性等进行灵活的冬前管理,必要时菌块需要适时浸水,为冬菇管理做好准备。

秋菇水分管理应根据气候和出菇多少及菇的大小,灵活适度地采取喷细水不盖膜的方法管理。喷水时要注意:菇蕾豌豆大小时不能直接喷水,以保湿为主;气温20℃以上的中午不喷水,午前或午后采菇后温度低时喷水;雨天或室内超过90%时不喷水。

4. 冬菇管理 冬菇期是指1～2月这段时间,这是一年中最冷的时间,气温低,气候干燥,菌丝生长缓慢,新陈代谢降低,此时应以保温保湿保菌丝为中心,尽量创造条件让菌块出优质的冬菇。下雪天、刮风天及每天早晚,不能打开门窗通风换气,晴天中午可开南窗。保温的措施较多,如利用炭火、电源加热;在菇房南面可搭架一塑料斜棚,利用太阳能增温;或将菌块从室内移到日光温室内。通过提高菇棚温度,给予菌块适宜水分,控制85%～95%空气相对湿度,促进子实体生长,争取产出较多的冬菇,保证元旦和春节供应。

5. 春菇管理 春菇期是指3～6月份这段时间,这一时期,气温由低向高递升。由于菌块营养已被大量消耗,菌丝生长不够旺盛,菌块也易破碎。管理上,应加强通风,供给充足的氧气,3月初,要采取浸水或淋水的方式给菌块补充水分,做到保温保湿。4月底至5月初,菌块含水量降至30%～40%,应采取浸水处理办法。气温在20℃左右时,浸水8～12小时,每个菌块吸水量为0.5升,使菌块含水量达到55%～60%。浸水后于22℃左右催蕾,再出一潮菇,所出之菇多为小菇。

春菇喷水要根据气候、气温、菇形、菌块摆放方式等合理喷水。气候干燥多喷,平面摆放的多喷,菇房保湿性差的多喷,菌块偏干的多喷。25℃以上高温不能喷水,小菇蕾黄豆粒大小时不能直接喷水,杂菌污染的菌块不能喷水。

　　春季气候湿润,气温适宜,菌块表面易出现洁白浓密的气生菌丝,尤其是菇脚坑处更易长出气生菌丝,表现出营养生长过旺的现象。飘落到菌块上的孢子遇到适宜的环境条件后,大量萌发长出稠密的新生的菌丝。这些不正常的现象消耗了菌块大量养分,占据出菇面积,容易引起杂菌滋生。因此,春季要加强通风,发现此现象应及时用10％石灰水澄清液擦洗控制。

第五节　香菇太空包栽培技术

一、香菇太空包栽培技术创始人

　　中国台湾的香菇太空包栽培,是代料栽培的一种形式,中国大陆称为香菇菌包栽培,日本称为香菇菌床栽培。香菇太空包栽培采用聚丙烯或聚乙烯塑料袋为容器,木屑为主料,使用装袋机装料,经过高压或常压灭菌、接种、培养、出菇等工艺进行香菇栽培。

　　1970年上海市农业科学院食用菌研究所何园素等科技人员,开展了香菇菌包栽培研究,取得了初步成功。

　　1973年台湾人陈聪贤在台湾首创香菇太空包栽培。台湾香菇太空包栽培经历了4个发展阶段,实现了机械化和规模化生产。1973—1977年为香菇太空包栽培试栽期;1978—1981年为技术改进期,每个木屑太空包(1.1千克),可采收干菇15～25克;1982—1986年为大发展期,每个木屑太空包(1.3千克),平均可产干菇约20～25克;1987—1991年为稳定发展期,每个木屑太空包平均可产干菇30～50克。

　　香菇太空包的机械化及规模化生产,始于中国台湾省。香菇太空包栽培进入稳定发展时期后,台湾省每年生产1.6亿包左右。

台湾香菇太空包栽培多采用割袋出菇,即在太空包顶平面出菇,菌柄短而粗,菌盖厚而大、圆整,菇潮明显,产量高,品质好,利于向机械化、规模化、集约化和工厂化方向发展的优势。

20世纪90年代以来,台湾太空包栽培模式开始向大陆转移。1990年上海市农业科学院食用菌研究所与台湾菇业同行,合资兴办了上海农林食用菌类开发有限公司,按照台湾模式建立了示范菇场,年产量达100万包,并建立了若干香菇太空包栽培基地,可大量出口鲜菇、干菇和太空包,享有盛誉,获得了显著的经济效益和社会效益。

二、香菇太空包栽培技术

(一)栽培季节

南方地区,当秋季月平均气温为22℃,此时的温度适合菌丝生长,是太空包栽培的最佳时间;北方部分地区,夏季平均气温只有22℃左右,从5～8份可生产太空包。

(二)品　种

年最低温度月份的平均温度大于10℃的地区,一般选择中温或中高温类型的菌株。年最低温度月份的平均温度小于8℃的地区,应选择中低温类型的菌株,并搭配中温类型的菌株。在海拔400米以上的地区,若进行周年栽培香菇,应选择中高温及高温类型的菌株。日温差较小的地区,不应选择低温型和中低温型的菌株,台湾地区。日温差较大的地区,可选择低温型和中低温型的菌株,或适宜花菇栽培的菌株。空气相对湿度低、蒸发量大的地区,宜选择中低温或低温菌株,花菇率较高。台湾地区"台农一号"专用于鲜菇市场之栽培,其他品系如271则适合作为干菇用。

(三)选　料

采用阔叶树硬质木屑,尤其壳斗科树种的木屑栽培香菇,子实体质量好、产量高。台湾省大多采用相思树、枫树、山毛榉、楠木等木屑，而相思树是量最大的树源。麦麸和米糠一定要新鲜的，新鲜的麦麸和米糠松软清香。

(四)配　方

配方1 硬质阔叶树木屑 78%，麦麸或米糠 20%，石膏 1%（或轻质碳酸钙 0.5%～0.8%），糖 1%（或不添加），培养料含水量 58%～60%。

配方2 硬质阔叶树木屑 74%，棉籽壳 12.5%，麦麸或米糠 12.5%，石膏 1%～2%，培养料含水量 58%～60%。

配方3 硬质阔叶树木屑 60%，棉籽壳 25%～30%，麦麸或米糠 10%～15%，石膏 1%（或轻质碳酸钙 0.5%～0.8%），培养料含水量 58%～60%。

(五)配　料

先将配方中的棉籽壳进行预湿处理，并堆置数小时备用。主、辅料过筛，剔除木屑中过粗、过硬和尖锐颗粒，并剔除主、辅料中的团状结块。将配方中各组份按比例放入搅拌机搅拌 3～5 分钟，混合均匀后再加适量的水，继续搅拌 10～15 分钟，直至料水混合均匀一致。以拇指、食指捏一小团混合料，稍用力即可见水渍或随意抓一把混合料，稍用力紧捏，指缝中有水渍，但不流出，这种状态的混合料含水量为 60%左右。

(六)装　包

香菇太空包制作数量多，需要采用机械制包。

1. 设备与材料 包括旋转式装袋压包机、聚乙烯塑料袋[折径宽(12～14)厘米×长 40 厘米]、菌棒套环、棉花及其他纤维、塑料防水盖和太空包周转筐(45 厘米×35 厘米×13.5 厘米)。

2. 装袋压包 每台装袋压包机，应配铲料 1 人，套袋 1 人，整理与套环 2 人，塞棉塞 1 人，排放周转筐和搬上太空包车 0.5～1

人。周转筐一般不少于3套。

调节限定填料的高度、压包机转速档,用人工或机械输送混合料投入压包机料斗内,人工将塑料袋套在压包机筒上,压包机旋转,抱夹固定塑料袋,压包机从料斗口漏料,沿导料管将料送入塑料袋之内,压包机旋转至压包动作位置,带有直径(3～4)厘米×8厘米椎体压板沿倒料管内侧下压,将培养料压实成型,并留下接种口穴,压板复位,抱夹松开,压包机旋转复位,重复以上机械运动作业。

3. 塞棉塞 取下已经压实成型的太空包,以左手握捏塑料袋口成束状,套上套环,将袋口向下翻卷于套环外侧,再以左手母食二指摁揿套环,右手拇指或食指沿套环内侧顺时针旋转,将塑料袋向套环内侧贴靠,整理压实,然后再将棉塞置于套环口内。1千克棉花制作140～160个棉塞,棉塞要松紧适宜,以手指捏住已塞入套环内的棉塞上提,以太空包不致立即落下为限。

将制成的太空包放入周转筐内,按先外圈后内圈排放,避免被周转筐划刺,每筐12包。周转筐装满后,再将周转筐置于太空包装载车的层架上。

(七)灭 菌

1. 常压灭菌设施与设备 包括常压灭菌柜、太空包装载车、转向车与转向轨、直轨和锅炉等。常压灭菌柜采用双门隧道式,由铁板、角铁焊接而成。灭菌柜的基部埋于水泥地平面下,外侧再砌上砖墙,柜顶及两侧定距离设置排气阀。沿柜内直轨中心直铺进气锌管,进气管定距钻眼成蒸汽喷射口。

2. 常压灭菌操作程序 灭菌前,在装有太空包的周转筐上,需加盖塑料防水盖。将太空包装载车推入灭菌柜,关闭两端柜门,以棉纱袋塞填柜门底缝隙。适当开启柜顶阀及两侧排气阀,开启进气阀,开启锅炉内的送气阀,高压蒸汽沿进气管喷射口喷出,柜内冷气由排气阀喷出。从进气开始4小时内,太空包中心料温必须达到 100℃，调节进气阀并计时，保持柜内温度在 100℃～102℃，并保持 10～13 小时。关闭锅炉房分气阀和柜端进气阀，调节灭菌柜两侧排气阀，待排气阀排出的气雾消失时，稍开柜两端柜门，利用柜内余热烘烤受潮棉塞。柜内余气逸尽，再大开靠近冷却间两端柜门，用铁钩拉出太空包车，并排放于冷却室或直接进入接种室，等待接种。

(八)接 种

1. 大型接种室 规模化生产必须使用大型接种室，并具有熟练快速的接种技术，才能完成接种任务。

大型接种室必须具有较高的空气净化程度。接种室地面应平滑洁净，四壁铺贴瓷砖以便于清洗，并要防积尘。屋顶应为塑料天花板，并在适当位置安装照明灯和紫外线杀菌灯。接种室的门顶装置风帘机，借此阻隔内外空气交换。接种室应与冷却室或常压灭菌柜靠近，形成操作便利的流水线。

接种前，将接种室地面和墙壁洗净，然后将灭过菌的太空包装载车，从灭菌柜拉出直接送进接种室冷却，关闭室门，开启紫外线杀菌灯照射直至翌日接种时。临近接种前，用高锰酸钾液或新洁尔灭洗涤原种瓶外壁，棉塞用火烧一烧，并连同接种工具一起放进接种室熏蒸 30 分钟，开启空气过滤与空气压缩系统，接种人员更换衣服，戴帽、戴手套后进入接种室内。

2. 接种程序 料温降至 25℃接种，1 人挑选原种，去杂，将选用的原种拔去棉塞，扒去上层菌膜，捣碎菌种成小块状备用。其他接种人员从车架上抽出周转筐，置于托架上，左手拿原种瓶，右手旋转太空包棉塞并拔出，用接种长柄调羹取适量菌种，迅速接入套圈口内，菌种使口全封闭，塞回棉塞。1 瓶 750 毫升木屑原种接种 25～30 个太空包，1 瓶 750 毫升麦粒原种接种 35～40 个太空包。

(九)培　养

在太空包接种后,可将太空包着地,紧靠排列,要求横行对齐。排放畦的安排为宽 8～10 包,排放长度依菇房内地面的长度而定,畦间距离 30 厘米作为走道。一个 600 米² 的菇房可排放 3 万余包。

1. 生长前期管理　接种 2 天以上,才能肉眼见到明显的接种物萌发与定植,经 8～10 天后,菌丝封面,并开始下扎生长。太空包培养的前期,应保持培养室黑暗,控制温度在 22℃～24℃,空气相对湿度在 60%～70%。每 6～8 个小时换气 1 次,每次通风 10～30 分钟。

2. 生长后期管理

(1)表皮隆起期管理　表皮隆起期的特征:当香菇菌丝体长满太空包后,其表面菌丝体从上到下会自然形成不规则的团状隆起物,即瘤状物,先少量,后逐渐连成一片。表皮隆起期的管理要点是:加强菇棚光照管理,保持黑暗或弱光照,注重菇棚通风管理,防止棚内温度骤高,减缓瘤状物过多形成的现象发生,保障太空包表皮隆起均匀,厚薄一致。

(2)表皮褐化期管理　割袋栽培出菇,限定在太空包袋口表面。管理要点是:当太空包完成隆起后,将袋口套环取下,仅留棉塞于袋口,加强空气的进入量,促菌皮褐化而又不使太空包失水过多。另外,加强光照,适量提高菇棚内的温度,对太空包表皮转色有利。保持菇棚内温度 20℃～23℃,空气相对湿度 80%～85%,太空包表皮可在 15 天左右完成转色。

(3)菌膜硬化期管理　太空包袋口表面菌膜完成转色后,及时拔掉棉塞,并拉直塑料太空包袋口。这样,太空包袋口表面菌膜,会在菌膜内外气流交换的作用下渐渐硬化。以手指摸其上,有干燥硬刺感觉,实际上是外干内湿,外硬内软,富有柔软性和弹性。若太空包表皮过于干硬,则可能是太空包袋口开张拉直过早,太空包菌丝尚未成熟,失水过多,菌膜转色不完全所致。

(十)出 菇

太空包内菌丝体达到生理成熟时,就具备了割袋出菇的条件。

1. 头潮菇的管理 用锋利的小刀沿太空包顶面下 1～3 厘米处环割一圈,去掉袋口部分塑料袋膜,给太空包喷水,然后倒置太空包,再给太空包大量浇水,让太空包表皮吸水软化。太空包顶面着地 4～48 小时后,造就适度的昼夜温差,再将太空包依次翻正,恢复原样。翻包的顶面可见豆粒大小的菇蕾。此时,根据菇棚内的湿度情况决定喷雾的程度,保持空气相对湿度 90% 以上。经过24～36 小时,让菇蕾充分分化发育,让未见到的原基继续分化为菇蕾。待菌盖直径长到 1～2 厘米时,逐渐降低菇棚内的湿度,并保持湿度在 70%～75%。加大通风量,降低温度,再经过 3～7天,菇蕾就长大成熟。从太空包出菇处理到子实体采收结束,一般需 7～10 天,其中第 4～6 天是子实体的主采期。

2. 采菇后的管理 一潮菇采收完毕后,对太空包进行休菌管理,使菌丝得以休养生息,恢复繁殖与积聚养分,为下一菇潮的形成提供必要的物质基础。前潮菇采完后,在 3～4 天内无须喷雾,揭开菇棚四壁墙幕(薄膜),保持菇棚空气相对湿度为 60% 左右。另外,要剔除因采收不当而遗留于太空包包面的残物,防止感染杂菌。养菌的要求:一是防止太空包内培养料水分过多。二是太空包培养料体的搬动不宜过频。三是改善养菌期间的通风状况。

3. 再次出菇处理 待前潮菇留下的菇穴菌丝生长、褐化及干硬化之后,放下墙幕,开始进行太空包的补水作业。补水以喷雾完成,每天喷雾次数取决于菇棚相对湿度情况。空气相对湿度为60% 时,每日喷雾 2～3 次;空气相对湿度约 70% 时,每日喷雾 2次;空气相对湿度约 80% 时,每日喷雾 1 次;若空气相对湿度大于85% 时,不宜喷雾。喷雾的意义在于:一是养菌,二是保持太空包面湿润软化。喷雾补水作业,一般进行 5～7 天。若见已有茸毛状菌丝生长于原菇穴内,可根据近日气候情况做再次出菇处理。再次出菇的办法及作业程序,可重复初次出菇的做法。

4. 后期菇的管理 香菇太空包栽培的出菇期一般较长,有2~8个月。随着菇潮次的增加和太空包内养分的消耗,子实体的品质呈逐步下降的趋势。调整末期菇潮太空包的浸水、注水或浇大水的时间,使太空包吸水复重,把基质含水量调整到 45%~50%。对补水处理后的太空包稍予沥干,再进行催蕾处理或太空包倒置处理。当太空包翻正后,立即将菇棚内的湿度调控在 80%左右。让菇蕾在相对湿度较低或自然条件下发育成熟。在阴雨天不喷或少喷水,晴天喷水少量多次,白天温度高时不喷水。这样,菇蕾在基质含水量较低及高湿与低湿交错的环境中发育生长,就会使从现蕾至采收的时间有所延长,有利于太空包养分在子实体内的积累。所以,长成的子实体质量,同常规方法处理的结果相比,会有很大的改变。

第六节 香菇菌棒栽培技术

一、香菇菌棒栽培技术创始人

彭兆旺 1948 年出生在福建省古田县大甲乡大甲村,他受银耳菌棒栽培技术的启发,1973 年开始研究香菇菌棒栽培技术,1979年室外香菇菌棒栽培技术基本形成,1980 年中试成功。香菇菌棒栽培相比香菇段木栽培,使香菇生产周期从 4~5 年缩短为 8 个月,成本降低 50%~60%,生物学效率从 15%提高到 80%~90%,产量提高 5~6 倍。

1982 年彭兆旺把香菇菌棒栽培技术无偿奉献给大甲乡的父老乡亲及中国菇农。1985 年福建省三明市真菌研究所育种专家蔡衍山用 7402 与三明本地野生香菇杂交,选育出适宜代料栽培的中温型早熟新菌株 Cr-02 用于香菇菌棒栽培。1986 年香菇菌棒栽培技术被列为国家级"星火计划"重点项目,迅速传遍全国,形成新一轮香菇栽培高潮。

1988 年 10 月 26 日,在西安举行的国家科委首届"星火计划"成果展览会上,彭兆旺兄弟发明的《室外袋栽香菇高产优质技术》荣获金奖。香菇菌棒栽培技术的推广,促进了中国香菇产业的腾飞,1990 年我国香菇总产量首次超过日本,成为香菇生产、消费、出口第一大国,但是中国香菇的单产和新品种的研发逊于日本。

今天福建省古田县香菇、银耳驰名中外,已成为中国食用菌之都。彭兆旺被誉为"当代菇神",福建省政协称赞彭兆旺为"孺子牛",并送《孺子牛》国画一幅。国际著名蕈菌学家张树庭为彭兆旺题词"菌棒贡献大,功推创始人"。1988 年 9 月农业部授予部级科技进步二等奖,1989 年 4 月中国科学技术协会颁发"全国科技致富能手"光荣称号,1991 年 4 月福建省人民政府评其"劳动模范",1991 年 10 月国家科委评其为"全国星火科技先进工作者",1991 年 10 月福建省宁德地区行署授予他"科技进步奖"。

在推广香菇菌棒栽培技术的实践中,各地菇农和技术人员根据当地的气候、资源、技术、劳力等条件,以"古田模式"为基础,不断研究和探索,创造了"庆元模式"和"寿宁模式"(小袋高棚层架花菇栽培)、"西峡模式"(中袋高棚层架花菇栽培)、"泌阳模式"(大袋高棚层架花菇栽培)、"屏南模式"(香菇反季节栽培)、"长汀模式"(香菇反季节覆土栽培)、"黑龙江模式"(香菇生料、半生料栽培)。

1994 年,我国食用菌行业提出了"南菇北移"战略,南方食用菌产业开始逐渐向资源丰富、劳动力富余、气候条件适宜的北方转移。香菇产业逐渐普及到山西、河北、河南、山东、山西、辽宁等地。目前我国各省、直辖市、自治区均有香菇生产栽培。

二、香菇菌棒栽培技术要点

（一）配　方

木屑 79％，米糠 20％，石膏 1％，含水量 60％。

（二）栽培季节

8～9 月份制袋，10～11 月份下地立棒，出菇期 11 月份至翌年 5 月份。

（三）菌　袋

折径宽 15 厘米×长 55 厘米×厚 0.005 厘米低压聚乙烯塑料袋。

（四）装　袋

人工拌料，手工装袋、加压成柱形后。袋两侧分别打两个孔，孔径 1.5 厘米，深 2.0 厘米，用 3.5 厘米方形医用胶布封好，灭菌后打开即可接种。

（五）灭　菌

采用常压蒸汽灭菌，温度达到 100℃，保持 12 小时。

（六）接　种

培养室要求环境干净，遮光遮雨，能密闭消毒。袋内料温 20℃ 以下接种，品种为 7402、Cr-02。

（七）发　菌

在 20℃～25℃ 条件下发菌，菌丝圈直径 10 厘米左右时，解开胶布的一角，以利于空气进入。

（八）出　菇

菌丝生理成熟后，在农田搭建出菇棚，棚高 2 米，棚上覆盖茅草，做畦立棒，覆盖薄膜转色出菇。采取浸水方式为菌棒补水。采收时要认真仔细,不要损伤菌棒的菌皮。

第七节　高棚层架花菇栽培技术

高棚层架花菇栽培技术是根据花菇形成的机制,通过人工调控方法,在适宜花菇形成的季节来临前进行催蕾,菇蕾达到适当的成熟度时,利用秋、冬季节干燥的气候条件,使菇蕾处于内湿外干的条件下,充分利用风速、光照促使花菇形成和生长发育。

高棚层架花菇栽培模式是花菇栽培最具代表性的方法,包括浙江庆元和福建寿宁小袋高棚层架花菇栽培模式、河南西峡中袋高棚层架花菇栽培模式及河南泌阳大袋高棚层架花菇栽培模式。香菇太空包栽培、日光温室立棒栽培、反季节立棒栽培、反季节层架栽培、反季节覆土栽培等出菇模式在特定的生长环境条件下也能培育出花菇,只是花菇的产量与品级差异较大。

一、"花菇成因"理论的形成

我国食用菌科研人员从 20 世纪 80 年代,开始关注段木花菇成因。早期因为没有很好地测试分析和实验研究,只是根据花菇自然形成时期的大气条件展开一些探讨。张寿橙(1984)、吕作舟(1988)、张树庭(1988)、钱玉夫(1989)、武金钟(1993)等众多学者对椴木花菇形成过程都做过阐述,认为"花菇必须在低温、昼夜温差大和干燥的生态逆境中才能形成"。

1988 年以来,吴学谦、吴克甸等从先后对室外自然条件下和室内人工控制条件下影响花菇形成的内、外因子进行了大量的定性、定量试验研究,首次探明了花菇低产原因,揭示出花菇的成因。通过我国食用菌科研人员近几十年的共同努力,对花菇成因的认识,从孤立地强调环境因素,到目前比较辩证、全面看待影响花菇形成的各种内、外因子,揭示了花菇的形成是内部因子与外部生态因子协同作用的结果。

根据花菇成因的新观点，以吴学谦为主持人的省级科技攻关项目《代料栽培花菇技术研究》获得了 1995 年度浙江省农业科技进步奖一等奖和浙江省科技进步奖二等奖，并被评为浙江省新中国成立 50 年五十大科技成果之一，被中国食用菌协会评为行业十大优秀科技成果的第一名。在段木花菇培育技术研究上，河南省科学院生物研究所 1993 年前完成的《香菇段木栽培技术和菌种及产品标准化研究与应用》成果，段木香菇栽培获得了 35％ 的花菇率，属国内领先水平。卢氏县武金钟等(1993)提出利用保护设施即"遮阴棚"、"遮雨棚"、"调温棚"进行段木花菇栽培。

二、花菇菌盖裂纹形成过程

野生香菇、段木栽培香菇和代料栽培香菇在特定生长环境条件下，均能形成花菇，其形成过程相同。花菇形成过程包含着香菇子实体表皮层细胞和肉质层细胞两方面不同的作用。当菇蕾长至 2～3 厘米时，若处于低温、干燥、一定光照、微风吹等特定环境条件下，一方面，由于空气相对湿度低，菌盖表皮层因水分散失太快而变得干燥，随着表皮层失水程度加剧，细胞间出现脱水，表皮层细胞生长所需养分输送受阻，生长逐渐变慢直至停止，处于休眠状态，以抗衡不良环境。另一方面，空气相对湿度低使菇蕾蒸腾作用加剧，菇蕾水分不断散发，菇木(或菌棒)中菌丝积累的营养物质随水分向菇蕾输送，加强了菇蕾对营养物质的吸收转化，肉质层细则因水分尚充足，只是由于低温分裂而生长缓慢。在白天气温升高时，菌盖表皮层细胞在干燥条件下仍无法复苏，而肉质层细胞则因温度适宜，而生长正常，使肉质层细胞大量分裂增殖，导致菇蕾表皮层细胞与肉质层细胞生长的不同步，积累到一定程度，表皮层被胀破，露出了洁白的菌肉，裂纹不断加大加深，洁白的菌肉又重新组成了一层保护层，这样形成了花菇。形成花菇的天气愈持久，裂纹愈大,花纹愈深愈白,最终形成优质的天白花菇。花菇整个形成期为 20 余天。

三、花菇形成的因素

(一)花菇形成的环境因素

张寿橙经过观察试验,在 1984 年把花菇形成的环境因素,归纳成 9 个方面。

第一,坚实材质的杂木产花菇多,疏松材质产花菇少。

第二,多节痕、老龄树、厚皮树产花菇多,少节痕、幼龄树、薄皮树产花菇少。

第三,冬季产花菇多,春季产花菇少。

第四,旱冬产花菇多,烂冬(多雨水)产花菇少。

第五,向阳、日照充足、通风处产花菇多,阴坡、日照弱、通风不良处产花菇少。

第六,长江以北菇场产花菇多,南方菇场产花菇少。

第七,沙砾地产花菇多,泥地、草地、泥沙地产花菇少。

第八,海拔低、少露少雾地区产花菇多,海拔高、雾大露多地区产花菇少。

第九,离地面高或竖立菇木产花菇多,近地面产花菇少。

(二)花菇形成的气候因素

花菇的形成与温度、湿度、光照和风速等有着直接关系,而干湿度的作用最为重要。

1. 湿度与风速 湿度一是指空气的相对湿度,二是指地面水分蒸发量,三是指菇木的含水量。湿度是制约子实体表皮干燥的关键因子和必要条件,湿度低则表皮干燥快。风速大小是通过影响湿度高低使子实体表皮干燥而发生作用的。在有微风的天气里,子实体表皮干燥快,裂纹形成比无风的天气快。

(1)**空气相对湿度**　花菇形成最适宜的空气相对湿度为55％～68％。低于50％，菇蕾易形成花菇丁或萎缩死亡，高于75％时，很少形成花菇，易形成板菇。

(2)**场地湿度**　菇场地面水分蒸发量，首先影响空气相对湿度，其次影响菌盖纹理的出现和开裂的程度。因此，菇场的地面必须保持干燥和通风。场地的干燥程度，以控制菌棒不失水为宜，保障花菇顺利生长，并成长为大朵型花菇。

(3)**菇木的含水量**　较低的空气相对湿度，一方面可使菌盖表面蒸腾作用加剧，有利于裂纹的形成；另一方面加速培养基质内的营养和水分向子实体输送。因此，培育花菇的菇木（或菌棒）含水量要求较高。催蕾前，菇木含水量以60％为宜，菌棒含水量以60％～70％为宜。若菇木含水量超过60％，菌棒含水量超过70％，只长板菇不形成花菇；菇木含水量低于40％，菌棒含水量低于50％，只能形成菇丁而不能正常发育长大。

2. 温度与温差　温度高低和温差大小对花菇纹理的形成和开裂程度不起决定性作用。温差高低与原基形成多少有关，是花菇形成的先决条件。温度高低影响花菇子实体的生长速度和菌肉厚薄。在较高温度环境下，形成的花菇肉薄柄长，商品价值不高；在温度低于8℃以下的环境，虽然长出的花菇肉厚柄短，但生长周期长，影响总产量。温度较低，即使短暂时间内空气相对湿度为75％～80％，已形成的白色花纹也不致很快消失，有一定的保花作用。

温度高低、温差大小对花菇子实体的影响与对普通香菇子实体的影响结果是一致的。即温度高、温差大，形成花菇的速度快，温度低、温差小，形成花菇时间长；温度低、温差大，子实体生长缓慢，子实体比在高温、温差小的情况下要厚些。

3. 光照　光照对花菇的影响表现在光照强度和光照时数上。

(1)**光照强度**　光照强度影响菌盖上花纹的颜色深浅和菌柄

长短。花菇多生长在光照充足的地方,光照可使温度提高、湿度降低,加快子实体表皮干燥。光照强度与空气干燥程度呈正比,增加强光,必然大幅度降低相对湿度,提高空间干燥度,有助于菌盖表皮开裂,加深白色裂纹。光线充足,花纹长得白;反之,花纹为乳白色。

子实体的不同生长发育阶段,对光照强度有不同的承受力,菇蕾期,承受不住强光,若受强光刺激,菇蕾就会枯死夭折。只有当幼菇长到 2 厘米以上,分化完全,发育达到稳定状态,方可增加光照强度。具体地说,子实体在光照强度 1 000～1 300 勒时发育良好,要使菌盖表皮裂开和裂纹加深,光照强度应加至 1 500 勒以上。当气温 15℃ 以下,白色花纹不深,而朵形完整,生长势旺盛时,可加大光照强度至 2 000 勒。同时,必须密切注意菇体对光照强度的承受力,及时调控。

(2)日照时数　日照时数长花菇发生最多、质量好。一般光照时间要达到 4～5 小时。

4. 形成一级花菇的气象条件　出菇棚气温在 13℃ 左右,最高气温 20℃,最低气温 7℃～8℃,日较差 12℃～13℃,平均空气相对湿度为 60% 左右。外界白天气温在 15℃ 以上,空气相对湿度 40%;夜间气温低于 10℃,空气相对湿度小于 80%。风速 1.0～1.3 米/秒,日照 4～5 小时,平均日蒸发量 5.0 毫米以上。

(三)花菇形成的内在因素

1. 品种的温型　香菇品种有高、中、低温型之分。各种温型品种,在适宜的生态条件下均能形成花菇,而离开了特定的成花条件则均不能形成花菇。在相同条件下,各种温型的品种发生花菇的概率是有区别的。低温型和中低温型单生的菌肉厚、鳞片多的香菇品种,如 L135、香菇 241-4、庆元 9015、7401 等,花菇形成速度快、质量高。例如,庆元 9015,在温度 15℃、空气相对湿度 65% 的培养条件下,48 小时左右菇蕾盖面就会形成裂纹;而香菇 241-4,

在同样条件下,至少60小时以上才能形成裂纹。在气温较高的季节,如要生产花菇,必须选用中温偏高型,或选用高温型品种。如我国台湾省园森食用菌研究所选育的OX-4、M-5、GL-271、FO-3等品种,都具有抗逆性和耐热性,在30℃~32℃气温条件下,受到干燥刺激,仍能形成厚实的花菇。高温型品种虽能长出花菇,但因高温条件下形成的花菇,菇薄、柄长、肉松、品级较低。

2. 品种的抗逆性 不同品种抗逆性有强弱之分,对温、湿、光、风等条件的适应能力不同,而且有些品种菌盖表皮蜡质层薄,受干燥气候影响而表皮易破裂。适于代料栽培花菇的品种,有其共同特性,主要是抗逆性强(如抗杂性、耐热性、耐干性)、发菌期较长,在不脱袋栽培管理的情况下能转色形成良好的褐色菌皮,这些都是形成花菇的基本条件。例如,L135、庆元9015、香菇241-4等中低温或低温型品种,采用春季制作菌棒,秋季开始出菇,遇上干燥气候,菌盖表皮开裂,仍能保持缓慢生长,最终成为花菇。

3. 子实体成熟度 是指菇蕾分化生长的大小。例如,庆元9015,在空气相对湿度60%、温度12℃、光照充足的条件下,菌盖直径1厘米菇蕾全部萎缩死亡;菌盖直径1.5厘米菇蕾部分萎缩;菌盖直径2.0~3.5厘米幼菇均能形成质量较好的天白花菇;菌盖直径3.5~4厘米,有四五分成熟的子实体只能形成开伞花菇,即菇盖中心没有形成裂纹,只有盖边四周有直线状辐射裂纹。已近成熟即将开伞的香菇子实体,遇干燥环境,盖面也不会形成裂纹,只略见干燥,表皮拉紧,与普通香菇无异。因此,菌盖直径2~3厘米的幼菇,是促菇成花较为理想的成熟度。

四、花菇大棚及床架的搭建

(一)场地选择

花菇栽培场地要求建在向阳迎风、冬暖夏凉、冬季有西北风,日照时间长,地下水位低和近水源的山地、旱地及排水性较好的地方。房前屋后较干燥的农田、山地、溪沿等地方，既有一定的湿度，经过通风管理又易降温降湿，还有利于菌棒及产品搬运。

(二)大棚及床架搭建

大棚和床架的搭建，要考虑容易对光、温、气、湿实施调控，符合发菌、培育幼菇及成花的生理要求。为了便于管理，获得最佳的栽培效果，最好分别设置发菌棚、催蕾棚和出菇棚。

1. 发菌棚　选择水源方便的室外空地或大田，搭建发菌棚。根据栽培数量确定发菌棚面积，一般一个发菌棚不超过 667 米²。发菌棚高 3.0～3.5 米，棚架可选用竹木结构或钢结构，力求牢固，上盖茅草或遮阳网，周围用茅草、芦苇或用农作物秸秆适当遮挡，做到既可遮阴通风，又可避免遭禽兽践踏危害。用于反季节栽培的蔬菜塑料大棚，外加遮阳网即可作为培育香菇的发菌棚。

2. 催蕾棚　菇蕾发生和花菇形成所需的环境条件是不同的，栽培花菇数量较少的菇农，可采用两场制培养花菇。除了出菇棚外，还可以另建一个 6～10 米² 的催蕾棚，供低温干燥季节催蕾使用。催蕾时把菌棒堆叠起来，通入蒸汽，白天温度保持 18℃～20℃(不超过 25℃)3～4 小时，夜间停止通入蒸汽，这样连续操作5～8 天，见有菇蕾产生，再把菌棒改成三角形堆叠，直至菇蕾长至 2 厘米左右，再置于催花棚中管理。低温期注水前，也可把菌棒堆叠在催蕾棚中，在太阳下晒 3～5 小时，把堆温提高到 20℃～25℃，再注冷水催蕾。

3. 出菇棚　立棒花菇大棚最适于脱袋式培育普通香菇(板菇)，虽然可以培育出花菇，但管理难度较大。为了培育优质花菇，一般多采用高棚层架式出菇棚。

(1)浙江庆元花菇大棚　由遮阴棚、塑料大棚、多层栽培架、地面防潮覆盖物组成。菇棚四周设有排水沟，还有水管接到棚内，供补水之用。菇棚南北窄、东西长，便于空气流通。

遮阴棚为外棚，又称高棚，多用直径 15 厘米×15 厘米的水泥柱作支柱,棚宽 6.6 米,高 2.8 米,用竹木搭成,支柱设在走道旁,四周的遮拦物不易过密,以利微风吹动,带走水分。越夏期间,如菌棒放在出菇棚内越夏,遮阳物要厚些,以防阳光透入,遮阳物可选用茅草等物。秋、冬季出菇期间,遮阳物要逐步稀疏。只要菇棚内温度不超过 20℃,尽量增加光照,特别是冬季低温季节,光照能提高菇棚内的温度,加强蒸腾作用,使菇体表面水分蒸发变干,有利于加速子实体生长和花菇形成。不作为菌棒越夏的菇棚,遮阳物可用两层遮阳网覆盖。

塑料大棚长 10 米,宽 2.8~3.2 米,肩高 1.8~2.0 米,棚顶高 2.4~2.5 米,可摆放 1 500~2 000 个菌棒。一般用竹木做骨架,棚顶塑料薄膜用压膜线或塑料绳固定,塑料大棚四周的薄膜可开可闭,便于调节菇棚内的湿度。防潮覆盖物采用塑料薄膜或油毛毡覆盖,若地面干燥的,也可在地表铺一层干沙子。

多层栽培架可用木材、毛竹搭建,5~6 层,层距 25~30 厘米,底层高 15~20 厘米,架宽 40~45 厘米,中间两排并拢,两边各设一排,左右两侧操作道宽 60~70 厘米。

(2)福建寿宁花菇大棚 菇棚由外层遮阴棚和内层防雨棚组成。外棚宽 5.2 米,高 2~2.5 米。内棚设 6 个床架,中间 4 架,两架相连为一组,两侧各设 1 个床架,各留 80 厘米操作道。床架的立柱用毛竹或木杆,中间 2 架长方向每隔 2.5 米立一柱,宽方向每隔 45 厘米立一柱。每架设 6~7 层,每层相距 25 厘米,层面铺上稀疏的竹片或木条并加以固定。在床架用竹片按 1.5~2 米距离架拱形棚顶,从棚顶覆盖薄膜直达地面。这种结构的菇棚,棚内有室,室外有棚,寒冷雨天能用薄膜遮盖保温,晴天高温可揭膜通风降温,使棚内小气候环境能适宜花菇的形成和生长。

(3)河南泌阳花菇大棚 出菇棚设置以东西向为最好,棚长 5~6 米,宽 2.4~2.5 米,面积 12~15 米^2,前后墙高 1.6~1.8 米,山墙顶高 1.9~2.0 米。菇棚采用竹木结构,也有将两端用砖泥砌成的,墙一端中间留宽 60～80 厘米,高 1.7 米左右的门,棚顶呈"人"字形。棚内正对门留 80 厘米的人行道,棚内两侧设床架。床架宽 80 厘米,每隔 1～1.5 米设立柱和横梁支撑。床架分 5～6层,层高 25～30 厘米,每层用 4 根竹竿置放作为隔板,供放菌棒用。每层床架可横放 2 排菌棒。这样大小的出菇棚可排放 500 个左右的菌棒。棚上覆盖整块薄膜,两边落地用土压实。冬季(12月份至翌年 2 月份)需要加温时,可在菇棚内地下修一火道,最好是回龙形火道,这样可提高热利用率。

(4)河南西峡花菇大棚　西峡香菇春季采用中袋制棒,出菇棚集中连片,秋冬季高棚层架出菇的生产方法。一般种植 5 000 棒左右菇农不用再建发菌棚,以室内培养为主,或采用塑料棚,上面搭遮阳网等方法,解决培养室不足的问题。

出菇设施由遮阴棚、塑料大棚、多层栽培架组成。遮阴棚搭建方法是:先栽好立杆,要求地面以下深 60 厘米以上,地面以上高度 3.5 米,四周用 8 号铁丝固定,杆与杆之间用 8 号铁丝连接,而后把网扎好,固定在铁丝上,并在早晚能折射阳光的地方用网围好,留两处太阳照不到的地方用于通风。

每个出菇棚长 9～10 米,宽 3.5 米,中心高 2.3 米,左右边沿高 1.8～2 米,呈"介"字型。棚与棚纵向间距 1 米;两排菇棚横向间距 2.5 米,方便运输和管理。每棚可摆放 1 000 个菌棒袋。每667 米^2,约建 12 棚左右。要求规模适度,并相对集中连片,数量一般保持在 200 棚、20 万棒左右。

出菇架采用钢筋水泥结构,菇棚两边单排架宽 43 厘米,分 6层,底层高出地面 15 厘米,层间距 25～30 厘米。中间双排出菇架宽 85 厘米,两个出菇架间道宽 80 厘米。

五、花菇生产技术

(一)栽培季节与品种

花菇栽培季节的安排除了要遵循普通香菇生产季节安排的原则外,还必须选择当地空气相对湿度较低的季节以及温度高低与所选用品种的出菇温度类型相吻合。由于高棚层架生产花菇规模较大,是在大场所、大空间里进行,完全依靠人工调控或难以实施,或成本太高。花菇栽培应将出菇期调至当地易成花菇的季节,再辅以人工调控,就有把握成批培育出优质花菇,获得最佳栽培效益。

用于花菇栽培的香菇品种,应选择菌肉肥厚、菌盖鳞片多、抗逆性强、菇蕾发生量不要过多、子实体易在秋冬季分化和生长的优良品种。

1. 庆元模式 选用 L135、庆元 9015、香菇 241-4 等品种,一般 2～4 月份接种,在夏季高温到来之前菌丝长满整个菌棒,转色后顺利越夏,秋季温度适宜出菇的季节进行出菇管理。

2. 西峡模式 选用 L135、庆元 9015 等菌株,一般 2 月至 4 月接种,在夏季高温到来之前菌丝长满整个菌棒,转色后顺利越夏,秋季温度适宜出菇的季节时进行出菇管理。

3. 泌阳模式 泌阳海拔高度较低,菌棒越夏困难,不适于春栽,最佳接种时间一般为 8 月 20 日至 9 月 30 日,由于历年气候变化不完全一致,可灵活掌握,以日最高气温不超过 28℃接种最为适宜。在最佳接种期内,要争取尽早制袋接种。选用中温偏低型早熟品种,如 Cr-62、L087、L856,菌龄 60～65 天,11 月下旬出菇。

(二)配 方

1. 庆元模式 培养料配方为:杂木屑 78%,麦麸 20%,糖 1%,石膏 1%,含水量 55%～60%。

2. 西峡模式　培养料配方为:杂木屑 78%～80%,麦麸 18%～20%,糖 1%,石膏粉 1%,含水量 58%～60%。

3. 泌阳模式　培养料配方为:杂木屑 82%,麦麸 17.8%,石灰 0.2%,含水量 56%～58%。

(三)拌　料

先将木屑、麦麸、石膏粉等不溶性干料混拌均匀,将糖等可溶性辅料用清水配成母液,分次加水混入干料,用铁锹来回翻拌 5 次以上,或用拌料机搅拌数分钟。当制作菌棒时气温较低(20℃以下)条件下,主料颗粒较大、菌棒较小时,可将培养料含水量调至60%～65%;若制作菌棒时气温较高,主料颗粒较细,菌棒较大时,宜将培养料含水量调至 55%～58%。

(四)装　袋

装袋机效率高,能保证松紧均匀,少伤或不伤塑料袋,有利于提高菌棒成品率。扎牢袋口,防止灭菌时培养料受热膨胀,气压冲散袋口。袋口松,杂菌会从口而入。

1. 庆元模式　采用折径宽 15 厘米×长 55 厘米×厚 0.005 厘米规格的小袋,填料长度 42 厘米,每袋填湿料 1.8～2.0 千克。

2. 西峡模式　采用折径宽 18 厘米×长 60 厘米×厚 0.005 厘米规格的中袋,填料长度 42 厘米,每袋填湿料 3.0～3.15 千克。

3. 泌阳模式　采用折径宽 24 厘米×长 60 厘米×厚 0.005 厘米规格的大袋,填料长度 40 厘米,每袋填湿料 3.6～4.0 千克。

(五)灭　菌

培养袋制作要求流水作业,当天拌料、装袋,当天灭菌。培养袋可用高压蒸汽灭菌或常压蒸汽灭菌。锅内培养袋的摆放方式有两种:一种是在锅内 15～20 厘米高的栅格上先铺二层麻袋或一层毛毡,然后将培养袋呈"井"字形堆叠在麻袋上,顶部与堆间留 5～

10厘米空隙,不能塞得太满,以利于蒸汽流动。另一种是先用周转筐(长×宽×高＝70厘米×45厘米×45厘米)装袋,然后把周转筐堆码在锅内的栅格上。利用周转筐进出袋方便,培养袋搬动次数少,蒸汽环流通畅,灭菌效果更好。生产中,通常边堆码装锅,边生火加热,6~8小时生产结束。装完锅后立即加大火升温,4~6小时将锅内培养袋料温升至100℃。然后,保持工作温度98℃±2℃一定时间,中间不许停火,以免温度波动太大,影响灭菌效果。具体灭菌时间应达到培养料彻底灭菌,结合各地经验,容量500袋以下的小型灭菌锅,98℃±2℃,4~6小时;600~1 000袋的中型灭菌锅,98℃±2℃,8~10小时;1 000袋以上的大型灭菌锅,以1 000袋10小时为起点,每增加1 000袋,灭菌时间相应增加5小时。升温加热的原则是:大火攻头快升温,旺火恒沸保灭菌。灭菌期间,应经常定点检查温度,稍有下降即应补救;还应注意灭菌锅内水位,定时加热水,保证锅内水位高于安全水位线。

(六)冷　却

灭菌结束后,暂缓出锅,可以提高灭菌效果。培养袋料温降至60℃~70℃时出锅。出锅时工作人员戴棉手套,将装筐灭菌的整筐搬出,将散堆的逐袋取出,轻轻装入垫有衬布的平板车或电瓶车上,运到接种室或冷却室冷却。冷却场地在使用前24小时进行清扫和消毒处理,以保持培养袋的无菌状态。冷却期间,培养袋呈"井"字形堆码,堆高8~10层,堆间预留通道,以利于散热。

(七)接　种

当培养袋温度降至28℃以下时进行接种,接种工作应遵守无菌操作的原则。

1. 菌种预处理　首先逐瓶(袋)挑选菌种,剔除长势弱、有杂菌或有疑问的菌种,将选留的合格菌种进行药浴处理,清洗菌瓶(袋)外壁。然后在接种箱内按照无菌操作要求,将棉塞换成无菌塑膜(事先用消毒药液浸泡 5 分钟以上),密封后带入接种室备用。

2. 接种 接种人员进入接种室前应沐浴更衣,换专用拖鞋,戴帽,戴口罩。接种之前双手用酒精棉球擦拭。接种工具先经火焰灼烧备用。接种操作一般 2~3 人一组。先打穴、贴胶布,然后灭菌的培养袋,接种时传递培养袋,预撕胶布,接种各一人;灭菌之前未打穴的,接种时增加一人打穴。接种后或贴胶布,或套袋密封均可。接种棒大头直径 1.5 厘米,穴深 2~3 厘米,每袋 4~5 穴,小袋、中袋宜单面接种,每袋 4 穴成直线等距离排列,大袋宜两面接种,上面 3 穴,下面 2 穴,两面的接种穴相互错开,呈"品"字形排列。

(八)菌棒培养

接种后的培养袋称为菌棒。菌棒培养是指菌种定植至发菌成熟期间的管理。根据香菇的生物学特性,菌棒培养期间的管理要点是:避光,调温,通风,翻堆,增氧,去杂。

1. 菌棒培养室与菌棒堆叠 秋栽模式的培养室应具备阴凉、通风、无鼠洞、周边干净等条件。春季模式的培养室则应避风向阳,利于保温。培养室在使用前须认真清扫、消毒,然后通风备用。为了提高培养室利用率,室内应设置培养架。培养架可以是角铁结构或砖木结构。培养架长 4~6 米,宽 0.5 米,高 2.5~3.0 米,设 4~5 层,层距 0.5~0.6 厘米,每层床面摆 3~4 层菌棒,菌棒呈"井"字形排列,以利于散热。同时,将接种穴面向两侧,不要互相压盖,以免影响菌种定植生长。为了防止培养架倾倒,可用横杆将培养架上部连成一体,横杆高度应在 2 米以上,以利于通行作业。现在,许多菇农将接种室和培养室合二为一,就地接种就地培养,这样既可以减少搬动用工,又可减少杂菌感染。具体做法是,先在地面撒一层石灰,然后将菌棒呈"井"字形堆叠在地面,堆高 8 层以下,堆间预留通道,以利于通风散热和行走作业。

2. 菌丝生长时期 接种定植至菌丝生理成熟,需 60~200

天,其中包括萌发定植期、菌丝生长期、菌丝生长成熟期以及菌棒转色期。

(1)萌发定植期 接种后发菌棚温度控制在25℃～27℃、空气相对湿度60%～70%,温度超过28℃,立即通风。接种4天后,菌丝开始萌发定植吃料。

(2)菌丝生长期 菌丝吃料后至菌丝长满菌棒这段时间为菌丝生长期。此时控制发菌棚温度在23℃～25℃、空气相对湿度60%～70%,每天早晚各通风1次,每次10分钟。菌种吃料后,茸毛状菌丝向四周扩展生长,接种15天,菌丝圈直径达3～6厘米。此时要进行翻堆,套袋的菌棒要脱掉外套袋。接种后40～50天,菌丝长满整个菌棒。菌丝圈连片时进行第一次刺孔增小氧,菌丝长至菌棒一半时进行第二次刺孔增小氧。

(3)菌丝生长成熟期 菌丝长满菌棒至菌棒转色前这段时间为菌丝生长成熟期,大约在接种后的45～60天内,菌棒上会出现菌丝扭结成的瘤状物。此时控制发菌棚温度在20℃～23℃、空气相对湿度60%～70%,每天通风2～3次,每次2～3小时。菌丝生长成熟期要进行1次刺孔增大氧工作,发菌棚要加强通风,菌棒温度偏高及刺孔增氧时,根据实际情况增加通风次数,延长通风时间,达到增氧降温的目的,防止高温烧菌。发现菌棒出现过多黄水时,及时打孔排除,防止烂棒。

(4)菌棒转色期 白色的菌棒长出菌皮,菌皮由白色逐渐转成红褐色,这一阶段为菌棒转色期,在接种60天以后,菌棒进入转色期。此时控制发菌棚温度在20℃～25℃、空气相对湿度60%～70%,加强通风,防止振动出菇。

3. 刺孔增氧 香菇的培养料装在塑料袋中,阻碍了氧气的进入和二氧化碳的排出,抑制了木质素、纤维素、半纤维素等降解和菌丝体养分的积累,从而也影响了子实体的形成和发育。在养菌期间,需要给菌棒进行适时适当的刺孔通气。通过刺孔通气可增加培养料的含氧量,排出菌丝体代谢释放的挥发性物质(如二氧化碳),刺孔通气还有机械刺激、养分输送、增加室温、降低培养料水分等作用,有利于木质素等养分的降解和菌丝体内养分的积累。

选择在菌棒温度 20℃~25℃时进行刺孔增氧;菌棒温度在 25℃~28℃要分期分批刺孔增氧;菌棒温度超过 28℃时严禁刺孔增氧。装袋紧实、培养料含水量高时,菌棒多刺孔、刺深孔;发菌室通风干燥、菌棒含水量低时菌棒少刺孔。刺孔针粗度、数量与深度应根据菌棒的粗度和含水量、养菌期间的季节、空气湿度等实际情况灵活掌握,最终目的是使菌棒在出菇前转色正常、菌皮厚薄适宜、含水量适中、菌棒重量减轻 20%~30%。

在刺孔通气操作中,无论是"通小气"还是"通大气",刺孔后 3~10 天菌丝生长都会非常旺盛,呼吸作用显著加强,并释放大量热量,使堆温和室温明显升高,菌棒温度升高 3℃~5℃。因此,每次刺孔后都必须合理堆放,并加强通风散热,避免烧菌。

(1)前期刺孔增氧　用石蜡或纸胶布封口以及菌棒使用外套袋防杂保湿时,因接种口被封堵或外套袋阻隔,菌丝圈直径达到 6~8 厘米时,菌丝的生长速度就会变得十分缓慢,前端菌丝生长变得纤细,有时甚至在接种口周围会出现瘤状物,此时必须刺孔增氧,增加袋内的氧气,促进菌丝生长。接种口没有被封堵或没有使用外套袋的菌棒,氧气可以从接种口进入,刺孔的时间可以适当往后推,可以在菌丝圈连在一起时进行第一次刺孔增氧。当菌丝长满菌棒 1/3 到 1/2 时进行第二次刺孔增氧。由于这两次刺孔数量少、孔细、孔浅,菇农称为"通小气"或"放小氧"。发菌前期刺孔可使菌丝生长加快,菌丝变得洁白粗壮。

(2)中期刺孔增氧　菌丝长满菌棒至菌棒开始转色前这段时间,菌丝生长极为旺盛,菌丝体总量增加极快,对氧气的需求大幅度增长,此时就必须加大刺孔量,增加氧气的供应,满足菌丝生长要求。此次刺孔数量多、孔粗、孔深,菇农称为"通大气"或"放大氧"。放大氧一般在菌丝长满全袋后的 5～7 天,菌棒刚产生瘤状物时进行。此时刺孔通气,可使瘤状物软化,有利于菌棒均匀转色,降低菌棒含水量,促进菌丝生理成熟。

(3)后期刺孔增氧 后期刺孔增氧是在转色后至始菇前进行,刺孔数量和深度按菌棒含水率高低、菌皮厚薄、品种特性及培养室干燥程度而定。对没有菇蕾发生、转色较深、菌皮较厚、重量超标的菌棒多刺孔、深刺孔,促使菌棒成熟,降低菌棒含水量。

4. 越夏管理 采用春栽秋生模式,培养袋要适时接种。适时接种的目的是争取菌棒在梅雨或高温到来之前,使菌棒发菌成熟并顺利转色,为安全越夏打好基础。越夏时菌棒按三角形或三棒井字形堆叠,高度 8 层以下,要进行避光隔热、强制降温等操作,将气温和棒温控制在 32℃以下,保证菌丝正常生长,安全越夏。

(1)室内越夏 在室内发菌越夏的菌棒,利用空气对流散热降温,早晨和晚上要打开门窗通风,上午 11 时至下午 4 时,要关闭门窗,防止热空气袭击。温度不能下降时,可采用空调降温。

(2)发菌棚越夏 夏季温度高的菇场,建造发菌棚时,发菌棚高度要达到 3.5 米以上,这样高度的发菌棚,通风性与散热性好,有利于降低发菌棚内温度。越夏时通过加厚发菌棚上的覆盖物、悬挂遮阳网、用冷风机向发菌棚输送冷空气降温或在发菌棚四周和操作道沟内灌跑马水等措施来降低发菌棚内温度。

(九)出菇管理

早熟品种达到排场出菇条件,晚熟品种达到生理成熟条件,即香菇菌丝必需积累足够的养分,具备形成原基的内在条件,才能进行出菇管理。

在自然条件下,花菇发生在少雨干燥的秋、冬季节,产量少而不稳。在人工调控的环境中,袋栽花菇的产量可占其总产量的50%以上。花菇培育包括 3 个阶段,依次为低温变温催蕾阶段,干燥强光催花阶段,间歇养菌阶段。然后再催蕾、催花、采收、养菌,往复循环,直到菌棒养分基本耗尽。花菇培育的核心技术,是在菇蕾生长发育中后期,通过人工调控,将空气相对湿度由 80%～90%降到 75%以下,直到采收为止,一直进行偏干管理。

1. 适时排场　菌棒排场上架时间要根据品种特性、发菌场地条件而具体确定。菌棒排场是把菌棒横排在出菇架上,棒与棒之间保持 6～10 厘米距离。菌棒上架时间有 3 种:

(1)越夏前排场上架　如果发菌棚不够用,接种后把菌棒运到出菇棚去发菌和越夏。

(2)提前排场上架　受振动易出菇的品种,如庆元 9015,提前 1 个月进行菌棒排场上架。

(3)适时排场上架　菌棒生理成熟后推迟 1～2 周或见有零星菇蕾发生后,选择阴天或晴天的上午把菌棒运至出菇棚排场上架。如 L135,排场上架过早,转色太厚,影响出菇时间和秋、冬季花菇产量。

2. 刺孔通氧　对没有菇蕾发生,转色较深,菌皮较厚,呈黑褐色或铁锈色,每棒重 1.5 千克以上的菌棒,在上架排场前 7～10 天进行刺孔通气,偏重的刺孔数量可多些,孔深一些,促进菌棒成熟,重量减轻 25%～30%。

3. 催蕾　根据天气预报,在秋季连续 5 天以上晴朗有风的天气来临前完成催蕾,并使菇蕾长至直径 2～3 厘米再进行催花才能获得良好的效果。催蕾可在催菇棚或层架式出菇棚中进行,但催菇棚催蕾效果较好。

(1)催蕾的方法　有以下几种:振动刺激、注水和干湿刺激、低温和温差刺激、光线诱导、新鲜氧气诱导、适量二氧化碳(低于 0.1%)诱导。根据香菇品种的特性、菌棒转色情况、出菇季节气候特点和菌棒含水量等有针对性地选择适宜的催蕾方法。

①拍打催蕾法　秋季头潮菇多采用拍打刺激催蕾法;菌龄较长的菌株如庆元 9015,具有受振动刺激发生菇蕾的特性,可采用

此法催蕾；如果菌棒已到始菇期，自然气温已降到 20℃ 以下时还不出菇，可用拍打催蕾法。具体做法：一手拿起菌棒，一手用刺孔器以"惊木"方式拍打菌棒，或将两个菌棒提起互相碰几下。拍打后调节出菇棚空气相对湿度，使其保持在 85%～90%，温度控制在 8℃～20℃，超过 20℃ 时适当通风换气。如此管理 4～8 天，大部分菌棒就会产生菇蕾，再经过数天的保湿、保温、适当通风培育，菇蕾直径长至 1～2 厘米，接近顶到袋膜时，进行割袋挑出菇蕾。

②注水催蕾法　含水量偏低的菌棒或采菇后经充分养菌的菌棒进行注水催蕾，效果十分明显。菌棒温度达到 20℃～25℃ 时注水，水温比菌棒温度低 5℃ 以上，形成温差刺激，催蕾效果好。注水数量以达到原菌棒的 85%～90% 为宜。环境干燥的注水略多；庆元 9015 菌棒注水量可多于 L135 菌棒。表皮偏干的菌棒可采用浸水方式催蕾。

③光照保湿催蕾法　光照能提高菌棒温度，保湿可起到软化干硬菌皮的作用，此法适用于温度、湿度偏低的冬季。一般元旦至春节期间，市场菇价较高，但由于低温干燥，菇蕾发生较少。选择离浸水池和出菇棚较近的一块宽敞、向阳、避风、平坦的场地，打扫干净，地面垫薄膜。把补水后的菌棒，沥去多余的水分，以三角形堆叠 8～10 层，上盖一层湿稻草后再覆盖薄膜，每天放置在太阳光下 4～5 小时，根据天气晴阴，有风无风，风大风小等，采取不同措施，包括地面铺草，上面盖草，掀盖薄膜等进行调控温度、湿度、通风和光照。堆温超过 28℃ 时要及时通风，待菌棒表面水珠晾干后再盖薄膜。这样重复管理 4～6 天，大部分菌棒都会发生菇蕾。有些菌棒转色太深，菌皮干硬，脱袋后再用此法催蕾，长出菇蕾后再套上折径宽 16 厘米×长 50 厘米的薄膜套袋。

④蒸汽入棚催蕾法　冬季气温较低时可把菌棒移到催蕾棚中，盖好薄膜，把节能炉搬到棚外面，采用皮管把蒸汽通入棚内，使棚温上升至 18℃ 时，保持 4～5 小时。但要注意的是最高温度不

要超过 25℃,连续加温 5～8 天,就会形成大批菇蕾。经过蒸汽催蕾,冬季花菇产量可大大提高。

（2）催蕾管理　上架排场后,对含水量偏低的菌棒要进行注水,使每棒重达 1.6～1.7 千克。注水时气温不超过 25℃,水温需比菌棒温度低 5℃以上。注水后,让菌棒表面晾干,然后覆盖好大棚薄膜,保持出菇棚空气相对湿度为 85%～90%,白天温度 15℃～20℃,晚上 8℃～12℃,适当通风（风速 1.0～1.3 米/秒）,50～100 勒散射光,经 4～7 天温差刺激,即可诱导原基分化成菇蕾。

4. 护蕾　护蕾有两个含义:①在不脱袋条件下出菇要严防挤压菇蕾,要适时割口现蕾。②刚长出的菇蕾,对外界环境适应性差,要防止干死、冻死及高温危害。护蕾期保持出菇棚内温度在 8℃～18℃,空气相对湿度 85%左右,适当通风及 50～100 勒散射光照,使菇蕾大部分顺利生长。

当菇蕾长至 1.0～1.5 厘米时,用专用割口刀沿菇蕾周边 3～5 毫米处切割,只切开 2/3 或 3/4,上面仍然相连,好似等腰三角形,两腰边割开,底边保留。这样,既能顺利出菇,又能让初露菇蕾有一个较好的缓冲环境。割口动作要轻,不要刺伤菌皮或菇蕾。

L135 菌株的菇蕾一形成就为褐色,一旦被袋壁挤压,很容易变成畸形菇,当菇蕾直径长至 1 厘米左右就必须割出来。庆元 9015 菌株的菇蕾,幼时只有中间一点是褐色,周边都是白色,稍顶到袋壁也不会变成畸形菇,菇蕾直径 1.5 厘米时再割出来。

对于头潮菇菇蕾过多,无法割口和选蕾的菌棒,可脱袋剔除多余的菇蕾,头潮菇按普通菇管理方法管理,第二潮菇再套上塑料袋,按培育花菇要求管理。

5. 选蕾　当菇蕾直径长至 1～1.5 厘米时进行第一次优选,剔除多余的、畸形的、不健壮的、丛生的菇蕾,每个菌棒保留大小一致、分布合理的 8～10 个菇蕾（直径 9.55 厘米×长 42 厘米菌棒）。

当菇蕾直径长至 2～3 厘米,再进行第二次优选,剔除劣质及后续长出的小菇蕾,使每个菌棒保持 8～10 个菇蕾。经过两次优选,每朵菇蕾个大、肉厚、圆整,保证了花菇的质量。

6. 蹲蕾　菇蕾生长后期,菌盖直径在 2～2.5 厘米时,通过控制温度,使菇蕾缓慢生长的管理过程,叫作蹲蕾。蹲蕾的时间为 5～7 天。蹲蕾的目的是让菇蕾生长放慢,积累营养,使菌肉致密坚实,为培育优质花菇打下物质基础。另外,停止了短暂生长的菇蕾,再施予适宜生长发育温度,适于花菇形成的空气湿度,会更有利于菇蕾菌盖裂纹的形成。蹲蕾的程度是以手指触摸菌盖感到顶手,似花生米硬为度。

蹲蕾时出菇棚内温度控制在 8℃～12℃,空气相对湿度 80％～85％,适当通风供氧。气温高于 12℃时,菇蕾生长较快,菇质疏松,口感欠佳。遇此情况可采用遮阴、少通风等方法降温。当气温低于 8℃时,可采用增温补湿措施,为菇蕾缓慢生长创造条件。采用两场制培育花菇者,当菇蕾长至 2 厘米时,则应将菌棒从催蕾菇棚轻移到层架菇棚培育花菇。

7. 催花　催花是指创造适宜的环境条件促使菌盖表面形成裂纹的过程,又称促花。菌盖直径长至 2～3 厘米时,是催花的最适宜时期。菌盖直径不到 1 厘米时催花,会因营养不足,难以抵抗干燥环境条件,菇蕾萎缩死亡,或因菌盖过早开裂,只形成花菇丁。若菌盖直径长至 3.5～4 厘米(即将近四五分成熟)进行催花,只形成菌盖四周有直线辐射状裂纹,菌盖中心干燥而无裂纹的伞花菇。如果子实体将近七八分成熟(即菌膜已破),再进行催花,只是子实体盖面和表面干燥,不形成裂纹。

(1)初裂期管理　菌盖直径 2～3 厘米是催花的第一阶段,称为初裂期。出菇棚温度控制在 10℃～20℃,空气相对湿度控制在 65％～75％,光照强度 1 000～1 300 勒,加强通风。为了防止夜间棚内地面回潮,应铺塑料薄膜隔潮或撒石灰、炉渣吸潮。晴天揭膜

1/2,使菇蕾表皮先干燥,逐渐出现微小裂纹。若外界湿度大于75％,严密盖膜、排湿,使菌盖表面始终呈干爽状态。约经7天的时间,菌盖表面即会产生裂纹。

(2)催花期管理 当菌盖直径达到3.0～3.5厘米时,控制温度8℃～16℃,空气相对湿度60％～65％,光照强度1500勒,大通风管理,2～3天后,菌盖裂纹变宽变深,保持3～4天。在此环境条件下,子实体生长缓慢,菌盖肉厚,可培育天白花菇(亮花菇)。

(3)保花期管理 当菌盖长至3.5厘米以上时,将出菇棚空气相对湿度控制在55％～65％,温度8～20℃,光照强度1500～2000勒。晴天干燥时,白天通风,如遇阴雨天或大雾天气,应严格密封、降湿,以免花菇吸湿褐变,由白花菇变成茶花菇,影响栽培效益。

8. 气象因子的调控

(1)遮阳及温度 应根据季节和培育菇蕾及促菇成花的生理需求,以增减覆盖物的厚度来调节遮阳度,达到间接调节温度。在高温季节(夏、秋间),阴阳之比为8∶2;在低温季节(晚秋、冬季、早春),阴阳比为4∶6或5∶5。大棚内的温度,要随时调至栽培品种所需温度范围,使菌株处于最佳状态。夏、秋季节,一般棚内温度比棚外应低4℃～5℃;秋冬和早春季节,一般棚内温度以15℃～20℃为宜。成花前,不可随意采用喷水降温或增湿措施。成花时,减少覆盖物,增加光辐射量,加强通风,降低温度,促花形成。

(2)空气湿度 田间搭建的大棚,地下水蒸发量大,空气湿度可以达到80％以上。为了防止夜间棚内地面回潮必须采取降湿措施,即开挖好大棚周围的深沟,地面铺一层薄膜隔潮或撒石灰、炉渣吸潮,切断地下水向空间蒸发。同时,将大棚两侧薄膜撩起通风,打开大棚两端的门,加大通风量,使大棚内空气相对湿度保持在65％左右。

(十)采 收

当菌盖下的内菌膜开始破裂,菌盖边缘仍明显内卷时应及时采收。采收过早,影响产量;过晚,影响质量。

如果是鲜销品,采收后先进冷库(4℃)冷却,然后用塑料盒包装进行销售。若是干品,采收后分级置于烘干箱或烘干房脱水烘干。一般2.5～5.0千克鲜品可烘出干品1千克,烘干后,进行分级包装。

(十一)养菌管理

每采完一潮香菇后,控制22℃～25℃,适当喷水,保持菌皮有弹性,让菌丝恢复生长,进一步降解培养料,积累养分,同时还要加强病虫害的防治,这段时间的管理为养菌期管理。

养菌6～7天或更长时间,当采菇后留下的菇脚坑菌丝长出培养料或已转色,就可进行下一潮菇管理。此时,菌棒如有缺水现象,可采取注水的办法。注水就是利用注水器将清水注入菌棒内,根据菌棒大小,每棒注水0.2～0.5升。也可选择晴天,或温差在10℃以上的天气,进行不脱袋浸水,每袋可吸入0.2～0.5升水。补水后,放下薄膜,加大出菇棚空气湿度,白天盖紧,晚上适当揭开,人为制造温差刺激,实施催蕾、蹲蕾、催花等方面的管理,促进子实体迅速形成。

(十二)花菇异态现象

在花菇栽培过程中,遇上多变气候,或因管理工作不精细,很容易形成各种异态花菇,以至影响产量,降低品级。

1. 花菇异态的种类

(1)菇蕾枯死 当菌棒进入现蕾阶段,由于空气相对湿度低、直射光照等恶劣环境条件,一部分菇蕾无法顶出菌皮而夭折,另一部分虽已长成菇蕾,但由于积累的营养不足,无法抗拒恶劣环境的侵袭,导致蕾枯死亡。若气温较高,直射光较强,也会灼伤菇蕾,甚至造成死亡。

(2)花丁菇　由于恶劣环境的侵袭,一部分菇蕾枯死,还有一部分幸存的菇蕾继续生长,但菌盖长至 1.5～2.0 厘米时,因水分缺少,无法继续长大,但已成花纹,这种长不大的花菇称为花菇丁。花菇丁经济价值低,甚至没有商品价值。

据吴克甸等研究(1995)报道,在空气相对湿度 60%、气温 12℃ 条件下,1 厘米大小的菇蕾全部萎缩,1.5 厘米大小的菇蕾部分萎缩,2 厘米以上的菇蕾基本形成花菇。

(3)茶花菇　花菇纹理形成后,若遇到连续 2～3 天阴雨,棚内空气相对湿度 80% 以上,会使花纹渐渐消失,似隐花,色不白,故称茶花菇。茶花菇盖面裂纹的形成分两种情况,一种茶花菇,裂纹不深也不大,表皮层细胞还一直在生长,但没有肉质层细胞生长那样快,说明环境还不够干燥,还不至于让表皮层细胞间严重脱水而停止生长。另一种茶花菇裂纹深而大,其开裂程度与天白花菇差不多,这种茶花菇初期因空气相对湿度较低形成了天白花菇,因成熟前又遇到阴雨天,空气相对湿度高,表皮层细胞间脱水后又重新从空中吸收了一定的水分,恢复正常充水程度(含水量 85% 以上),菌盖裂痕中原来露出的洁白菌肉渐渐变为淡茶色,裂痕上形成了一层淡淡的表皮,裂痕变浅变小。

(4)开伞花菇　如香菇菌株 939,菌盖直径 2.0～3.5 厘米的幼菇,在空气相对湿度 60%,温度 12℃ 条件下,一般都成为白花菇;菌盖直径达到 3.5 厘米以上时,只能形成开伞花菇。开伞花菇品级较低。

2. 花菇异态的预防对策

(1)温度与光照调节　原基和菇蕾的枯死,主要是受干燥和直射光照的影响,因此必须注意湿度和光照管理。在原基分化成菇蕾,菇蕾生长至 2～3 厘米之前,大棚内要防止空气相对湿度大幅度下降到 60% 以下,杜绝直射光照到幼菇上,保持空气相对湿度

85％～90％,阴阳比为 7∶3,保持幼菇生长的最佳温度条件,为幼菇长成花菇打下基础。

(2)水分调节 菌盖直径 1.0～1.5 厘米的幼菇,在菌棒含水量低于 50％,空气干燥的条件下,子实体细胞停止生长,易形成大量花菇丁。因此,必须注意防止大棚内干燥,菌棒失水太多。碰到这两种情况,就应减少大棚内通风次数,加强保湿管理,或通过喷雾使空气相对湿度保持在 60％～70％。菌棒破损面积大的,要及时补贴,减少失水。另外,幼菇长至 2～3 厘米大小时,要疏去小蕾,减少营养消耗,保住每棒 3～5 个大菇厚菇形成花菇,以减少花菇丁的发生。

(3)防止环境湿度过大 茶花菇的成因,主要是空气相对湿度过大造成的。遇此情况,就要严格调控大棚内的空气湿度。要特别关注天气预报,凡遇阴雨天气,就采用各种手段使空气保持干燥。在封闭大棚内,可用除湿机去湿,或用热风机吹送热干风,或在棚内各方位撒放些吸水剂。

(4)掌握好幼菇的成熟度 减少开伞花菇,主要措施是在幼菇大多数长至 2～3 厘米时,应马上进行催花管理,同时要防止突来的高温影响。因为较高的气温,幼菇长得快,易开伞。在高温来临之前应及时降温,保证在低温条件下形成厚花菇。

(十三)春菇管理

经过秋、冬季花菇培育,菌棒收缩,养分消耗很大。春季多雨,空气湿度较高,较难培育出好花菇。因此,到了春季可脱掉袋转入普通香菇的栽培管理。早春要注意保温控湿和适当通风换气,晚春要防高温并需降低湿度和加大通风,结合注水、浸水催蕾,给菌棒补充注射营养液。

第八章　香菇栽培实用技术

第一节　香菇栽培技术要点

一、园区的规划设计

(一)场址选择

香菇园区要具备地势平坦、交通方便、光照充足、通风良好、水质优良、排水性好等有利条件。在备选地块中,取其土样、水样、空气样本进行检测,土壤质量标准、用水质量标准、环境空气质量标准3项检测结果符合"NY 5358—2007无公害食品,食用菌产地环境条件"的要求,再进行园区规划设计。

(二)园区规划

香菇园区分办公生活区、菌棒生产区、发菌区、出菇区、贮藏区。办公生活区要有办公用房、宿舍、厨房、餐厅、工具房等。菌棒生产区包括储料场、菌棒生产场地、灭菌区。发菌区规划出运输道路、发菌棚。出菇区设计出运输道路、出菇棚。贮藏区划分出保鲜库、分选间或场地。以栽植30万菌棒、面积3.33公顷地栽香菇园区为例,办公生活区面积200米^2,菌棒生产区面积为2 000米^2,发菌区0.56公顷,出菇区面积2.53公顷,贮藏区面积133米^2。

二、香菇栽培技术

(一)栽培季节

香菇代料栽培有正季节栽培和反季节栽培。

1. 正季节栽培　是指顺应自然气候条件,每年春季 2～4 月份制棒、7 月初菌棒完成转色,菌棒越夏后,当年秋季 9 月初至翌年春季出菇,5 月末出菇结束。

2. 反季节栽培　是秋季 10 月下旬至 11 月底制作菌棒,经过冬季养菌,翌年 4 月上旬出菇,10 月末出菇结束。由于夏季气温高不利于香菇原基形成、子实体生长,栽培管理比正季节栽培难度大。

(二)配　方

正季节香菇培养料配方为木屑 81％,麦麸 18％,石膏 1％,含水量 58％±2％,灭菌前 pH 值 6.5～7。反季节香菇培养料配方为木屑 76％～77％,麦麸 20％～23％,石膏 1％,含水量 58％±2％,灭菌前 pH 值 6.5～7。

1. 木屑　选择 70％阔叶树硬杂木,30％阔叶树软杂木加工成片状颗粒,粗细度为长 1 厘米×宽(0.5～1)厘米×厚 0.2 厘米。这样的混合木屑栽培香菇,菌棒出菇整齐、均匀,子实体质地坚实、产量高。北方阔叶树硬杂木主要栎木、栗木、果木、刺槐等,阔叶树软杂木有桦木、杨木、山杨木等。

2. 辅料　麦麸应新鲜,无霉变,无异味,无虫蛀,香气浓郁,粉粒均匀,含水量不超过 13％。很少使用米糠。

3. 石膏　商品中要求硫酸钙含量大于 90％,越白越细质量越好,初凝时间为 20～30 分钟。

(三)备　料

1. 原、辅材料计算　按折径宽 15.5 厘米×长 55 厘米培养袋,每棒需湿木屑约 1.25 千克,麦麸 0.18～0.20 千克,石膏 0.01 千克。折径宽 17 厘米×长 58 厘米培养袋,每棒需湿木屑约 1.8 千克,麦麸 0.25～0.275 千克,石膏 0.013 千克。计算出粗略用量,生产后期再精确调整。

2. 木屑发酵　木屑购进后,将木屑淋水建堆,让其自然发酵。木屑经过发酵,料面上常出现放线菌。放线菌是属于一类具有分支状菌丝体的细菌,革兰染色为阳性,菌丝白色,菌落呈辐射状。放线菌能分解纤维素、半纤维素、木质素和蛋白质等复杂物质,其产物包括多糖、氨基酸、维生素等,有利于香菇菌丝体的吸收利用。

木屑经过发酵,能够除去原树木含有的有毒物质,如树脂、单宁,木屑变得绵软,吸水快而均匀,持水力强,装袋时不刺穿菌袋,灭菌效果好。

3. 木屑发酵的标准　经过 15～30 天的发酵,木屑中有大量放线菌出现,切片由白色变成红褐色,质地绵软不腐朽。发酵时间过短,达不到发酵效果;发酵时间过长,容易产生厌氧发酵,出现木屑变酸腐朽的现象,影响香菇产量。

4. 购进辅料　提前 15～20 天购进正规厂家的优质麦麸,存放时要有防潮防霉措施。购进石膏后要复核产品质量、凝固时间、酸碱度,存放时要有防潮措施。

5. 购进菌种　接种前 10～15 天购进适龄菌种,放入 10℃～15℃环境中使菌种复壮,复壮后的菌种,接种后萌发快、吃料早,菌棒成品率高。

6. 其他用品　石膏、培养袋、封口材料、杀菌剂、气雾消毒盒、酒精、保水膜、石灰等用品在装袋前购入。

7. 熏蒸发菌棚　菌棒放置前 2～3 天对发菌棚进行清扫,地面撒上石灰,再覆盖一层塑料薄膜或二层塑料薄膜中间夹一层毛毡。用二氯异氰尿酸钠气雾消毒盒对发菌棚密闭熏蒸灭菌,1 米^{3}用药 6～8 克,48 小时后通风排烟,放置经过灭菌的培养袋。

(四)拌　料

1. 机械维修　生产前检修拌料机是否正常运转；维修或更换装袋机绞龙或绞龙头；节能蒸汽锅炉除垢；灭菌锅密封性检测、试运行。

2. 人工拌料　先将木屑过筛，剔除小木片、有棱角的硬物，防止装袋时刺破塑料袋，导致菌棒感染杂菌。按照配方，准确称量各种原、辅材料，将木屑摊在干净的水泥地面上，把石膏、麦麸混匀后均匀地撒在木屑堆面上，与木屑干拌2～3遍。将拌匀后的料平摊在拌料场上，厚30厘米左右，加水后再搅拌3～4遍，使培养料充分吸水。拌料要求速度快，达到营养均匀，干湿均匀，酸碱度均匀，手感测定培养料含水量适宜时装袋。

3. 机械拌料　拌料人员提前半小时上岗拌料，让培养料充分吸水，增加灭菌效果。拌料机上装有振动筛，能够筛除木屑中的小木片、小枝条及有棱角的硬物。拌料时将木屑、麦麸、石膏加入搅拌机中搅拌3～5分钟使培养料干拌均匀，然后再加水湿拌，总搅拌时间15～18分钟。手感测定含水量适宜时出料装袋。

4. 培养料含水量　香菇的培养料含水量一般在55%～60%为宜。含水量偏低，菌丝生长缓慢、纤弱；含水量偏高，料温随之上升，易酸败，导致杂菌污染；如果含水量超过65%，则菌丝生长受阻。

(1)培养料含水量计算公式　干物质＋水＝培养料总量，水量/培养料总量×100%＝含水量(%)。干物质是指配方中的杂木屑、麦麸、石膏等，要求符合标准干度。木屑含水量不一致，通过标准干度计算培养料含水量很困难。生产中先用手感测定培养料含水量，然后通过称量标准培养袋重量的办法来复核培养料含水量。

(2)培养料含水量感官测定　生产原种或栽培种使用细木屑培养料。手感测定培养料的含水量方法是用手握紧培养料，指缝间有水溢出，但不下滴；伸开手指，料在掌中能成团；掷进料堆成四分五裂,落地即散,表明培养料含水量为 55%～60%。若培养料手握成团,松手即裂,表明太干。若手握培养料指缝间水珠成串下滴,掷进料堆不散,表明太湿。生产香菇菌棒,一般使用切片木屑,手感测定培养料的含水量的方法是手握培养料用力按压,指间有水渍,但无水滴溢出,表明培养料含水量在 55%～60%。经检测,如果水分不足,加水调节;若水分偏高,需要把培养料摊开,不宜加干料,以免配方比例失调,让水分蒸发至适度即可。

(3)培养料含水量称重复核　折径宽 15.5 厘米×长 55 厘米×厚 0.005 厘米的塑料袋,扎口后料柱长度 42 厘米,重量 1.90～2.00 千克;折径宽 17 厘米×长 58 厘米×厚 0.005 厘米的塑料袋,扎口后料柱长度 42 厘米,重量 2.65～2.75 千克;折径宽 18 厘米×长 60 厘米×厚 0.005 厘米的塑料袋,扎口后料柱长度 42 厘米,重量 3.00～3.15 千克;表明培养料含水量在 55%～60%。如果重量不符,要检查培养料水分、装袋长度和料柱松紧度等几个环节,查找出原因及时调整,保证装袋质量。

5. 防酸败　培养料拌完后当天必须用完,防止酸败。根据实际测试,培养料搅拌后,在气温 0℃条件下存放 5 小时,料温可达到 45℃,pH 值下降 1 个单位。

(五)装　袋

根据园区大小、经济条件等具体情况使用手顶装袋机、半自动装袋机、全自动装袋机、全自动拌料输送装袋流水线装袋。

1. 手顶装袋机装袋　装袋时,一人用铁锹把料铲进料斗内;一人将塑料袋套入装袋机的出料筒上,左手轻压住塑料袋,右手顶住塑料袋底部,用力均匀而顺其自然地装袋,使袋内培养料松紧适宜。三人扎袋,扎袋时将多余的培养料倒出,用丝裂把袋口先捆扎两道,再把袋口薄膜反折扎牢固,使之密封。

2. 全自动或半自动装袋机装袋　装袋时,一人用铁锹把料铲进料斗内,一人将塑料袋套入装袋机的出料筒上,触动装料开关,完成装料过程。扎袋过程与"手顶装袋机"扎袋方法相同。

3. 全自动拌料输送装袋流水线装袋　设备是由搅拌机、输送机、上方工位回旋机、电脑程序控制装袋机组合而成。可根据用户的需求,设计生产流水线。

4. 装袋标准　手顶装袋机装袋长短有一定的差异,倒料、扎袋后料柱长度42厘米。采用装袋机装袋,机上装袋长度40.5厘米,扎袋后料柱长度42厘米。

5. 注意事项　一是拌好的料应尽快装袋,以免放置时间过长培养料发酵变酸。二是装好的培养袋不能蹾,不能摔,不能揉,要轻拿轻放,保护好培养袋。三是将装好的培养袋逐袋检查,发现破口或微孔立即用胶带粘上。

6. 复核辅料　每天生产结束后,根据装袋数量复核辅料麦麸、石膏用量,保证配方准确落实到位。

(六)灭　菌

常压蒸汽灭菌是在自然压力下,采用常压节能蒸汽灭菌锅炉将100℃以上的热蒸汽通过管道送入灭菌锅内进行灭菌的方法。

1. 常压节能蒸汽灭菌锅炉　外型尺寸有700毫米、800毫米、900毫米、1 000毫米、1 200毫米、1 400毫米等多种型号,园区根据实际需要进行选择。节能锅炉的产汽量与锅炉大小、多少有关,要与灭菌锅需汽量相匹配。

2. 灭菌锅　常用的灭菌锅有3种类型。

(1)钢管钢筋结构灭菌锅　灭菌锅由钢筋、钢管焊接而成,覆盖物为两层塑料布中间加两层棉毡,再加覆一层帆布保温。参考尺寸为:灭菌锅长550厘米,宽350厘米,高200厘米,拱高50厘米,锅架宽100厘米、长130厘米、脚高15厘米,脚上高200厘米。每锅可装直径10.83厘米×长42厘米的培养袋5 000～6 000袋,锅内温度97℃±1℃。

(2)钢板结构灭菌锅　灭菌锅是用6毫米钢板焊接而成,长

800厘米,宽500厘米,边高200厘米,拱高70厘米。锅架长150厘米,宽100厘米,脚高15厘米,脚上高200厘米。每锅可装直径10.83厘米×长42厘米的培养袋10 000袋以上,锅内温度100℃±2℃。菌种厂多使用钢板结构灭菌锅。

(3)钢筋水泥结构灭菌锅　大型园区多使用钢筋水泥筑建而成的连体锅,水泥墙的厚度25厘米,锅内宽475厘米,长875厘米,高250厘米。锅架长150厘米,宽100厘米,脚高15厘米,脚上高200厘米。每锅可装直径10.83厘米×长42厘米的培养袋10 000袋以上,锅内温度100℃±2℃。

3. 灭菌操作　培养袋装满灭菌锅后进行封锅灭菌,打开放气阀,将蒸汽通入灭菌锅,过一段时间后,打开排气阀,排出锅内冷气。常压节能蒸汽锅炉产汽量要足,经过4小时培养袋内料温必须达到96℃～102℃,如果达到100℃用时过长,易滋生细菌和酵母菌,造成培养料酸败。锅内培养袋温度达到96℃～102℃后连续保持20～30小时停火,培养袋内料温降至60℃～70℃时出锅。

4. 装车出锅　出锅时电瓶车垫上棉毡,轻装轻放,防止在运输的过程中刺破培养袋感染杂菌。培养袋运到发菌棚,"井"字形码堆,堆高10～12层,堆间预留通道,以利于散热,及早接种。

5. 塑料袋变形　低压聚乙烯塑料袋灭菌时有时会出不同程度的变形胀袋现象,一是塑料袋质量问题,二是灭菌锅温度高、压力大。三是出锅时袋内料温度高于80℃。

6. 检验灭菌效果　第一锅培养袋灭菌出锅时,要打开培养袋观察培养料灭菌效果,如果培养料已发生褐变且培养料中干木屑极少,表明培养料灭菌彻底。同时,在灭菌锅的各个部位,随机抽取10个培养袋,置于25℃条件下,空白培养3～5天,进一步检验培养料灭菌效果。检验灭菌效果包括对灭菌锅性能的检测和对培养料在预定时间下灭菌效果的检测。

(七)冷　却

提前几天对发菌棚进行清扫,搞好棚内棚外卫生。地面撒上石灰后覆盖一层塑料或两层塑料中间夹一层毛毡防潮保温。放置培养袋前3~4天用气雾消毒盒对发菌棚密闭熏蒸消毒,1米^{3}用药6~8克。48小时后通风排烟,然后放置灭菌后的培养袋。

(八)接　种

1. 菌种标准　要符合 GB 19170—2003《香菇菌种》中栽培种感官要求。

2. 菌种成熟度　在生产中,利用培养成熟的菌种可以提高接种成活率。判断菌种是否成熟或老化,一般可以从3个方面观察分析:

(1)观察菌种是否成块状　木屑菌种的菌丝体,一部分进入培养料内部,一部分向空中伸展,即气生菌丝体。健壮菌种的气生菌丝体非常旺盛,伸展到某一程度就互相连接,将培养料包成块状,成为相当坚韧的菌块,这是良好菌种的一个标志。

(2)观察菌种表面是否正常　适龄菌种表面茸毛菌丝生长旺盛,菌丝分泌棕褐色水珠,培养料变为淡黄色,且不松散,有一定弹性,菌丝聚集成白色小棉球。如果培养料木屑未变黄,说明培养时间短,需要继续培养一段时间后再使用。如果培养太久,菌膜逐渐加厚而褐变,表示菌种已经老化。老化菌种与未成熟菌种,接种后菌丝体不易伸长到培养料内部,定植成活率低,不宜利用。

(3)观察培养基变色是否均匀　香菇是白腐型木材腐生菌,木材经过菌丝体利用后腐朽成浅黄白色。培养料变色是否均匀,是判断菌种是否成熟的标志之一。检查锯木屑菌种时,可以随机取样取出几瓶,从每瓶菌种的中间部位掏出一块,观察锯木屑变色是否均匀,变色的浓淡程度如何,菌丝体是否蔓延至外层,是否局部无菌斑,然后通过样品判断整批菌种的成熟情况。

3. 菌种存放　菌种购进后,存放在清洁、适温(10℃～15℃)、干燥、通风良好的地方复壮,而且要避免与农药、废料一起堆放,以免影响菌丝体的活力。

4. 接种温度　袋内料温20℃～25℃是接种最佳温度,接种后菌种萌发快、吃料早。

5. 菌种处理　香菇栽培种培养时间一般在40～50天,袋皮附着多种杂菌孢子,在接种前要进行消毒处理。接种前一天下午,先挑选菌种,然后清洗菌种袋皮,使用的药剂有高锰酸钾、新洁尔灭、洁霉精等。将药液配好后,戴上橡胶手套,把菌种放入消毒液中,用手清洗菌种底部及四周,洗净后将菌种顶部及棉塞在消毒液中蘸一下迅速拿出,倒放在塑料框内,药液沥净后放入接种帐内。

6. 接种场所　香菇菌棒生产季节,外界气温一般低于15℃,栽培量大,一般多在接种帐内进行,操作方便、快捷。

7. 接种帐规格　采用14米×14米见方的新塑料搭成长4米,宽4米,高2米的接种帐。菌种、接种工具、工作服、一擦灵、酒精等接种所需物品放入菌帐后,提前8小时用以二氯异氰尿酸钠为主要成分的气雾消毒盒密闭熏蒸消毒,每立方米用药6～8克。第二天接种前40分钟打开菌帐一角通风排烟后进行接种。

8. 接种工作流程　5人为一个组合,1人擦药、打孔,3人接种,1人码垛、盖保湿膜。单面四点接种,一般穴距10厘米,穴径1.5厘米,穴深2.5厘米,工作一段时间后交换岗位。500克菌种接种18个菌棒。1次接种2 500袋,2.5～3.0小时内完成。

5人接种,分工明确,工作效率高、菌孔污染少。接种面用一擦灵涂刷一遍后打孔接种,可以有效防止接种穴感染杂菌,比使用酒精或高锰酸钾效果好。每接一层培养袋覆盖一层宽60厘米保湿膜,菌种保湿性好,不风干,杂菌少,相比套外袋省钱、省工。

(九)养　菌

1. 温度　接种后接种后,菌棒温度控制在15℃～20℃,发菌棚温度控制在 20℃～25℃,当菌丝圈直径达到 6～8 厘米时,菌棒温度控制在 20℃～25℃,发菌棚温度控制在 20℃～25℃。菌丝圈直径 8～10 时进行第一次倒垛,菌棒由"柴片式"堆形变为"井"字堆形。

2. 湿度 要把发菌棚空气相对湿度控制在 60%～70%这一较窄的范围,是一项很烦琐的工作。接种时每接一层培养袋覆盖一层宽度 60 厘米的薄膜,既保温又保湿,发菌棚空气湿度无须人工调控,自然状态下的空气相对湿度对菌种萌发、定植、生长没有任何影响。

3. 氧气 接种后至第一次倒垛前,在温度正常情况下每天中午通风 30～4 0 分钟,增加发菌棚中的氧气。菌棒温度偏高及刺孔增氧时,根据实际情况增加通风次数,延长通风时间,达到增氧降温的目的。

4. 刺孔增氧 在养菌期间,需要给菌棒进行适时刺孔通气,选择菌棒温度在 20℃～25℃时进行刺孔增氧。菌棒一般进行二次刺孔增氧,第一次刺孔是在菌丝连片至菌丝长满菌棒 1/3 时进行,第二次是在菌丝长满菌棒后 5～10 天进行。

5. 转色 L135、L808、中香 68 等采用袋内自然转色,L18 采用脱袋强制转色,辽抚 4 号采用袋内自然转色或脱袋强制转色。

6. 异常现象 在菌棒培养过程中常出现一些异常现象,需要采取不同的措施进行防治。

(1)负压现象 袋膜紧贴于菌棒内的菌丝料,袋膜起皱,菌丝体不隆起,转色不完全而呈花斑状。

①产生原因 菌棒经过灭菌后,塑料袋质地变硬变脆,张力有所减弱;菌丝旺长,消耗大量氧气,从而使菌棒内压减小,造成菌袋收缩、贴料、起皱。高压灭菌容易造成菌棒胀袋,负压现象减少;常压灭菌对菌棒胀袋作用较少,负压现象相对较多。

②防治措施 菌棒通过刺孔通氧,可以消除负压现象;采用高

压灭菌,减少产生负压现象产生,但要注意减少胀袋操作。

(2)冷凝水　菌棒培养前期菌袋内壁局部布满冷凝水,冷凝水容易造成杂菌感染。

①产生原因　有滴膜制成的塑料袋易产生冷凝水;无滴薄膜制成的塑料袋不易产生冷凝水。在自然条件下培养室存在着温度差和干湿差,以及菌棒内产生的热量不能及时散发,造成袋壁产生冷凝水。

②预防措施　采用无滴薄膜制成的塑料袋;保持培养室与菌棒内小环境的温度一致与恒定。

(3)阴阳面　菌棒的一面菌丝体隆起转色较好,另一面菌丝体不隆起不转色,影响菌棒的外观和出菇的一致性。

①形成原因　菌棒受光不一致,一面光照强,另一面长时间处在弱光照下,使阴面菌丝不隆起,迟转色。菌棒排放贴靠过紧,接触面无光照,菌丝生长缓慢,难以隆起转色,并会产生热害。

②预防措施　若培养场所的光线是定向射入,则菌棒就应定期转动方向,让其均匀受光。菌棒间应留3～5厘米的间隙,改善菌棒之间的空气流通与受光状况。

(4)菌龄不足　菌龄(或有效积温)不足,子实体过早形成,所形成的子实体质量不好、产量不高。

①产生原因　菌棒表面菌丝体隆起与转色,是随菌龄的增加和有效积温的积累同时发生。在这种情况下,菌丝体受到振动,菌棒上面1/3部位的菌丝体就可能过早形成子实体。中、低温范围内的温差,对香菇原基的形成及分化有决定性作用。若使用的品种对温差范围的要求不高,培养室内轻微的温度变化,也会诱导菌棒形成子实体。

②预防措施　菌棒发菌的过程中,注意不要触摸或振动菌棒;保持培养室内温度恒定,使香菇菌丝生长适温的中上限水平不发生波动;发现个别菌棒发生幼小的菇蕾时,用锋利刀片刮出或刺破

幼小菇蕾未分化的菌盖,阻止菇蕾分化发育成子实体。

(十)出　菇

早熟品种菌棒达到排场要求,中晚熟品种菌棒达到生理成熟时进行出菇管理。用变频泵抽取地下深层水作水源,通过主管道、分管道、旋转喷头给菌棒浇水,旋转喷头间距 1.5～2 米。

(十一)采　收

香菇以鲜品销售,当子实体长到七八分熟,即菌膜没破或刚破,边缘内卷呈"铜锣边"状时采收。

每 10 万个菌棒配备 100 米² 保鲜库用于储藏鲜菇,数量大时以此类推。采收后的香菇在 0℃～3℃ 条件下保存,分选后分级出售。

第二节　北方高棚层架花菇栽培技术

一、生产设施

(一)发 菌 棚

发菌棚东西长,南北窄,棚间距 2～2.5 米。

1. 单根钢管拱架发菌棚　拱架由直径 20 毫米或直径 25.4 毫米钢管弯制而成,跨度 10.50 米～11.00 米,边高 1.5 米,矢高 3.5 米。拱架间距 1 米,拱架由 7 道横梁连接,顶点横梁是直径 38 毫米钢管,下边 4 道横梁是直径 20 毫米管,底脚两道是直径 12 毫米螺纹钢筋连接。立柱是直径 50.8 毫米钢管,间隔 3 米。发菌棚两侧用的边柱是用直径 20 毫米管做成的活动支柱,防止大雪压坏发菌棚。发菌棚长 55～60 米,棚上覆盖物为两层塑料,塑料中间夹一层棉被。

2. 钢筋双弦拱架发菌棚　桁架上下弦是二根直径 12 毫米螺

纹钢筋,间距 15 厘米,用直径 6 毫米盘圆做拉花,间距 25 厘米。桁架焊接成跨度 10.5 米～11 米、边高 1.5 米、矢高 3.8 米的双弦拱架。桁架间距 1 米,由 7 道横梁连接,最高点横梁是直径 30 毫米钢管,下边 6 道横梁是直径 12 毫米螺纹钢。立柱是直径 50.8 毫米钢管,间距 3 米。横梁与桁架接触点有斜立拉梁。发菌棚长 55～60 米,棚上覆盖物为两层塑料,塑料中间夹一层棉被。

(二)出菇棚

出菇棚是木架结构或 2.54 厘米镀锌管结构,跨度 6 米,边高 1.8 米,拱高 3.2 米,中间每隔 3 米设置一个立柱。在 1.8 米处安装卡槽,卡槽朝上覆盖两层塑料,中间夹一层薄草帘。卡槽朝下是一层塑料和一层遮阳网。出菇棚内放置 3 排出菇架,出菇架立管为直径 13 毫米镀锌管,高 1.5 米,横梁为直径 13 毫米镀锌管或直径 12 毫米螺纹钢,架宽 80 厘米,层间距 21 厘米,每隔 1.5 米立一个出菇架。架头为直径 38 毫米钢管焊成,由地锚固定,地锚坑深 1.2 米以上。

二、栽培技术

(一)栽培季节

采用正季节栽培,2～3 月份制作菌棒,2～8 月份为发菌期,9 月初开始出菇,到 10 月末出 2 潮菇,11 月份至翌年 3 月份进入越冬管理,翌年 4～6 月份再出 3 潮菇,整个生产周期结束。品种使用 L135,单棒产量 0.50～0.60 千克。

(二)配　方

木屑 81%,麦麸 18%,石膏 1%,培养料含水量 57%±1%,灭菌前 pH 值 6.5～7。

(三)装　袋

高棚层架花菇栽培发展初期,园区小,生产数量少,采取人工拌料,手顶装袋机装袋。2000 年以后,随着生产规模的扩大,生产户陆续购买了搅拌机和半自动装袋机。

香菇 L135 出菇方式,最初是采用割袋出菇,现在采用保水膜出菇。外袋规格为折径宽 15.5 厘米×长 55 厘米×厚 0.005 厘米的低压聚乙烯塑料袋(保水膜的规格为折径宽 15.3 厘米×长 51 厘米×厚 0.0005 厘米)。将木屑、麦麸、石膏按比例加入搅拌机中干拌均匀,然后再加水湿拌,总搅拌时间 15～18 分钟,手感测定含水量适宜时出料装袋。折径宽 15.5 厘米菌袋,装袋后料柱长度 42 厘米,重量 1.9～2.0 千克,表明培养料含水量在 55%～60%。

(四)灭 菌

采用常压节能蒸汽锅炉充气,中型钢管钢筋结构灭菌锅灭菌,灭菌锅容量 5 000～6 000 棒,春季生产 4 小时袋内培养料温度必须达到 96℃～98℃,在此温度范围内连续保持 30 小时后停火,袋内培养料温度降至 60℃～70℃时出锅。

(五)冷 却

出锅后的培养袋自然冷却,袋内料温适宜时接种。

(六)接 种

袋内料温 20℃～25℃是接种最佳温度,接种后菌种萌发快、吃料早。用杀灭细菌、真菌混合药剂清洗菌种袋皮。清洗后的菌种和接种工具、药品、工作服等放入接种帐后,提前 8 小时用气雾消毒盒密闭熏蒸接种帐,1 米³ 用药 6～8 克。第二天接种前 40 分钟打开菌帐一角通风排烟。接种帐内的空气适宜时进行接种,5 人为一个组合,单面四点接种,一人擦药、打孔,3 人接种,1 人码垛、盖保湿膜。接种时过分按压菌种,会挤出菌种中的水分,导致菌种死亡。菌种要堵实菌穴并高于袋面 3～5 毫米,呈钉子帽状。菌棒摆放要端正,防止菌种风干、死亡。一次接种 2 500～3 000 袋,3～4 小时内完成。

（七）养　菌

接种后菌棒温度控制在 15℃～20℃，发菌棚温度控制在 20℃～25℃；当菌丝圈直径达到 6～8 厘米时，菌棒温度控制在 20℃～25℃，发菌棚温度控制在 20℃～25℃。空气湿度自然状态，重点防治长毛菌发生。每天中午通风 30～40 分钟，增加发菌棚中氧气。

1. 倒垛　春季气温上升较快，培养 20～25 天后，菌棒温度在 20℃左右，当菌丝圈直径达到 6～8 厘米，就要及早进行第一次倒垛，防止高温烧菌。三袋"井"字垛，高 8～9 层，每垛之间留 20 厘米通道用于通风散热。第二次、第三次倒垛是与第一次、第二次刺孔通氧同时进行。第四次倒垛是在上部分 70％的菌棒转色后进行，调整上下菌棒摆放位置，使菌棒转色均匀一致。

2. 刺孔通气　菌丝连片至菌丝长满菌棒 1/3 这一期间进行第一次刺孔增氧。每个接种穴周围刺孔 4～5 个，孔深 2.5 厘米。第二次刺孔在菌棒发满后 5～10 天进行，每棒刺孔 50 个左右，孔深 5～6 厘米。如果菌棒含水量偏低的可少刺孔。每次刺孔后，控制菌棒温度在 28℃以下，防止烧菌。

3. 转色管理　当菌棒上的瘤状物由硬变软后，菌丝由白色逐渐变成棕褐色时，进入转色阶段，完成转色需 20～25 天。转色时控制发菌棚温度在 20℃～25℃，空气相对湿度自然状态，有充足的氧气，适宜的散射光。转色时温度不可超于 26℃，防止产生过多黄水。上部分 70％的菌棒转色后，倒垛调整上下菌棒摆放位置，摆放成 2 袋"井"字垛或 2 与 3 相间的"井"字垛，使菌棒转色均匀一致。

4. 越夏管理　菌棒转色完成后，已进入越夏期，这时应控制发菌棚温在 30℃以下，温度高时可利用双层遮阳网遮阴，必要时安装喷水设施喷水降温。保持发菌棚空气新鲜，不能翻动菌棒，防止振动出菇。

(八)出　菇

香菇 L135 出菇采用高棚层架出菇方式。

1. 菌棒生理成熟标志　菌膜薄厚适中,棕褐色的菌膜中夹杂着白色斑点,菌棒重量减轻 25%～30%。

2. 催蕾　9 月初出菇棚温度稳定在 22℃以下时进行上架出菇,选择晴天将菌棒搬入出菇棚,脱掉外袋,留下保水膜,浇水冲洗菌棒黄水。

子实体生长发育所需的水分主要来自菌棒内部。由于北方气候干燥,越夏消耗水分较多,脱袋后需要人工或机械注水,每棒注水重量 0.25～0.30 升。所用水源来自地下深层水,水温 14℃左右,比菌棒温度低 5℃～7℃,刺激出菇作用明显。注水后,让菌棒表面晾干,然后密闭出菇棚塑料,每天浇水 4～5 次,保持出菇棚空气相对湿度为 85%～90%,白天温度 15℃～20℃,晚上 8℃～12℃,适当通风,50～100 勒散射光,经过 4～7 天温差、湿差刺激,菌丝扭结形成原基,原基破皮而出,在光线的刺激下,分化出菌柄、菌盖,发育成完整的菇蕾。

3. 护蕾　不脱袋的菌棒菇蕾长出来时要严防挤压菇蕾,要适时割口现蕾。刚长出的菇蕾,对外界环境适应性差,要防止干死。保持出菇棚内温度在 8℃～18℃,空气相对湿度 85%左右,适当通风,50～100 勒散射光照,使菇蕾大部分顺利生长。

4. 选蕾　当菇蕾直径长至 1～1.5 厘米时进行第一次优选,剔除多余的、畸形的、不健壮的、丛生的菇蕾,每个菌棒保留大小一致、分布合理的 8～10 个菇蕾。当菇蕾直径长至 2～3 厘米,再进行第 2 次优选,剔除畸形菇蕾和后续长出的多余小菇蕾,使每个菌棒维持 8～10 个菇蕾。

5. 蹲蕾　菇蕾(菌盖直径在 2.5 厘米以下的小菇)的生长后期,通过控制温度使幼菇缓慢生长,积累营养,使菇肉致密坚实,为培育优质花菇打下物质基础。出菇棚内温度控制在 8℃～12℃,

空气相对湿度 80％～85％,适当通风供氧。蹲蕾的程度是以手指摸菇盖感到顶手,似花生米硬度为宜。

6. 催花 菇蕾直径长至 2～3 厘米时进行催花。

(1)初裂期管理 出菇棚温度控制在 10℃～20℃,空气相对湿度控制在 65％～75％,光照强度 1 000～1 300 勒,加强通风。晴天揭膜 1/2,使菇蕾表皮先干燥,大约经过 3～4 天的时间,菇盖表面就会产生裂纹。

(2)催花期管理 当菇蕾长至 3.0～3.5 厘米时,控制温度 8℃～16℃,空气相对湿度 60％～65％,光照强度 1 500 勒,大通风管理,2～3 天后,菇蕾裂纹变宽变深,保持 3～4 天。在此环境条件下,子实体生长缓慢,菌盖肉厚,可培育出天白花菇(亮花菇)。

(3)保花期管理 当菇盖长至 3.5 厘米以上时,将出菇棚空气相对湿度控制在 55％～65％,温度 8℃～20℃,光照强度 1 500～2 000勒。晴天干燥时,白天通风,如遇阴雨天或大雾天气,应严格密封、降湿,以免花菇吸湿褐变,由白花菇变成茶花菇,影响经济效益。

(九)采 收

花菇主要是保鲜出口,当子实体长至七八分成熟,即菌膜没破或刚破时采收。每天采菇后及时把菌棒上残留的菇根和干菇丁清理干净,以免引起菌棒腐烂,造成损失。

(十)休 菌

第一潮花菇采收结束,菌棒进行休菌管理。休菌期间适当喷水防止菌皮硬化、菌丝干燥死亡,影响出菇或滋生绿霉。当菌丝积累足够营养,菇脚坑菌丝变白或轻微转色时进行下一潮菇管理。

(十一)越冬管理

在 9 月初到 10 月末月 60 天的出菇期中,菌棒出过两潮菇后,11 月初北方外界气温已经不适宜出菇,需要进行越冬管理。越冬时把菌棒集中起来,不能让风吹、阳光直射,保持菌棒含水量在45%～50%。第二年春季3月下旬外界气温适宜时进行第三潮菇管理,至6月末再出3潮菇。

第三节　香菇反季节覆土栽培技术

一、选择场地

栽培场地应选择地势平坦,交通便利,空气清新,水质优良的地块作为覆土栽培香菇备选用地。地块选好后提取土壤样本、水质样本、空气样本进行农残及重金属检测工作。各项指标检测合格后,进行园区规划设计。园区规划设计的原则是土地利用最大化、布局科学合理化、使用寿命长久化,建成后的园区应具有良好发菌和出菇条件及抵御极端气候(高温、干旱、强风、暴雨、淹水、冰雹)的能力。

二、生产设施

(一)发　菌　棚

发菌棚东西长,南北窄,棚间距2～2.5米。

1. 单根钢管拱架发菌棚　拱架由直径20毫米或直径25.4毫米钢管弯制而成,跨度10.5～11米,边高1.5米,矢高3.5米。拱架间距1米,拱架顶梁是直径38毫米钢管,下边4道横梁是直径20毫米钢管,底脚二道横梁是直径12毫米螺纹钢筋。用直径50.8毫米钢管做发菌棚中柱,间隔3米。发菌棚两侧用直径20毫米钢管做成的活动边柱,防止大雪压坏发菌棚。发菌棚上覆盖两层塑料,塑料中间夹两层毛毡。

2. 钢筋双弦拱架发菌棚　桁架上下弦是二根直径12毫米螺纹钢筋,间距0.15米,用直径6毫米盘圆做拉花,间距0.25米。

桁架焊接成跨度 10.5～11 米,边高 1.5 米,矢高 3.8 米的双弦拱架。桁架间距 1 米,由 7 道横梁连接,顶点横梁是直径 38 毫米钢管,下边 6 道横梁直径 12 毫米螺纹钢。立柱是直径 50.8 毫米钢管,间距 3 米。横梁与桁架接触点有斜立拉梁。发菌棚上覆盖两层塑料,塑料中间夹两层毛毡。

(二)出 菇 棚

高 2.5 米,宽 6.8 米,长度根据地块确定一般为 40～50 米,间距 1.1 米,材质为竹木结构,棚顶覆盖塑料防雨,距棚顶 1 米悬挂单层 95%遮阳网遮光降温。

三、栽培技术

(一)栽培季节

反季节生产,1～3 月份生产菌棒,1～4 月份为发菌期,5～11 月份为出菇期,出 5～6 潮菇。品种为高温香菇 L18,单棒产量 0.75～0.80 千克。

(二)配 方

木屑 76%～79%,麦麸 20%～23%,石膏 1%,培养料含水量 60%±2%,灭菌前 pH 值 6.5～7。

(三)装 袋

按配方比例称取木屑、麦麸、石膏,放入搅拌机中干拌均匀后加水继续搅拌,手感测定培养料含水量达到 58%～62%时出料,采用半自动装袋机装袋。菌袋规格为折径宽 15.5 厘米×长 55 厘米×厚 0.005 厘米低压聚乙烯塑料袋,装袋后料柱长度 42 厘米,重量 1.9～2.1 千克,表明培养料含水量在 58%～62%。人工扎口或封口机扎口。装袋要求松紧适度、扎牢袋口、轻拿轻放,发现破孔及时粘贴。

(四)灭 菌

采用常压节能锅炉充气,中型钢管钢筋结构灭菌锅灭菌,每锅灭菌数量6 000～8 000袋。春季生产5小时内培养袋内料温升至96℃～98℃,保持此温度30小时后停火,袋内培养料温度降到60℃～70℃出锅。

(五)冷 却

出锅后的培养袋自然冷却,袋内料温适宜时接种。

(六)接 种

料温降到20℃～25℃时接种。菌种要适龄,用杀灭细菌、真菌混合药剂清洗菌种袋皮。清洗后的菌种、接种工具、药品、工作服等放入接种帐,提前8小时用气雾消毒盒密闭熏蒸接种帐,1立方米用药6～8克。第二天接种前40分钟打开接种帐一角通风排烟,环境适宜时接种。接种工具及操作人员的手用75%酒精消毒。五人单面四点接种,每接一层培养袋滚一层专用接种膜,用于菌种保湿,减少感染杂菌。接种时不要过分按压菌种,不然会挤出菌种中的水分,导致菌种死亡。菌穴要堵实并高于袋面3～5毫米,呈钉子帽状。

(七)养 菌

发菌室采用暗光自然温度或加温发菌,气温保持在15℃～20℃之间,空气湿度自然状态。每天中午通风30～40分钟增加发菌棚氧气。

1. 倒垛 当菌丝圈直径达8～10厘米时,进行第一次倒垛。三袋"井"字垛,垛高10～12层,两垛并排相靠防倒,垛与垛之间留20厘米的通风道。第二次、第三次倒垛是与第一次、第二次刺孔通氧同时进行。

2. 刺孔通氧 菌丝连片后,选择菌棒温度低于25℃进行第一次刺孔,每个接种点周围刺4～6个孔,孔深2.0～2.5厘米,刺孔后气温控制在 20℃,菌棒温度不超过 28℃。当菌丝发满袋后 7 天,进行第二次刺孔,菌棒 4 面刺孔,数量为 50 个,深度为 4～5 厘米。刺孔后气温控制在 25℃以内,菌棒温度不超过 30℃。

3. 菌棒生理成熟标志　经过 50～60 天发菌,菌丝长满整个菌棒。培养到 80 天左右,菌棒已完成转色,菌丝体瘤状物占整个袋面的 2/3,手捏瘤状物有松软弹性感,菌棒重量减轻20%～25%,表明菌棒生理成熟。

(八)出　菇

菌棒生理成熟前 7～10 天,即菌棒转色 1/4～1/3;出菇棚地温稳定在 15℃时就应及时脱袋进行出菇管理。脱袋时关闭通风口,脱袋后的菌棒,菌穴朝上进行排场,单排每延长米摆放 9 个菌棒。菌棒排场后及时覆土、浇水,减少菌棒水分的散失。菌棒首次覆土喷水及每次出菇结束后,都要检查覆土情况,将菌棒四周掩实,以保持菌棒适宜水分及防止地雷菇发生。

菌棒排场后,控制温度在 15℃～25℃、空气相对湿度 85%～90%、保证充足的氧气,促进菌棒转色工作。下地时香菇菌棒含水量已达到 60%～65%,菌丝已接近生理成熟。在转色的同时,环境条件也非常适合原基形成,菇蕾的生长,转色管理和出菇管理同时进行。经过 4～5 天的管理,菌棒上会有大量菇蕾发生,菇蕾多时要进行人工疏蕾,每棒留菇 12～15 朵。菇蕾直径达到 2～3 厘米时加大通风,降低出菇棚内湿度,减少子实体含水量,提高子实体的品质。

(九)采　收

当子实体长至七八分成熟,即菌膜没破或刚破时采收。采收后的子实体放入冷库中,进行分选,分级出售。采菇后要清除菇根及地雷菇,防止腐烂后出现病虫害。

(十)休 菌

子实体采收完毕后,菌棒进入休菌管理。休菌时减少浇水次数使菌棒含水量降至 50%～55%。水分管理上一是防止喷水过少造成菌膜硬化,菌丝干燥死亡,影响出菇或滋生绿霉。二是防止喷水过多,菌丝长期缺氧,窒息死亡,造成烂棒。休菌时间为 10～15 天,当菇脚坑发白,菌棒恢复弹性时结束休菌,进行出菇管理。

(十一)二潮菇管理

休菌结束后,采用浇大水方式给菌棒补充水分,每小时浇一次,每次浇 10～15 分钟。当菌棒含水量达到 65%～70%后,选择在清晨或傍晚振动菌棒。菌棒振动后浇小水,保持出菇棚空气相对湿度 85%～90%,棚温 25℃左右。经过 4～5 天管理,原基就会形成。菇蕾直径达到 2～3 厘米时加大通风,降低出菇棚内湿度,减少子实体含水量,提高子实体的品质。

(十二)夏菇及秋菇管理

夏季高温期,菌棒管理以降温养菌为中心,自然出菇为主,防止烂棒死菇现象发生。立秋以后环境条件有利于菇蕾形成和子实体生长,应停止对菌棒的刺激、振动,让其自然出菇。每个生产周期出 5～6 潮菇。

第四节　L808 反季节栽培技术

一、生产设施

(一)发菌棚

发菌棚东西长,南北窄,为钢管钢筋双弦拱架发菌棚,棚间距 2～4 米。桁架上弦是 25.4 毫米镀锌钢管,下弦是一根直径 12 毫米螺纹钢筋,间距 15 厘米;用直径 6 毫米盘圆做拉花,间距 25 厘米。桁架焊接成跨度 11～16 米,边高 1.5 米,矢高 3.8～4.5 米的双弦拱架。桁架间距 1 米,由 7 道横梁连接,顶点横梁是直径 50.8 毫米钢管,下边 6 横梁直径 12 毫米螺纹钢。立柱是直径 50.8 毫米钢管,间距 3 米,横梁与桁架接触点有斜立拉梁。发菌棚长 60 米,覆盖物为两层塑料,中间保温材料为棉被(需配套卷帘机)或岩棉(不需卷帘机)。棚头材质为空心砖墙或苯板墙,两侧留门。棚顶安装无动力通风器。根据覆盖材料的类型、制棒的早晚,发菌棚内采用火墙、暖风炉、风幕机等不同加热设施增温。

(二)出 菇 棚

立棒、三层架出菇棚是利用香菇反季节覆土栽培的出菇棚,七层架出菇棚为双拱棚。

二、出菇方式

分立棒、三层架、七层架 3 种出菇方式。

三、栽培技术

(一)栽培季节

反季节生产最佳时间是 10 月中旬至 11 月末,10 月下旬至翌年 3 月末为发菌期,翌年 4 月份至 10 月末为出菇期。

河北北部一般年份在 10 月 1 日前后见初霜,农民在初霜前后忙于秋季玉米等粮食作物收获,劳动力十分短缺。菌棒制作一般要等到 10 月中下旬秋收将近结束时开始,到 11 月末结束,后期制作的菌棒在 12 月初必须保证吃料,4 月上旬下地时要满足 120 天以上菌龄。生产过早,温度高,用接种帐接种菌棒成品率低,菌龄过长;生产过晚菌棒积温不足,延迟出菇,影响产值。

(二)配   方

阔叶树硬杂木屑 77%,麦麸 22%,石膏 1%,培养料含水量

58％±2％，灭菌前 pH 值 6.5～7。

(三)装　袋

提前 30 分钟拌料，木屑吸水均匀，灭菌效果好。先将木屑、麦麸、石膏加入搅拌机中干拌均匀，然后再加水湿拌，搅拌总时间 15～18 分钟，手感测定含水量达到 56％～60％时出料装袋。菌棒套双层袋。立棒、三层架出菇模式使用的外袋规格为折径宽 17 厘米×长 58 厘米×厚 0.005 厘米（免割保水膜折径宽 16.8 厘米×长 54 厘米×厚 0.0005 厘米）；七层架出菇模式使用的外袋规格为折径宽 18 厘米×长 60 厘米×厚 0.005 厘米（免割保水膜折径宽 17.8 厘米×长 56 厘米×厚 0.0005 厘米）。折径 17 厘米菌棒，装袋后料柱长度 42 厘米，重量 2.65～2.75 千克；折径 18 厘米菌棒，装袋后料柱长度 42 厘米，重量 3.0～3.15 千克。如果重量不符，要检查培养料水分、装袋长度、松紧度，查找原因及时调整，保证装袋质量。使用扎口机或手工扎口，轻拿轻放。由于使用双层塑料袋，对装袋后外袋的砂眼、微孔可不进行检查粘胶布，培养袋破损大的要重新装袋。每天要核对麦麸、石膏用量，保证配方比例准确落实到位。

(四)灭　菌

采用常压节能蒸汽锅炉充气，小型园区使用钢管钢筋结构灭菌锅，灭菌锅容量 5 000～6 000 棒，灭菌锅内温度 97℃±1℃。大型园区使用钢板结构灭菌锅和钢筋水泥结构灭菌锅，每锅容量 10 000 棒，灭菌锅内温度为 100℃±2℃。秋季生产 5 小时培养袋内料温必须达到 96℃～102℃，在此温度范围内连续保持 30 小时后停火，培养袋内料温降至 60℃～70℃时出锅。

(五)冷　却

出锅后的培养袋自然冷却，袋内料温适宜时接种。

(六)接 种

培养袋内料温 20℃～25℃是接种最佳温度,接种后菌种萌发快、吃料早。接种要在无菌的环境中进行。

用杀灭细菌、真菌(新洁尔灭加洁霉精)混合药剂清洗菌种袋皮。清洗后的菌种、接种工具、药品、工作服等放入接种帐,提前 8 小时用气雾消毒盒密闭熏蒸接种帐,1 米³ 用药 6～8 克。第二天接种前 40 分钟打开接种帐一角通风排烟后接种。5 人 1 组,单面四点接种,一次接种 2 500～3 000 袋,3～4 小时内完成。每接一层菌棒滚一层专用接种膜,作用是菌种保湿性好、不风干、杂菌少,相比套外袋省钱、省工。接种时不要过分按压菌种,否则会挤出菌种中的水分,导致菌种死亡。菌种要堵实菌穴并高于袋面 3～5 毫米,呈钉子帽状。菌棒摆放要端正,防止菌种风干、死亡。

(七)养 菌

接种后至菌丝连片前,菌棒温度控制在 15℃～20℃,发菌棚温度控制在 20℃～25℃,空气湿度保持自然状态,一般在 30%～45%,重点防治脉孢霉发生。每天中午打开通风器通风换气 30～40 分钟。

1. 倒垛 菌棒培养 20～25 天后,菌丝圈直径达到 8～10 厘米时进行第 1 倒垛翻堆,增加氧气,防止烧菌。三袋"井"字形垛,高 10～11 层,双排并列相靠防止倒垛,每垛之间留 20 厘米通道利于通风散热。第二次、第三次倒垛是与第一次、第二次刺孔通氧同时进行。第四次倒垛在上部分 70%的菌棒转色后进行,调整上下菌棒摆放位置,使菌棒转色均匀一致。

2. 刺孔通氧 95%菌棒菌丝长至肩部时,用 7.6 厘米铁钉制成的简易增氧锥进行第一次刺孔增氧,每个接种点刺孔 6～8 个孔,深度 2.5 厘米。菌丝长满菌棒 7～10 天后,菌棒内部温度降至 19℃～22℃,5%～10%菌棒出现瘤状物时进行第二次刺孔放大气。园区规模大、菌棒内部温度超过 25℃时,一定要提前 2 天将菌棒温度降到 22℃以下,尽量不要在棒温 25℃以上刺孔。第二次刺孔使用小型放氧机,刺孔针粗度以 12.7 厘米钉子粗度为宜,每棒刺孔 60～80 个,深至袋心。刺孔针粗、刺孔数量多,有利于排除袋内及夹层中积累的红水。刺孔后岩棉发菌棚加盖一层遮阳网;棉被发菌棚白天放下棉被,夜间卷起棉被来降低温度。昼夜开动通风器进行通风换气,使菌棒内温度不超过 30℃,防止高温烧菌,影响伤口愈合,甚至感染绿霉。

3. 转色管理 第二次刺孔增氧后 10～15 天,菌棒进入转色期。转色期间发菌棚内要有散射光、充足氧气,温度控制在20℃～25℃,空气湿度自然状态。上部分菌棒转色需要 20～25 天,70%菌棒转色后再倒一次垛,调整菌棒摆放位置使菌棒转色均匀一致。转色期间温度高时易产生红水,要及时大通风排湿,减少红水,防止感染绿霉导致烂棒。

4. 菌棒生理成熟标志 菌棒表皮棕褐色,有光泽,菌皮厚薄适中,手触菌棒有松软弹性感,菌棒重量减轻 25%～30%。菌棒生理不成熟,开袋后菌棒出菇率低,给以后的管理带来很多困难和麻烦。生理成熟后不及时下地出菇,造成袋内出菇及开袋后爆发性出菇。生理成熟过度,表皮菌膜增厚,菌丝老化,难出菇,出菇少。

(八)出菇管理

经过 120～130 天养菌,菌棒生理成熟后及时脱袋排场。香菇 L808 出菇温度 12℃～28℃,最适出菇温度 15℃～22℃,空气相对湿度在 85%～90%,菇蕾形成需 6℃以上昼夜温差。春季出菇棚夜间气温稳定 8℃以上时,菌棒下地排场出菇。

立棒、三层架出菇模式的出菇棚是由地栽香菇出菇棚改造而成,保湿性能差,头潮菇需要注水;七层架出菇模式的出菇棚是新建造的高标准双拱棚,保湿性能好,头潮菇一般不注水,若在发菌期菌棒失水过多也要适当补水。3种出菇模式以后每潮菇都需要注水。依据菌棒自身重量确定注水多少,注水重量0.30～0.4升。

出菇时脱掉外袋,留下免割保水膜。脱袋后采用人工或注水机给菌棒注水,注水量0.30～0.40升。注水后喷大水冲洗菌棒上的红水,菌棒表面水分稍干后密闭出菇棚,保持出菇棚温度15℃～25℃,空气相对湿度在85%～90%,要有充足的氧气。每天喷水4～5次,结合喷水给出菇棚通风。经过4～5天的管理,菌丝扭结成原基,原基分化发育成菇蕾。菇蕾达到预期数量时,减少浇水次数,每天浇小水2～3次,逐渐加大通风时间,锻炼菇蕾,控制菇蕾数量。菇蕾数量多及时疏蕾,每棒留菇10～15块。菌盖直径2～3厘米时加大通风量,可生产出优质的光面菇。采菇期间每天浇小水1～2次,阴雨天不浇水,协调好生产优质菇与菌棒失水严重的矛盾。七层架出菇模式出菇棚保湿性能好,浇水要比立棒、三层架出菇模式量小、次数少。温度适宜时第一潮菇从出菇管理到采收一般需要10～12天,采收期6～7天。

(九)采　收

当子实体长至七八分成熟,即菌膜没破或刚破时采收。采摘过早影响产量,过晚品质下降。每天采菇2～3次,采收后放入保鲜库,分选销售。采菇后及时清理菌棒上的死菇及菇根,防止菌棒滋生绿霉及害虫。

(十)休　菌

头潮菇采收后,进入休菌管理。休菌期间每天喷水4～5次,保持菌棒适宜含水量和菌丝细胞旺盛生命力。经过10～15天休菌,菌丝已经完全恢复出菇活力,菇脚坑长出新菌丝,新菌丝转色后,进入下潮菇管理。根据香菇L808出菇时所需的环境条件来调控温度、湿度、氧气、光线,做好出菇管理工作。

四、三种培菇模式各自特点

香菇 L808 反季节栽培 3 种模式使用的品种、配方、制棒、发菌、转色管理基本相同,只是菌棒大小、出菇方式、出菇期管理有所不同。

立棒、三层架出菇模式是利用原有香菇反季节覆土栽培的生产设施,对发菌棚、出菇棚加以改造,以新品种 L808 替代 L18 形成的两种新的出菇模式。七层架出菇模式是在新生产场地新建高标准发菌棚、双层拱出菇棚、七层出菇架,使用新品种 L808 为主栽品种的新出菇模式。

(一)立棒栽培模式

利用反季节覆土栽培原有悬挂的遮阳网、出菇棚、微喷设施,在出菇棚地面上直接立棒出菇。立架材料采用木桩架头、倒"Ⅲ"形钢筋架及防老化绳。在大棚的两端对应打下架头,架头高出地面 0.3 米,间隔 2 米放置一个"Ⅲ"字形钢筋架。用防老化绳将架头、支撑架连接起来,绳间距 0.25 米,防老化绳与"Ⅲ"字形钢筋交界处用铁米丝固定。出菇棚两侧 4 根绳一组,共两组,中部每六根绳一组,共两组。组间人行道宽 80 厘米,立棒后宽 50 厘米。单根绳 1 延长米摆放直径 10.8 厘米的菌棒 6 个。始菇期在 5 月 1 日前后,10 月下旬出菇结束,出 5 潮菇。单棒产量 0.70~0.75 千克,产值 6~8 元。优点是充分利用原有旧设施,投入少;缺点是部分香菇菌柄弯曲,香菇售价总体上略低,采菇、注水不方便。

(二)三层架栽培模式

利用反季节覆土栽培原有悬挂的遮阳网、出菇棚、微喷设施。出菇棚顶再覆盖一层遮阳网,这层遮阳网在 7~8 月份高温期使用,菇蕾形成后撤下遮阳网。架头木质结构,用地锚固定,地锚深 1 米。出菇架三层,架宽 80 厘米,层间距 25 厘米,底层入地 13 厘米,地上留 12 厘米,底部用立放的红砖支撑,间隔 1 米摆放一个出菇架。防老化绳一端先在架头上系牢固,穿过三层架,用刹车扣在对应的架头上系紧。防老化绳与出菇架交界处用铁米丝固定。宽6.8 米出菇棚摆放三排出菇架,单排每延长米摆放直径 10.8 厘米的菌棒 6 个。出菇期在 4 月 15 日前后,10 月下旬结束,出 6 潮菇,单袋产量 0.75~0.80 千克,产值 6~9 元。优点是充分利用原有旧设施,投入少,比立袋模式早出菇 15 天,7~8 月份高温期可以出菇。采菇、注水方便,香菇菌柄直,光面菇比例多,香菇售价较高。三层架栽培要求出菇棚高度 2.5 米以上,相比立袋栽培多投入一层遮阳网、三层出菇架。

(三)七层架栽培模式

出菇棚为双拱棚,外棚拱架由直径 25.4 毫米镀锌管弯制而成,边高 2.1 米,拱高 4 米,宽 10 米。拱架间距 1 米,横梁是 9 道直径 20 毫米钢管,棚长 55 米。内棚是由直径 25.4 毫米镀锌管弯制而成,边高 2.1 米,拱高 3.5 米,宽 7.4 米。拱架间距 1 米,横梁是 7 道直径 20 毫米管,内棚比外棚短,长 53 米。两个出菇棚间距2 米。外棚上覆盖一层遮阳网,内棚上覆盖二层塑料,中间夹一层聚氨酯隔热材料。内棚头一端安装水帘,另一端安装负压风机,用于高温期降温。出菇架头由直径 50.8 毫米铁管与直径 13 毫米镀锌钢管焊接而成。用地锚固定架头,地锚深 120 厘米。出菇架立柱是直径 13 毫米镀锌管,横梁是直径 13 毫米镀锌管或直径 12 毫米螺纹钢焊接而成,出菇架 7 层,高 1.5 米、宽 0.8 米、层间距0.21 米。每隔 1.5 米摆放 1 个出菇架架。防老化绳穿系与固定方法与三层架相同。单排每延长米摆放直径 11.5 厘米的菌棒 5个,出菇期在 4 月 1 日前后,11 月下旬结束,出 6~7 潮菇,单棒产量 0.9 千克,产值 8~10 元。优点是出菇早,菇期长,7~8 月份高温期可以正常出菇。采菇、注水方便,菇柄直,光面菇比例多;缺点是发菌棚、出菇棚及配套设施造价高。

第五节 中香 68 正季节立棒栽培技术

一、生产设施

(一)发菌棚

发菌棚东西长,南北窄,棚间距 2～2.5 米,为钢管钢筋双弦拱架发菌棚。桁架上弦是直径 25.4 毫米钢管,下弦是直径 12 毫米螺纹钢筋,间距 15 厘米,用直径 6 毫米盘圆做拉花,间距 25 厘米。桁架焊接成跨度 8 米,边高 1.5 米,矢高 3.5 米的双弦拱架。桁架间距 1.0 米,由 7 道横梁连接,横梁是直径 12 毫米螺纹钢,横梁与桁架接触点有斜立拉梁。发菌棚长 55 米,覆盖物为两层塑料,中间保温材料为岩棉。

(二)出菇棚

出菇棚与发菌棚构造相同,7 月下旬刚开始出菇时,出菇棚上的覆盖物为两层 95% 遮阳网;秋末温度低时遮阳网上再覆盖一层塑料布;菌棒越冬至翌年春季出菇时,出菇棚上的覆盖物仍为一层塑料和两层 95% 遮阳网;春季温度高时撤掉上层塑料,继续用两层 95% 遮阳网直至出菇结束。

二、栽培技术

(一)栽培季节

正季节栽培,2～3 月份制作菌棒,2～7 月份为发菌期,7 月下旬开始出菇,到 10 月末出 3 潮菇,11 月份至翌年 3 月份进入越冬管理,翌年 4～6 月份再出 3 潮菇,整个生产周期结束。单棒产量 0.8～0.9 千克。

(二)配　方

木屑 79％,麦麸 20％,石膏 1％,培养料含水量 58％±2％,灭菌前 pH 值 6.5～7。

(三)装　袋

使用全自动拌料输送装袋流水线,培养料含水量达到 55％～60％时出料装袋。菌棒规格为折径宽 15 厘米×长 60 厘米×厚0.005 厘米的低压聚乙烯塑料袋,袋内不套保水膜。装袋后料柱长度 45 厘米,重量 2.2～2.3 千克,表明培养料含水量 56％～60％。

(四)灭　菌

使用常压蒸汽节能锅炉、钢筋水泥结构灭菌锅灭菌,每个灭菌锅内容量 10 000 棒,春季生产 5 小时内灭菌锅内培养袋内料温必须达到 98℃～102℃,在此温度范围内保持 30 小时后停火,培养袋内料温降至 60℃～70℃时出锅。

(五)冷　却

出锅后的培养袋自然冷却,培养袋内料温适宜时接种。

(六)接　种

培养袋内料温 20℃～25℃是接种最佳温度,接种后菌种萌发快、吃料早。接种要在无菌的环境中进行。用杀灭细菌、真菌混合药剂清洗菌种袋皮。清洗的菌种、接种工具、药品、工作服等放入接种帐内,提前 8 小时用气雾消毒盒密闭熏蒸接种帐,1 米³ 用药6～8 克。第二天接种前 40 分钟打开接种帐一角通风排烟后接种。5 人组合单面 4 点接种,一次接种 2 500～3 000 袋,3～4 小时内完成。每接一层菌棒滚一层专用接种膜,以利于菌种保湿、不风干、杂菌少,相比套外袋省钱、省工。接种时不要过分按压菌种,否则会挤出菌种中的水分,导致菌种死亡。菌种要堵实菌穴并高于袋面3～5毫米,呈钉子帽状。菌棒摆放要端正,防止菌种死亡、风干。

(七)养　菌

发菌棚内没有增温设施,接种后至菌丝连片前,尽可能少通风,以增加发菌棚的温度,控制发菌棚温度在15℃～20℃,空气相对湿度在自然状态,每天中午通风20～30分钟。

1. 倒垛　春季气温上升较快,培养20～25天后,菌棒温度在20℃左右,菌丝圈直径达到6～8厘米时进行第一次倒垛,防止高温烧菌。三袋井字垛,高8～10层,每垛之间留20厘米通道利于通风散热。第二次、第三次倒垛是与第一次、第二次刺孔通氧同时进行。第四次倒垛是上部分70%的菌棒转色后进行,调整上下菌棒摆放位置,使菌棒转色均匀一致。

2. 刺孔通氧　菌丝连片至菌丝长满菌棒1/3这一期间进行第1刺孔增氧。每个接种穴周围刺孔6～8个,孔深2.5厘米。第二次刺孔在菌棒发满后5～10天进行,每棒刺孔50个左右,孔深5～6厘米。如果菌棒含水量偏低的可少刺孔。每次刺孔后,菌棒温度都会增加5℃～8℃,应加大通风降低发菌棚温度,控制菌棒温度在28℃以下,防止烧菌。

3. 转色管理　当菌棒上的瘤状物由硬变软后,菌丝由白色逐渐变成棕褐色时,进入转色阶段,完成转色需20～25天。转色时棚温控制在20℃～25℃,保持空气相对湿度在自然状态,要有充足的氧气、适宜的散射光。转色时温度不能低于15℃、不能超过26℃,防止黄水增多。转色的好坏会直接影响到是否顺利出菇、出菇多少、产量高低、质量好坏。

4. 菌棒生理成熟的标志　菌棒表皮棕褐色,菌皮厚薄适中,菌棒富有弹性,重量减轻25%～30%。

（八）出　菇

菌棒达到生理成熟后，7月下旬出菇棚温度稳定在26℃以下时进行出菇管理。中香68采用高棚立棒出菇模式，选择晴天将菌棒运到出菇棚开袋出菇。

1. 菌棒排列　在大棚的两端对应打下架头，架头高出地面27厘米，间隔200厘米放置一个"Ш"字形钢筋架。用防老化绳将架头、支撑架连接起来，绳间距20厘米，防老化绳与"Ш"字形钢筋交界处用铁米丝固定。出菇棚两侧4根绳一组，共两组，中部每7根绳一组，共3组。组间人行道宽75厘米，立棒后宽40厘米。单根绳1延长米摆放直径宽9.55厘米的菌棒7个。长55米，宽8米的出菇棚共摆放10 000个菌棒。

2. 出菇管理　香菇生长所需的水分大部分来自菌棒内部。北方气候干燥，刺孔通氧使菌棒散失过多的水分，菌棒内部的水分不能满足香菇子实体生长发育的需要，菌棒脱袋后需要进行注水，每棒注水量0.25～0.30升。注水后，让菌棒表面晾干，然后覆盖好大棚薄膜，控制出菇棚温度在15℃～25℃，空气相对湿度为80%～85%，经4～5天温差刺激，即可诱导菌棒产生原基，形成菇蕾。菇蕾多时要进行人工疏蕾，每棒留菇12～15朵。菇蕾直径达到2～3厘米时加大通风，降低出菇棚内湿度，减少子实体含水量，多生产出优质的厚菇（光面菇）。

（九）采　收

当子实体长至七八分成熟，即菌膜没破或刚破时采收。采菇后把菌棒上残留的菇脚清理掉，以免引起菌棒腐烂，造成损失。

（十）休　菌

第一潮花菇采收结束，菌棒进行休菌管理。休菌期间适当喷水防止菌皮硬化，菌丝干燥死亡，影响出菇或滋生绿霉。当菌丝积累足够营养，菇脚坑菌丝变白或已转色时进行下一潮菇管理。

(十一)越冬管理

菌棒出过两潮菇后,10月下旬北方外界气温及出菇棚简易的覆盖物已经不适宜出菇,需要进行越冬管理。越冬前菌棒多浇些水,保持菌棒含水量不能低于45%;出菇棚四周塑料用土压严,不能让风吹、阳光直射。翌年春季4月初温度适宜时进行第三潮管理,至6月初共出5潮菇。

第六节　辽抚4号高棚层架栽培技术

一、生产设施

辽抚4号所使用发菌棚、出菇棚与香菇L808相同。

二、栽培技术

(一)生产时间

平泉县最适宜的制棒时间为12月初到翌年的1月末,出菇期在4月上旬至10月下旬,单棒产量0.75~0.80千克。由于辽抚4号头潮菇有爆发性出菇的特点,一个园区辽抚4号生产数量宜控制在20万棒以内,其余数量用L808补充。

(二)配　方

阔叶树硬杂木屑79%,麦麸20%,石膏1%,培养料含水量58%±2%,灭菌前pH值6.5~7。

(三)装　袋

将木屑、麦麸、石膏按配方比例加入搅拌机中干拌均匀,然后加水湿拌,当培养料含水量调至56%~60%后出料装袋。菌棒外袋规格为折径宽17厘米×长58厘米×厚0.005厘米(免割保水膜折径宽16.5厘米×长54厘米×0.0005厘米)。采用装袋机装袋,装袋后料柱长度 42 厘米,重量为 2.65~2.75 千克。

(四)灭　菌

采用常压蒸汽灭菌。每锅灭菌数量 5 000~6 000 棒,冬季生产 5 小时内灭菌锅中培养袋温度必须达到 98℃±2℃,在此温度下保持 30 小时后停火,袋内料温降至 60℃~70℃时出锅。

(五)冷　却

出锅后的培养袋自然冷却,袋内料温适宜时接种。

(六)接　种

当培养袋温度降至 20℃~25℃即可接种。用杀灭细菌、真菌混合药剂清洗菌种袋皮。清洗后的菌种、接种工具、药品、工作服等放入接种帐后,提前 8 小时用气雾消毒盒密闭熏蒸接种帐,1 立方米用药 6~8 克。第二天接种前 40 分钟打开接种帐一角通风排烟后接种。五人一组,单面四点接种,1 次接种 2 500~3 000 袋,3~4 小时内完成。每接一层菌棒滚一层专用接种膜,以利于菌种保湿、不风干、杂菌少,相比套外袋既省钱又省工。接种时不要过分按压菌种,否则会挤出菌种中的水分,导致菌种死亡。菌种要堵实菌穴并高于袋面 3~5 毫米,呈钉子帽状。菌棒摆放要端正,防止菌种死亡、风干。

(七)培　养

接种后至菌丝连片前,发菌棚空气湿度保持自然状态,温度控制在 15℃~20℃,每天中午打开通风器 30~40 分钟进行通风换气。

1. 倒垛　菌棒培养 20~25 天后,菌丝圈直径达到 8~10 厘米时进行第一次倒垛翻堆,增加氧气,防止烧菌。三袋井字垛,高 10~11 层,双排并列相靠防止倒垛,每垛之间留 20 厘米通道利于通风散热。第二次、第三次倒垛是与第一次、第二次刺孔通氧同时进行。

2. 刺孔通氧 95%菌棒菌丝长至肩部时,用7.62厘米铁钉制成的简易两钉增氧锥进行第一次刺孔增氧,每个接种点刺孔6~8个孔,深度2.5厘米。刺孔后昼夜开通风器进行通风换气,使菌棒内温度不超过30℃,防止高温烧菌。菌棒培养60~70天,菌丝长满菌棒后进行第二次刺孔放气。第二次刺孔使用小型放氧机,刺孔针以12.7厘米长的钉子粗度为宜,每棒刺孔60个,深至袋心。刺孔后,加强通风散热,控制菌棒温度不超过28℃,防止高温闷热,影响伤口愈合,甚至感染绿霉。

3. 转色管理 刺孔后菌棒温度稳定在25℃后,菌棒开始进入转色期。转色期发菌棚内要有散射光、充足氧气,温度控制在20℃~25℃之间,空气湿度保持自然状态。上部分菌棒转色需要15~20天,70%菌棒转色后再倒1次垛,调整菌棒摆放位置使菌棒转色均匀一致。

4. 菌棒生理成熟标志 菌棒表皮棕褐色,菌膜厚度适中,菌棒富有弹性,菌棒重量减轻20%~25%。

(七)出菇管理

采用高棚层架出菇。由于辽抚4号头潮菇易爆发性出菇,菌棒经过100天养菌,生理成熟前10天提早上架脱袋排场。脱掉外袋,留下免割保水膜。头潮菇不注水,边出菇边养菌转色,促进菌棒完全生理成熟。脱袋后每天喷水4~5次,喷水时给出菇棚通风,保持出菇棚空气相对湿度在85%~90%,棚温控制在10℃~25℃,有充足的氧气。经过4~5天的管理,菌丝扭结成原基,形成菇蕾。头潮菇要菌棒自然出菇,出菇多的菌棒也要疏蕾,每棒留菇蕾10个以下。出菇后减少浇水次数,每天浇小水2~3次,逐渐加大通风时间,锻炼菇蕾。菌盖直径2~3时加大通风量,可生产出优质的光面菇。采菇期间每天浇小水2次,阴雨天不浇水。

（八）采　收

当子实体长至七八分成熟，即菌膜没破或刚破时采收，每日采摘1～2次。畸形菇要及时采下。

（九）休　菌

采收后菌棒进行休菌管理，休菌期间注意空间湿度，防止菌棒过于风干致菌棒表面菌丝死亡而感染绿霉。养菌10～15天，菌棒完成转色，菌丝积累足够营养，菇脚坑菌丝转色后再注水。注水量0.35～0.40升。

（十）防止爆发性出菇的办法

第一，菌丝长满袋后，减少搬运、翻堆、振动等刺激。

第二，菌丝长满袋后，后熟期减少温差、光照等刺激。

第三，菌棒生理成熟前10天提早排棒下地或上架，不要过度养菌，以免爆发性出菇。第二潮出菇时菌棒一定要达到生理成熟时才能注水进行出菇管理。

第四，菌棒第二次刺孔放气时多刺些孔，利于菌丝生长旺盛，可减缓或降低菌棒爆发性出菇。

第五，培养料含水量大些，可降低菌棒爆发性出菇。

第七节　香菇日光温室立棒栽培技术

一、生产设施

日光温室东西长，南北窄，棚间距8米。日光温室跨度8米，后墙高3.6米，矢高4.6米，长度85米。桁架上弦为直径25.4毫米钢管，下弦为12毫米螺纹钢，上下弦间距0.15米，拉花为直径8毫米的螺纹钢，间距0.2米。桁架间距0.85米，斜拉0.15米。棚上覆盖物为棉被或草苫，由卷帘机操作。夏季在日光温室内制棒,秋、冬、春在日光温室内出菇。

二、栽培技术

(一)生产时间

最适宜的制棒时间为 6 月上中旬,始菇期在 10 月下旬至 11 月上旬,到翌年 5 月下旬出菇结束。品种为 L808,由于日光温室所产香菇子实体含水量较高,单棒产量 1.0 千克以上。

(二)配　方

阔叶树硬杂木屑 79%,麦麸 20%,石膏 1%,培养料含水量 58%±2%,灭菌前 pH 值 6.5~7。

(三)装　袋

将木屑、麦麸、石膏按配方比例加入搅拌机中干拌均匀,然后加水湿拌,培养料含水量达到 56%~60% 后出料装袋。塑料袋规格为折径宽 15.5 厘米×长 60 厘米×厚 0.005 厘米,外套袋规格为折径宽 17 厘米×长 61 厘米×厚(0.001~0.002)厘米。采用装袋机装袋,装袋后料柱长度 45~46 厘米,重量为 2.20~2.30 千克,表明培养料含水量在 56%~60%。培养袋扎口后套上外带,拧口背住(不扎绳),装入灭菌锅灭菌。

(四)灭　菌

采用常压蒸汽灭菌。每锅灭菌数量 5 000~6 000 棒,夏季生产 4 小时内灭菌锅中培养袋温度必须达到 97℃±1℃,在此温度下保持 30 小时后停火,培养袋内料温降至 60℃~70℃时出锅。

(五)冷　却

将灭菌后的培养袋放置日光温室中进行冷却。

(六)接　种

当培养袋温度降至 20℃~25℃即可接种。用杀灭细菌、真菌的混合药剂清洗菌种袋皮。接种前,负责服务工作的人员将 120 个培养袋、消毒后的菌种和接种工具等一起放入接种箱内,封严接种箱两头塑料桶敞口处。用气雾消毒盒密闭熏蒸接种箱,1 米^3 用药 6～8 克,30～40 分钟后接种。接种时,二人对坐在接种箱前,将手及胶手套用 75％酒精消毒后,双手伸入接种箱内。一人负责脱外套袋、打孔、套外套袋;一人负责接种。双面五孔接种,菌穴与菌种密切吻合,不留间隙,菌种于穴面微凸起。套上外套袋,扎口后放在一旁。接种箱内培养袋接种完毕后由专人移入日光温室中发菌。

(七)培　养

接种后的培养袋接种口向外侧三袋井字形摆放,高 8 层,每排留出 40 厘米通风道。接种后至菌丝圈 6～8 厘米前,保持日光温室空气湿度自然状态,温度控制在 15℃～25℃。日光温室气温超过 25℃时,使用降温设施进行强制通风降温。

1. 倒垛　菌棒培养 20 天左右,菌丝圈直径达到 6～8 厘米时及时倒垛脱去外套袋,增加氧气,防止烧菌。三袋井字垛,高 8 层,每垛之间留 40 厘米通道利于通风散热。第二次倒垛是与刺孔通氧同时进行,第三次倒垛是在菌棒转色 70％时进行。

2. 刺孔通氧　由于菌棒采用五点接种,培养料含水量适宜时,菌丝表现出不缺氧的情况下,可以不进行第一次刺孔通氧。经过 40～45 天培养,菌丝长满菌棒,再培养 5～7 天进行刺孔通大氧。刺孔时使用小型放氧机,每棒刺孔 50～60 个,深至袋心。刺孔后,开动降温设施进行通风降温,控制菌棒温度不超过 28℃,防止高温闷热,影响伤口愈合,甚至感染绿霉。

3. 转色管理　刺孔后菌棒温度稳定在 25℃后,菌棒开始进入转色期。转色期间发菌棚内要有散射光、充足氧气,温度控制在 20℃～25℃,空气湿度自然状态。上部分菌棒转色需要 15～20 天,70％菌棒转色后再倒 1 次垛,调整菌棒摆放位置使菌棒转色均匀一致。

4. 菌棒生理成熟标志 菌棒菌皮棕褐色,厚度适中,菌棒富有弹性,重量减轻25%~30%。

(八)出菇管理

经过120多天养菌,菌棒生理成熟后,于10月下旬至11月初在日光温室内采用立棒出菇。跨度8米,长85米的日光温室摆放菌棒2万个以上。菌棒脱去外袋后给菌棒进行注水,头潮菇注水重量为0.25~0.3升。注水后先冲洗菌棒上的黄水,菌棒稍干后进行焖棚管理。每天喷水4~5次,控制日光温室内空气相对湿度85%~90%,棚温10℃~25℃,保证充足的氧气。经过4~5天的管理,菌丝扭结成原基,形成菇蕾。出菇多的菌棒也要疏蕾,每棒留菇蕾15个以下。菇蕾形成后减少浇水次数,每天浇小水1~2次,逐渐加大通风时间,锻炼菇蕾。菌盖直径2~3厘米时加大通风量,降低子实体含水量。采菇期间每天上午采菇后浇小水1次,下午采菇后不浇水,阴雨天不浇水。

(九)采 收

当子实体长至七八分成熟,即菌膜没破或刚破时采收,采收后及时销售。

(十)休 菌

秋冬季节,北方温度低,原基形成、菇蕾分化、子实体生长所用时间相对较长,第一潮菇从出菇到结束需要50~60天时间。第一潮菇采收结束后菌棒进行休菌管理,休菌期间注意日光温室空间湿度,防止菌棒过于干燥致使表面菌丝死亡而感染绿霉。当菌丝积累足够营养,菇脚坑菌丝变白或已转色时进行下一潮菇管理。第二潮菇一般在1月上旬注水,菌棒注水量0.35~0.40升。

第九章　香菇杂菌防治

第一节　生物分类学

生物分类学是一门研究生物类群间的异同及异同程度,阐明生物间的亲缘关系、进化过程和发展规律的科学。最流行的分类是五界系统,首先根据核膜结构有无,将生物分为原核生物和真核生物两大类。原核生物为一界,真核生物根据细胞多少进一步划分,由单细胞或多细胞组成的某些生物归入原生生物界,余下的多细胞真核生物又根据它们的营养类型分为菌物界(腐生异养),植物界(光合自养),动物界(异养)。

五界系统反映了生物进化的3个阶段和多细胞阶段的3个分支,是有纵有横的分类。它没有包括非细胞形态的病毒在内,也许是因为病毒系统地位不明之故。原生生物界内容庞杂,包括全部原生动物和红藻、褐藻、绿藻以外的其他真核藻类,包括了不同的动物和植物。

分类系统是阶元系统,通常包括7个主要级别:界、门、纲、目、科、属、种。种(物种)是基本单元,近缘的种归合为属,近缘的属归合为科,科属于目,目属于纲,纲属于门,门属于界。

一、原核生物界

原核生物是由原核细胞组成的生物,是现存生物中最简单的一群,以分裂生殖繁殖后代。原核生物曾是地球上唯一的生命形式,它们独占地球长达20亿年以上。如今它们还是很兴盛,而且在营养盐的循环上扮演着重要角色。原核生物的特点：

(一)细　　胞

单细胞,细胞核无核膜包围,细胞内没有任何带膜的细胞器。

(二)种　　类

包括蓝细菌、细菌、放线菌、螺旋体、支原体。

(三)营养方式

光合作用(蓝细菌)、自养(细菌)、异养(细菌、放线菌、螺旋体和支原体)。

(四)生存场所

生活在水中。

二、原生生物界

原生生物是由原核生物演化而来简单的真核生物。真核生物除动物、植物、真菌三界之外统称原生生物,原生生物是真核生物中最低等的生物。原生生物的特点：

(一)细　　胞

多为单细胞生物,细胞内具有细胞核和有膜的细胞器。比原核细胞更大、更复杂。亦有部分是多细胞的,但不具组织分化。单细胞的原生生物集多细胞生物功能于1个细胞,包括水分调节、营养、生殖等。

(二)种　　类

分藻类(红藻、绿藻)、原生动物类(草履虫、变形虫)、原生菌类(黏菌、水霉)3大类。某些真核原生生物像植物,如矽藻;某些像动物,如变形虫、纤毛虫;某些既像植物又像动物,如眼虫。

(三)营养方式

原生藻类含有叶绿体,能进行光合作用制造养分。原生菌类能吞噬有机物或分泌酵素,分解并吸收有机分子。原生动物类能吞噬大食物。

(四)生存场所

所有原生生物都生存于水中,没有角质。

三、菌 物 界

真菌是一类营异养生活,不进行光合作用;具有真核细胞;营养体为单细胞或丝状;细胞壁含有几丁质或纤维素;具有无性和有性繁殖特征的菌体。真菌广泛分布于全球各带的土壤、水体、动植物及其残体、空气中,营腐生、寄生和共生生活。

(一)细　胞

一般分为单细胞和多细胞,酵母菌属于单细胞,而霉菌和蕈菌(大型真菌)都属于多细胞的真菌。真菌的细胞壁主要成分为甲壳素(又叫几丁质、壳多糖),其次是纤维素。

(二)种　类

包括蕈菌类、霉菌和酵母菌。蕈菌中人工栽培的大型真菌有香菇、滑子菇、草菇、金针菇、双孢蘑菇、平菇、木耳、银耳、竹荪和羊肚菌等。

(三)营养方式

真菌的细胞既不含叶绿体,也没有质体,是典型异养生物。它们从动物、植物的活体和死体及它们的排泄物,以及断枝、落叶和土壤腐殖质中,来吸收和分解其中的有机物,作为自己的营养。

四、植 物 界

植物是能够进行光合作用的多细胞真核生物。

(一)细　胞

植物有明显的细胞壁和细胞核,其细胞壁由葡萄糖聚合物-纤维素构成。

(二)种　类

种子植物、苔藓植物、蕨类植物、拟蕨类植物。

(三)营养方式

光合作用。光合作用是指绿色植物和某些细菌,在可见光的照射下,经过光反应和碳反应(旧称暗反应),利用光合色素,将二氧化碳(或硫化氢)和水转化为有机物,并释放出氧气(或氢气)的生化过程。

五、动 物 界

动物是指能自由运动、以碳水化合物和蛋白质为食物的多细胞真核生物。根据化石研究,地球上最早出现的动物源于海洋。早期的海洋动物经过漫长的地质时期,逐渐演化出各种分支,丰富了早期的地球生命形态。在人类出现以前,史前动物便已出现,并在各自的活动期得到繁荣发展。后来,它们在不断变换的生存环境下相继灭绝,但是,地球上的动物仍以从低等到高等、从简单到复杂的趋势不断进化并繁衍至今,并有了如今的多样性。

第二节　木　霉

一、分类学地位

木霉又名绿霉,属于菌物界,子囊菌门,粪壳菌纲,肉座菌亚纲,肉座菌目,肉座菌科。木霉能侵染蘑菇、香菇、平菇、银耳、木耳等多种食用菌的培养料和子实体,造成培养料报废,产量下降,品质降低。危害香菇的主要有绿色木霉和康氏木霉。

二、形态特征

(一)绿色木霉

绿色木霉又名木素木霉,菌株在 PDA 培养基上广铺,最初为白色致密的基内菌丝,而后出现棉絮状气生菌丝,并形成密实产孢丛束区,常排成同心轮纹。菌丝透明,壁光滑,有隔,多分枝。菌落黄绿色至蓝绿色,反面无色,老熟后散发一股椰子气味。厚垣孢子间生于菌丝中或顶生于短侧枝上,多数为球形,极少数为椭圆形,透明,壁光滑。分生孢子梗从菌丝的侧枝上生出,直立,分枝,小分枝常对生,顶端不膨大,呈瓶形或锥形,分生孢子球形或椭圆形,孢壁有明显的小疣状突起,在显微镜下单个孢子淡绿色。

(二)康氏木霉

菌株在 PDA 培养基上广铺,最初为致密平坦菌丝,而后通常在培养基斜面的末端或边缘出现浅绿、黄绿的产孢丛束区,其余部分保持平坦致密白色基内菌丝及少量平铺的气生菌丝。菌丝棉絮状,透明,壁光滑,有隔,多分枝。菌落外观为浅绿色、黄绿色或绿色,菌落反面无色。厚垣孢子间生于菌丝中或顶生于短侧枝上,圆形、椭圆形或桶形,壁光滑。分生孢子梗的小梗瓶形或锥形、基部稍收缩,中央宽,往上部窄,近于直或中部弯曲,分生孢子椭圆形、卵形或长圆形,壁光滑,在显微镜下单个孢子无色,成堆时绿色。

三、生活条件

木霉对环境的适应能力极强,是喜高温高湿偏酸性的真菌,但在较干燥、缺氧的环境中也能生长。夏季高温、多雨、气压低和二氧化碳积累高的环境中最易引起木霉的大量发生。

(一)营　养

木霉能够产生具有高度活性的木质素酶、纤维素酶,对木质素、纤维素的分解能力强,在富含木质素、纤维素丰富的基质上木霉菌丝生长快,传播蔓延迅速。段木、木屑、棉籽壳、玉米芯、麦秸、稻草都是木霉良好的营养物。

(二)温　度

菌丝生长温度为 4℃～42℃,最适宜温度为 25℃～30℃。绿色木霉孢子在 15℃～30℃ 条件下萌发率高,低于 10℃ 或高于 35℃ 则萌发率降低。康氏木霉在在 PSA 培养基上,15℃～40℃ 下发芽良好,36℃ 最适宜。绿色木霉孢子致死温度为 52℃ 时 24 小时;康氏木霉孢子致死温度为 71℃ 时 10 分钟。

(三)湿　度

菌丝生长的空气相对湿度要大于 70%,最适宜空气相对湿度大于 95%,在较干燥的环境中生长缓慢或停止生长。在饱和空气中,分生孢子梗长且无限分枝,而孢子产生得较少;如果生长在比较干燥的环境中,分生孢子梗较短,但分生孢子的数量较多。孢子萌发要求空气相对湿度 95% 以上,空气相对湿度低于 70% 时孢子不能萌发。在饱和湿度的栎树皮上,温度 25℃,经过 48 小时绿色木霉孢子就能萌发。

(四)酸 碱 度

木霉喜欢在微酸性的基质上生长,菌丝生长的 pH 值为 3～7,最适宜的 pH 值为 4～5。孢子萌发最适宜的 pH 值为 3.5～6。

(五)空　气

充足的氧气有利于孢子萌发,菌丝生长。木霉菌丝耐二氧化碳能力很强,在通风不良的环境下,木霉菌丝生长速度比香菇菌丝快,能大量繁殖和侵染危害。

四、初侵染源

木霉孢子广泛分布在空气、土壤、朽木、枯枝落叶、有机肥、植物残体中,孢子随气流、水滴、昆虫等媒介传播。木霉菌丝成熟期短,1周内即可达到生理成熟,产生分生孢子,重复侵染能力强。

五、侵染症状

绿色木霉孢子在培养料上萌发后,先产生白色、纤细的菌丝,菌丝生长浓密后形成白色菌落,逐渐向四周和纵深扩展。在菌落中央产生浅绿色孢子,使菌落中央变成绿色,菌落周围有白色菌丝的生长带,最后整个菌落变成深绿色或蓝绿色,菌落大。康氏木霉在培养基斜面的末端或边缘出现浅绿色、黄绿色的产孢丛束区,菌落外观浅绿色或黄绿色,菌落小。

六、危害程度

木霉既是竞争性杂菌,也是寄生性病原菌,是对香菇生长威胁最大、危害最重的杂菌。木霉侵染培养料后,分解培养料中的木质素和纤维素,与香菇菌丝争夺养分;分泌毒素,破坏香菇菌丝的细胞质;缠绕或切断香菇菌丝,使香菇菌丝死亡。危害程度轻的,局部范围内出现斑点或斑块,培养料病健交界处产生明显颉颃线;危害程度重的,培养料变得潮湿、松软、变绿、发臭,最终报废。

(一)危害菌种

培养料感染木霉后,出现浅绿色、绿色或深绿色菌落,造成菌种报废。

(二)危害菌棒

发菌阶段,菌棒受侵染后,在菌棒表面产生绿色的霉层,病部香菇菌丝衰退,木屑松软、变绿、整个菌棒报废。出菇阶段,菌棒受到木霉侵染,轻者菌棒局部不出菇,重者香菇菌丝消融,造成香菇大幅减产,甚至绝收。

（三）危害子实体

子实体采摘后菌棒上残留的菌根、菌柄，最容易感染绿霉，绿霉发展扩大，侵染菌棒及健康的子实体。木霉侵害香菇子实体，先在菌柄一侧出现浅褐色水渍状病斑，然后扩展到菌盖上。发病轻时只在菌盖出现小的褐斑，子实体尚能继续生长。受害严重时，菌盖上会出现霉层，形成大的病斑，出现腐烂状，最后整个子实体被木霉菌丝包裹着，由白色变绿色，子实体萎缩、腐烂。

七、发病原因

（一）园区环境不卫生

园区环境卫生差，空气中木霉孢子密度大。木霉孢子附着在受潮的棉塞上或通过塑料袋的微孔、未扎紧的袋口沉降到培养料表面，温度适宜时，孢子就会萌发，菌丝生长后侵染培养料，造成危害。

（二）培养料灭菌不彻底

培养料灭菌不彻底原因有：培养料发生霉变；拌好的培养料中有干木屑；灭菌锅中冷气未排尽，灭菌时间不足；培养袋摆放太紧实，蒸汽不流畅，灭菌有死角等。培养料灭菌不彻底，导致培养料中残存木霉孢子，温度适宜时，孢子萌发，菌丝在培养料内生长，造成危害。

（三）无菌操作失败

由于菌种瓶外壁或菌种袋外皮残留木霉孢子；接种帐熏蒸时间不足或漏气；接种时间过长都会导致接种帐空间有木霉孢子。木霉孢子通过接种口侵染菌棒，造成危害。

（四）发菌棚环境不良

发菌棚高温、高湿的环境条件，有利于木霉孢子萌发、菌丝生长及新生孢子再侵染,不利于香菇菌丝生长。

(五)出菇期管理失误

菌棒浇水或注水多,菌丝衰退溶解后感染绿霉;休菌期间浇水少,造成菌棒过分干燥,表皮菌丝死亡后,菌棒感染木霉。

八、防控措施

在香菇生产中,根据木霉的生物学特性及发生规律,采取相应的防控措施。

(一)预防为主,控制病原

第一,搞好园区卫生,清除并烧毁菇场内的枯枝、落叶及腐朽之物,消除污染源。搞好培养室或发菌棚卫生,地面撒一层石灰后进行熏蒸处理。

第二,原料要新鲜、无霉变、无结块。木屑要提前发酵,拌料时间要充分,使培养料吸透水,培养料含水量控制在 $55\% \sim 60\%$。灭菌时要排净冷气,灭菌时间要足,不能有死角。

第三,选择高质量塑料袋,装袋过程要小心操作,避免塑料袋破损,袋口要扎牢。

第四,高压灭菌时棉塞上要用薄膜或牛皮纸包紧。如果棉塞受潮,在接种时要及时更换。

第五,用 0.1% 克霉灵加 0.25% 新洁尔灭或 0.25% 新洁尔灭加洁霉精清洗菌种袋(瓶)外表携带的杂菌,防止菌种袋(瓶)外表杂菌进入接种场所。

(二)低温接种,无菌操作

第一,在 $5℃ \sim 10℃$ 的低温环境下进行接种,白天环境温度接近 $15℃$ 时,应在早、晚温度低的时段接种。

第二,接种帐消毒时,气雾消毒剂二氯异氰尿酸钠使用量要达到每立方米 $6 \sim 8$ 克,熏蒸时间要足 8 小时,四周不能漏气,每帐接种时间控制在 3.5 小时以内。

第三,培养袋接种面用一擦灵涂刷一遍后打孔接种,可以有效防止菌孔感染木霉,比使用酒精或高锰酸钾效果好。每接一层菌棒覆盖一层 60 厘米宽专用保湿膜,菌种保湿性好、不风干,也能防止木霉孢子沉降到接种口。

第四,有条件的菌种场或园区尽量使用超净工作台接种。

(三)精细管理,防患未然

第一,发菌期间发菌棚空气湿度保持自然状态,可有效地控制木霉的发生。

第二,温度在 15℃～20℃时,香菇菌丝体的生长速度大于木霉菌丝体的生长速度,25℃以上木霉菌丝体的生长速度大于香菇菌丝体的生长速度。根据这一特点,接种后菌棒温度控制在 15℃～20℃,发菌棚温度控制在 20℃～25℃,当菌丝圈直径达到 6～8 厘米时,菌棒温度控制在 20℃～25℃,发菌棚温度控制在 20℃～25℃。这样,可有效控制木霉的发生。

第三,每次注水要确定菌棒适宜的注水重量;休菌时合理浇水,保持菌棒适宜的含水量,保持菌丝旺盛生命力。

(四)发现问题,及时处理

第一,轻微感染康氏木霉的菌棒,在第一次倒垛时进行挑选,放置低温处发菌,菌棒能够正常发菌,但是产量降低。

第二,感染绿色木霉的菌棒,在第一次倒垛时进行挑选,轻度感染者,放置低温处发菌,菌棒能够少量出菇;重度感染者,进行深埋、焚烧等无害化处理,大量污染时要重新灭菌,然后重新接种香菇或平菇等。

第三节　脉孢霉

一、分类学地位

脉孢霉又称红霉、粉霉、链孢霉、串珠霉、红色面包霉,属于菌物界,子囊菌门,粪壳菌纲,粪壳菌亚纲,粪壳菌目,粪壳菌科。危害香菇的主要有粗糙脉孢霉和好食脉孢霉,是香菇生产中主要的竞争性杂菌之一。

二、形态特征

菌丝白色或灰白色,匍匐生长,分枝,有隔膜。分生孢子梗从产孢菌丝上直立长出,较短,呈双叉状分枝,与菌丝无明显差异。在分生孢子梗顶端形成分生孢子,分生孢子单细胞,卵形或近球形,无色或淡色。初期,孢子以芽生方式形成长链,链可分枝,孢子链外观为念珠状,生长后期菌丝断裂成分生孢子,形状不规则,大小不一。老熟后,分生孢子团干散蓬松呈粉状。单个分生孢子无色,成串时粉红色,大量分生孢子堆集成团时,呈现橘红色。

有性阶段的子囊壳簇生或散生于基质表面或内层。成熟的子囊壳暗褐色,梨形或卵形,孔口乳头状。子囊壳含有多个子囊,无侧丝。子囊圆柱形,有短柄,1个子囊内含有8个子囊孢子,其中4个属于一交配系统,另4个属另一交配系统。子囊孢子,初期无色透明,成熟时由橄榄色变成淡绿色,子囊孢子壁上有突起神经状纵纹,似叶脉,故名脉孢霉。有性阶段在人工培养基中少见,主要以无性阶段危害食用菌。

三、生活条件

(一)营　养

夏秋高温潮湿季节,在玉米芯、甘蔗渣、棉籽壳、腐败的果壳、稻草堆、废弃的木屑上经常看到橘红色脉孢霉分生孢子团,表明脉孢霉喜欢在高糖分和高淀粉的培养料上生长繁殖。

(二)温　度

脉孢霉喜欢高温环境。菌丝在 $4℃\sim44℃$ 条件下均能生长,$4℃$ 以下停止生长,$4℃\sim24℃$ 生长缓慢,在 $25℃\sim36℃$ 生长最快。脉孢霉孢子萌发的温度为 $10℃\sim40℃$,低于 $10℃$ 萌发率低。在 $25℃\sim30℃$ 条件下,孢子在 6 小时内萌发成菌丝,8 小时菌丝长满整个试管斜面,48 小时菌丝长满瓶(袋),60 小时后在瓶(袋)口处产生大量橘红色或白色孢子。孢子较耐高温,干热的条件可耐 $130℃$ 高温,湿热条件下 $70℃$ 时 45 分钟死亡。由于气温低于 $10℃$ 脉孢霉孢子萌发率较低;气温低于 $20℃$ 时孢霉菌丝生长缓慢,因此气温在 $10℃\sim20℃$ 时,脉孢霉危害不大。

(三)湿　度

脉孢霉菌丝生长最适宜空气相对湿度为 90% 以上。脉孢霉菌丝在含水量 50%$\sim$70% 的培养料中生长最适宜,当培养料含水量低于 50% 或高于 70% 菌丝生长受阻。子囊壳要在 100% 空气相对湿度的条件下产生,而空气相对湿度对分生孢子的产生影响不大。

(四)酸 碱 度

培养料的 pH 值在 3$\sim$9 范围内,脉孢霉菌丝都能生长,最适宜的 pH 值为 5$\sim$7.5。

(五)空　气

脉孢霉属于好气性微生物,在氧气充足时,菌丝生长迅速;子囊壳和分生孢子形成快。无氧或缺氧时,菌丝生长缓慢或不能生长,子囊壳和分生孢子不能形成。

四、初侵染源

脉孢霉的孢子广泛分布在土壤、作物秸秆、淀粉类食物、废菌料上,分生孢子在空气到处飘浮,传播危害。脉孢霉菌丝生命力强、生长迅速,培养料受到侵染后,很快产生分生孢子,新产生的分生孢子是再侵染的主要侵染源。

五、侵染症状

培养料受脉孢霉侵染后,初期在培养基内产生灰白色、棉絮状菌丝,其菌丝生长速度极快,可迅速扩展到整个培养料。菌落初为白色,粉粒状,后为茸毛状,2～3天产生分生孢子,分生孢子白色或橘红色。孢子成熟后受到振动,散发到空气中成为再侵染源。由于脉孢霉在培养料中生成了乙酸乙酯,能够闻到类似水果的香味。

六、危害程度

脉孢霉的危害主要发菌期,出菇期的危害并不严重。发菌期培养料受到脉孢霉侵染后,脉孢霉菌丝与香菇菌丝争夺养分。由于脉孢霉菌丝生长速度快,香菇菌丝很快被覆盖,造成香菇菌丝无法生长或窒息死亡,导致菌种或菌棒报废。出菇期脉孢霉侵染子实体,造成子实体腐烂。

(一)危害母种

在母种分离、提纯,或转管扩大培养过程中,被脉孢霉侵染后,其灰白色疏松棉絮状的气生菌丝很快长满整个PDA平板或试管斜面,并形成大量链状串生的分生孢子,使菌落呈白色或淡红色,造成母种报废。

（二）危害原种和栽培种

在原种或栽培种培养过程中,被脉孢霉侵染后,其灰白色菌丝在培养料内迅速扩展,向下生长到瓶(袋底),向上扩展到棉塞,很快在棉塞外面形成白色或橘红色的分生孢子堆,造成菌种报废。

（三）危害菌棒

香菇菌棒被侵染时,培养料上可见白色粒状菌落,后出现稀疏茸毛状菌丝,菌丝通过孔隙快速长出塑料袋外,几天后产生白色或橘红色分生孢子堆。若塑料袋没有孔隙,脉孢霉菌丝与香菇菌丝在菌棒内同时生长,由于脉孢霉菌丝好氧性强,塑料袋内缺氧后,脉孢霉菌丝逐渐消融,香菇菌丝能够缓慢长满菌棒,正常出菇,只是出菇期延后 20 多天。

（四）危害子实体

脉孢霉菌丝侵染香菇子实体后,能在短时间内覆盖子实体,造成子实体腐烂。

七、发病原因

（一）园区环境不卫生

园区环境卫生差,空气中到处漂浮着脉孢霉分生孢子。当分生孢子附着在受潮的棉塞或通过微孔、破损处、未扎紧的袋口沉降到培养料表面,温度适宜时,孢子萌发,菌丝生长,侵入培养料,造成危害。

（二）培养料灭菌不彻底

木屑、玉米芯、麦麸、米糠等培养料中附着许多脉孢霉孢子,如果培养料未吃透水,培养料中含有干料,常压灭菌条件不能杀死脉孢霉孢子。灭菌时间不足、灭菌有死角,造成灭菌不彻底。培养料灭菌不彻底,导致培养料中残存脉孢霉孢子,温度适宜时,孢子萌发,菌丝在培养料内生长,造成危害。

(三)无菌操作时感染脉孢霉

菌种瓶外壁或菌种袋皮消毒不彻底,外壁或袋皮残留脉孢霉孢子;接种帐熏蒸时间不足或漏气;接种时间过长等导致空气中残存脉孢霉孢子。脉孢霉孢子通过接种口侵染菌棒,造成危害。

(四)发菌棚环境条件不利

高温、高湿的环境条件,有利于脉孢霉孢子萌发、菌丝生长及新生孢子再侵染而不利于香菇菌丝生长。

八、防控措施

在香菇生产中,根据脉孢霉的生物学特性及发生规律,采取相应的防控措施。

(一)预防为主,控制病原

第一,搞好园区卫生,清除并烧毁场内的枯枝、落叶以及腐朽之物,消除污染源。搞好培养室或发菌棚卫生,地面撒一层石灰后进行熏蒸处理。

第二,原料要新鲜、无霉变、无结块。木屑要提前发酵,拌料时间要充分,使培养料吸透水,含水量控制在 55%～60%。灭菌时要排净冷气,灭菌时间要足,不能有死角。

第三,选择高质量塑料袋,装袋过程小心操作,避免塑料袋破损,袋口要扎牢。

第四,高压灭菌时棉塞上要包紧薄膜或牛皮纸。如果棉塞受潮,在接种时要及时更换棉塞。

第五,清洗菌种时加入防治脉孢霉的杀菌剂。

(二)低温接种,无菌操作

第一,在 5℃～10℃ 的低温环境下进行接种,环境温度接近15℃时在早、晚温度低的时段接种。

第二,接种帐消毒时,气雾消毒剂二氯异氰尿酸钠用量要达到每立方米 6～8 克,熏蒸时间要足 8 小时,接种帐四周不能漏气。每垛培养袋接种时间控制在 3.5 小时以内。

第三,培养袋的接种面用一擦灵涂刷一遍后打孔接种,可以有效防止接种孔感染杂菌,比使用酒精或高锰酸钾效果好。每接一层菌棒覆盖一层 60 厘米宽专用保湿膜,菌种保湿性好、不风干,也能防止脉孢霉孢子沉降到接种口。

第四,有条件的菌种厂或园区尽量用超净工作台接种。

(三)精细管理,防患未然

第一,发菌期间发菌棚空气湿度自然状态,可有效地控制脉孢霉的发生。

第二,温度在 15℃～20℃ 时,香菇菌丝体的生长速度大于脉孢霉菌丝体的生长速度,25℃ 以上脉孢霉菌丝体的生长速度大于香菇菌丝体的生长速度。根据这一特点,接种后菌棒温度控制在 15℃～20℃,发菌棚温度控制在 20℃～25℃,当菌丝圈直径达到 6～8 厘米时,菌棒温度控制在 20℃～25℃,发菌棚温度控制在 20℃～25℃。这样,可有效控制脉孢霉的发生。

(四)发现问题,及时处理

第一,春季发菌时,将轻度感染脉孢霉的菌棒搬至树荫下,挖土深 30～40 厘米,将菌棒放入排好,再盖湿润土壤,经过 10～15 天脉孢霉菌丝逐渐消融,香菇菌丝仍可缓慢生长。

第二,冬季发菌时,将轻度感染脉孢霉的菌棒装入塑料袋内进行缺氧管理,脉孢霉菌丝会逐渐消融,香菇菌丝长速度变慢,发菌期延后,但是能够正常出菇,对产量影响不大。

第四节　毛　霉

一、分类学地位

　　毛霉又名长毛菌、黑毛菌、黑霉菌、黑面包霉，属于菌物界，接合菌门，接合菌纲，毛霉目，毛霉科。常见的种类有总状毛霉、高大毛霉、铅色毛霉、小毛霉。危害香菇的主要是总状毛霉，其次是高大毛霉。

二、形态特征

　　菌丝在培养料上能广泛蔓延，当培养料含水量高时，菌丝很快伸展到培养料内，不产生定型菌落。菌丝为无隔膜的单细胞，多核，白色透明，有分枝。菌丝分为潜生在培养料内的营养菌丝和培养料外的气生菌丝。气生菌丝粗壮稀疏，早期白色，后为灰色。毛霉菌丝生长快，分解淀粉能力强，能很快占领料面并形成交织稠密的菌丝垫，使培养料与空气隔绝，抑制食用菌菌丝生长。孢子梗从菌丝垫上气生菌丝长出，较粗、不成束、无假根。孢子梗有单生（高大毛霉）、总状分枝（总状毛霉）或假轴分枝（小毛霉）3 种类型。孢囊梗顶端膨大，形成一个球形孢子囊，孢子囊灰褐色（大毛霉）、黄褐色（总状毛霉）和褐色（小毛霉），囊内部有囊轴，形状不一。囊轴与孢囊梗相连处无囊托。孢子囊内产生大量无性孢囊孢子，孢子成熟后孢子囊壁消解释放出孢子。孢囊孢子球形、椭圆形或其他形状，单细胞、壁薄、光滑，多无色或淡黄色。

　　有性生殖时可形成接合孢子，接合孢子着生菌丝体上，球形，表面有粗糙突起，异宗配合或同宗配合。在自然界中，毛霉主要通过无性繁殖传播，有性生殖很少发生。

三、生活条件

(一)营 养

毛霉能产生淀粉酶,喜欢生长在富含糖或淀粉的食物上,能利用大多数简单碳水化合物,将比较复杂的物质留给其他微生物利用。夏季存放较长时间的米饭、馒头、豆腐上最先长出的是毛霉。

毛霉是比较优良的糖化菌,有较强的糖化力,糖化淀粉产生葡萄糖,并能生成少量乙醇,常用来制曲、酿酒。毛霉能产生蛋白酶和脂肪酶,将豆腐中的蛋白质分解成可溶性的小分子肽和氨基酸,将其中的脂肪分解成甘油和脂肪酸,使腐乳产生芳香物质或具鲜味的蛋白质分解物,常用来酿制腐乳、豆豉。

(二)温 度

毛霉多数是一种喜温性真菌,菌丝生长温度 10℃～38℃。总状毛霉最适生长温度 20℃～25℃;小毛霉是一种喜热真菌,在 20℃～55℃条件下生长旺盛。

(三)湿 度

毛霉是一种好湿性真菌。培养料含水量 65%～70%,空气相对湿度 85%～100%时,最利于毛霉孢子萌发、菌丝生长。当空气相对湿度低于 65%时,毛霉孢子不能萌发,菌丝不能生长。在极低湿度下毛霉菌丝会死亡,但是孢子还能继续生存;当湿度、温度适宜时毛霉孢子就会萌发生长。毛霉试验中的空气相对湿度一般控制在 95%以上。

(四)酸 碱 度

毛霉菌丝喜欢在微酸性的基质上生长,最适宜的 pH 值为 5.5～6.5。

(五)氧 气

毛霉是异养需氧型霉菌,充足的氧气有利于毛霉孢子的产生、萌发,菌丝生长。随着二氧化碳浓度升高,菌丝生长速度下降。

四、初侵染源

在空气、土壤、酒曲、植物残体、腐败有机物、动物粪便中广泛分布着毛霉孢子,是毛霉污染的初侵染源,特别是大量飘浮在空气中的孢子,随气流传播,是初侵染的主要传染源。发病处新产生的毛霉孢子数量多,条件适宜时靠气流或水滴等媒介再次传播侵染,造成严重危害。

五、侵染症状

毛霉在培养料内外能广泛蔓延,初期长出灰白色粗壮稀疏的气生菌丝。菌丝分解淀粉能力强,其生长速度明显快于香菇菌丝的生长速度,能很快占领培养料面并形成交织稠密的菌丝垫,使培养料与空气隔绝,与香菇菌丝争夺养分,抑制香菇菌丝生长。后期从菌丝垫上气生菌丝顶端形成许多圆形灰褐色(高大毛霉)、黄褐色(总状毛霉)至褐色(小毛霉)的小颗粒状的孢子囊。菌落初期灰白色,后期呈灰褐色、黄褐色。

六、危害程度

毛霉对环境的适应性强,菌丝茂盛,生长迅速,环境条件适宜时日伸长可达3厘米。毛霉与香菇菌丝争夺养分,分泌有机酸和毒素危害香菇菌丝。随着菌丝生长量增加,形成交织稠密的菌丝垫,隔绝基质表面氧气,使香菇菌丝窒息死亡,培养料变黑,导致菌种和菌棒报废。

七、发病原因

(一)园区环境不卫生

栽培环境卫生差,空气中毛霉孢子密度大,毛霉孢子附着在受潮的棉塞上或通过塑料袋的微孔、未扎紧的袋口沉降到培养料表面,温度适宜时,孢子就会萌发,菌丝生长后侵染培养料,造成危害。

(二)培养料灭菌不彻底

培养料发生霉变,拌好的培养料中有干料,灭菌时间不足,灭菌有死角等,都会导致培养料灭菌不彻底。灭菌不彻底的培养料中就会残存毛霉孢子,温度适宜时,孢子萌发,菌丝在培养料内生长,造成危害。

(三)无菌操作失败

由于菌种瓶外壁或菌种袋皮残留毛霉孢子;接种帐熏蒸时间不足或漏气;接种时间过长都会导致接种帐空间有毛霉孢子。毛霉孢子通过接种口侵染培养料,造成危害。

(四)发菌棚环境不良

发菌棚高温、高湿的环境条件,有利于毛霉孢子萌发、菌丝生长及新生孢子再侵染,不利于香菇菌丝生长。

八、防控措施

在香菇生产中,根据毛霉生物学特性及发生规律,采取相应的防控措施。

(一)预防为主,控制病原

第一,园区要清洁卫生,清除并烧毁场内的枯枝落叶及腐朽之物,消除污染源。搞好培养室或发菌棚卫生,地面撒一层石灰后进行熏蒸处理。

第二,原料要新鲜、无霉变、不结块。木屑要提前发酵,拌料时间要充分,使培养料吸透水,培养料含水量控制在 $55\% \sim 60\%$。灭菌时间要足,不能有死角。

第三,选择高质量塑料袋,装袋过程小心操作,避免塑料袋破损,袋口要扎牢。

第四,高压灭菌时棉塞上要用薄膜或牛皮纸包紧。如果棉塞受潮,在接种时要及时更换。

第五,清洗菌种时加入防治毛霉的杀菌剂,如洁霉精。

(二)低温接种,无菌操作

第一,在 5℃～10℃的低温环境下进行接种,环境温度接近15℃时在早、晚温度低的时段接种。

第二,毛霉孢子主要通过空气和工具由接种口侵入。接种帐消毒时,气雾消毒剂二氯异氰尿酸钠使用量要达到每立方米 6～8克,熏蒸时间要足 8 小时,四周不能漏气,每帐接种时间控制在3.5 小时以内。

第三,接种面用一擦灵涂刷一遍后打孔接种,可以有效防止菌孔感染毛霉,比使用酒精或高锰酸钾效果好。每接一层菌棒覆盖一层 60 厘米宽专用保湿膜,菌种保湿性好、不风干,也能防止毛霉孢子沉降到接种口。

第四,有条件的菌种厂或园区尽量用超净工作台接种。

(三)精细管理,防患未然

第一,发菌期间发菌棚空气湿度保持自然状态,一般在30%～45%左右,可有效地控制毛霉的发生。

第二,温度在 15℃～20℃时,香菇菌丝体的生长速度大于毛霉菌丝体的生长速度,25℃以上毛霉菌丝体的生长速度大于香菇菌丝体的生长速度。根据这一特点,接种后,菌棒温度控制在15℃～20℃,发菌棚温度控制在 20℃～25℃,当菌丝圈直径达到6～8 厘米时,菌棒温度控制在 20℃～25℃,发菌棚温度控制在20℃～25℃。这样,可有效地控制毛霉的发生。

(四)发现问题,及时处理

轻微感染毛霉的菌棒,在第一次倒垛时进行挑选,放置低温处发菌,香菇菌丝能够长满整个菌棒,只是出菇期会延后,产量有所下降。

第五节 根 霉

一、分类学地位

根霉又名面包霉,属于菌物界,接合菌门,接合菌纲,毛霉目,毛霉科。危害食用菌最常见的是黑根霉(匍枝根霉)。

二、形态特征

培养料受根霉侵染后,初期在表面出现匍匐菌丝向四周蔓延,当培养料含水量高时,菌丝很快伸展到培养料内。菌丝白色透明,无横隔,分为潜生于料内的营养菌丝和生于空间的匍匐菌丝。匍匐菌丝与料面平行作跳跃式蔓延,每隔一定距离长出与基质接触的假根,通过假根从基质中吸收营养物质和水分。假根非常发达,多枝,初为白色,后为褐色。在假根处向上长出孢囊梗,孢囊梗直立、丛生、不分枝,每丛 2～4 株成束。孢囊梗顶端膨大形成孢子囊。孢子囊球形或近球形,初期白色或黄白色,成熟后黑色。孢子囊内囊轴明显,基部与柄相连形成囊托。当孢子囊内的孢囊孢子成熟后,孢囊壁破碎,散出孢囊孢子。孢囊孢子球形或椭圆形,无色或黑色,有棱角或线状条纹。

有性生殖属异宗结合,通过"＋""－"菌丝形成两个同型的配子囊,两配子囊结合,囊内的内含物融合在一起而形成接合孢子。接合孢子壁厚、色深、球形,有粗糙的突起。

三、生活条件

(一)营　养

根霉菌丝分泌的淀粉酶活性很强,喜欢生长在富含糖或淀粉的食物上。根霉不能利用硝酸盐,在有添加硝酸盐的培养基中,不能生长或生长不良。

根霉淀粉酶活性强,是酿酒、制醋的糖化菌;根霉还有分解大豆蛋白质的蛋白酶,又是制酱的菌种。例如,酿制甜米酒的甜酒曲里面既有根霉又有酵母。在发酵的过程中,糖化菌(如黑根霉)先将糯米中的淀粉分解为葡萄糖、麦芽糖,蛋白质分解成氨基酸,形成米酒中的甜味和鲜味,接着少量酵母菌又将葡萄糖经糖酵解途径生成酒精,这样就制成了香甜可口、营养丰富的甜米酒。

黑根霉能引起馒头、面包发霉变质,瓜果蔬菜在运输和贮藏过程中的腐烂及甘薯的软腐病都是由黑根霉引起的。

(二)温　度

根霉是一种喜温性真菌,25℃～35℃是根霉繁殖活跃温度,20℃以下菌丝生长速度下降。黑根霉菌丝最适宜的生长温度为28℃,超过32℃不再生长。米根霉菌丝最适生长温度为30℃～35℃,37℃～40℃也能生长。

(三)湿　度

根霉与毛霉同属好湿性真菌。当培养料含水量65％～70％,空气相对湿度85％～100％时,最利于根霉孢子萌发、菌丝生长。当空气相对湿度低于65％时,根霉孢子不能萌发,菌丝不能生长。

(四)酸 碱 度

根霉菌丝在喜欢在微酸性的基质上生长,最适宜的 pH 值为4～6.5。

(五)氧 气

根霉是异养需氧型霉菌,充足的氧气有利于根霉孢子的产生、萌发,菌丝生长。

四、初侵染源

根霉适应性强,分布广,在自然界中生活于土壤、空气、动物粪便和有机物质上。孢子靠气流与水滴传播进行初侵染。

五、侵染症状

培养基或培养料受根霉侵染后,匍匐菌丝弧形,无色,向四周蔓延,菌落疏松或稠密。孢子囊刚出现时灰白色或黄白色,成熟后变成黑色,所以菌落初期灰白色或黄白色,后期变为黑褐色,整个菌落外观,有如一片林立的大头针。

六、危害程度

香菇培养料受到根霉污染时,根霉菌丝与香菇菌丝争夺养分,使培养料酸败,代谢物可产生酒精。

七、发病原因

(一)园区环境不卫生

园区环境不卫生差,空气中根霉孢子附着在受潮的棉塞上或通过塑料袋的微孔、未扎紧的袋口沉降到培养料表面,温度适宜时,孢子就会萌发,菌丝生长后侵染培养料,造成危害。

(二)培养料灭菌不彻底

培养料发生霉变,拌好的培养料中有干料,灭菌时间不足,灭菌有死角等,都会导致培养料灭菌不彻底。灭菌不彻底的培养料中就会残存根霉孢子,温度适宜时,孢子萌发,菌丝在培养料内生长,造成危害。

(三)无菌操作失败

由于菌种瓶外壁或菌种袋皮残留根霉孢子;接种帐熏蒸时间不足或漏气;接种时间过长都会导致接种帐空间有根霉孢子。根霉孢子通过接种口侵染菌棒,造成危害。

(四)发菌棚环境不良

发菌棚高温、高湿的环境条件,有利于根霉孢子萌发、菌丝生长及新生孢子再侵染,不利于香菇菌丝生长。

八、防控措施

在香菇生产中,根据根霉生物学特性及发生规律,采取相应的防控措施。

(一)预防为主,控制病原

第一,园区要清洁卫生,清除并烧毁场内的枯枝落叶及腐朽之物,消除污染源。搞好培养室或发菌棚卫生,地面撒一层石灰后进行熏蒸处理。

第二,原料要新鲜、无霉变、不结块。木屑要提前发酵,拌料时间要充分,使培养料吸透水,培养料含水量控制在 $55\% \sim 60\%$。灭菌时间要足,不能有死角。

第三,选择高质量塑料袋,装袋过程小心操作,避免塑料袋破损,袋口要扎牢。

第四,高压灭菌时棉塞上要用薄膜或牛皮纸包紧。如果棉塞受潮,在接种时要及时更换。

第五,清洗菌种时加入防治根霉的杀菌剂,如洁霉精。

(二)低温接种,无菌操作

第一,在 $5℃ \sim 10℃$ 的低温环境下进行接种,环境温度接近 $15℃$ 时在早晚温度低的时段接种。

第二,接种帐消毒时,气雾消毒剂二氯异氰尿酸钠使用量要达到每立方米 6～8 克,熏蒸时间要足 8 小时,四周不能漏气,每帐接种时间控制在 3.5 小时以内。

第三,培养袋接种面用一擦灵涂刷一遍后打孔接种,可以有效防止接种孔感染根霉,比使用酒精或高锰酸钾效果好。每接一层菌棒覆盖一层 60 厘米宽专用保湿膜,以利于菌种保湿、不风干,也能防止根霉孢子沉降到接种孔。

第四,有条件的菌种厂或园区尽量用超净工作台接种。

(三)精细管理,防患未然

第一,发菌期间发菌棚空气湿度保持自然状态,可有效地控制根霉的发生。

第二,温度在 15℃～20℃ 时,香菇菌丝体的生长速度大于根霉菌丝体的生长速度,25℃ 以上根霉菌丝体的生长速度大于香菇菌丝体的生长速度。根据这一特点,接种后菌棒温度控制在 15℃～20℃,发菌棚温度控制在 20℃～25℃,当菌丝圈直径达到 6～8 厘米时,菌棒温度控制在 20℃～25℃,发菌棚温度也控制在 20℃～25℃。这样,可有效控制根霉的发生。

(四)发现问题,及时处理

轻微感染根霉的菌棒,在第一次倒垛时进行挑选,放置低温处发菌,香菇菌丝能够长满整个菌棒,一般情况下不会造成严重危害。

第六节 曲 霉

一、分类学地位

曲霉属于菌物界,子囊菌门,散囊菌纲,散囊菌亚纲,散囊菌目,发菌科。危害香菇的主要是灰绿曲霉、黑曲霉、黄曲霉、烟曲霉。

二、形态特征

相对毛霉菌丝,曲霉菌丝粗短。菌丝无色、淡色或表面凝集有色物质,有隔膜和分枝。分生孢子梗由分化为厚壁的足细胞长出,并通过足细胞与营养菌丝相连。分生孢子梗直立生长,不分枝,无隔膜。分生孢子梗顶端膨大成顶囊,顶囊圆球形或棍棒形,表面以辐射状长出一层或两层小梗,在小埂上着生一串串分生孢子。分生孢子单细胞,球形、椭圆形或卵圆形,有黄(黄曲霉)、白(亮曲霉)、绿(烟曲霉)、黑褐(黑曲霉)等颜色,因而使菌落呈现各种色彩。

三、生活条件

(一)营　养

曲霉分解淀粉、糖、蛋白质的能力强,喜欢生长在富含淀粉、糖、蛋白质的基质中。曲霉是酿酒、制醋、制酱的主要菌种。生长在花生和大米中的黄曲霉能产生黄曲霉毒素,食用后造成人和畜禽中毒或死亡,而且还可以诱发肝癌。黑曲霉和烟曲霉产生的孢子浓度高时,可成为人体的致病菌,寄生于肺内发生肺结核式的病症,这种病叫曲霉病或"蘑菇工人肺病"。有的曲霉引起水果、蔬菜、食品的霉变。

(二)温　度

曲霉对温度适应的范围广,并嗜高温。孢子萌发温度为10℃～40℃,最适生长温度为25℃～35℃。黄曲霉菌丝生长的最低温度为6℃～8℃,最高生长温度为44℃～46℃,最适生长温度37℃左右。烟曲霉在45℃或更高温度生长旺盛,黑曲霉最适生长温度为 20℃～30℃,灰绿曲霉最适生长温度为 20℃～35℃。

曲霉孢子较耐高温,在 100℃8～10 小时或 125℃下 2.5～3 小时才能彻底杀灭基质内的曲霉孢子。曲霉菌丝有很强的适应性,在温度 10℃以下和水分 30％条件下仍能顽强生长。在双孢蘑菇堆肥中,黄曲霉、土曲霉在 65℃温度下,可生存 30 分钟。

(三)湿　　度

多雨季节,空气相对湿度大或培养料含水量偏高(60％～70％),有利曲霉侵染、生长和繁殖,危害也重。如多雨的秋季,曲霉能够侵染生长中的玉米籽粒,也能侵染瓶(袋)口上受潮的棉塞。曲霉生长最适宜的空气相对湿度,黄曲霉为 80％左右,黑曲霉为 85％以上,灰绿曲霉为 65％～80％。

(四)酸 碱 度

曲霉产生分生孢子的起始 pH 值为 3～4,如果 pH 值在 6～8 时,将产生很多的子囊壳和少数分生孢子。最适宜曲霉菌丝生长的 pH 值接近中性。

四、初侵染源

曲霉孢子广泛分布在土壤、空气、水、各种粮食作物及副产品麦麸、米糠等有机物上,分生孢子随气流漂浮扩散进行初侵染。

五、侵染症状

在被污染的培养料表面,初期菌落零星发展,菌丝茸毛状,成熟期很短,侵染后在很短时间内就可产生分生孢子,形成黄色、绿色、褐色、黑色等各种颜色的疏松颗粒状物霉层。被侵染的培养料内香菇菌丝不再生长,并逐渐消失。霉层在适宜的条件下不断扩大,最后占领整个料面。

六、危害程度

曲霉菌丝与香菇菌丝争夺营养、水分和生存空间,分泌有机酸和毒素,抑制香菇菌丝的生长发育,并发出一股刺鼻的臭味。

七、发病原因

(一)园区环境不卫生

园区环境不卫生差,空气中曲霉孢子附着在受潮的棉塞上或通过塑料袋的微孔、未扎紧的袋口沉降到培养料表面,温度适宜时,孢子就会萌发,菌丝生长后侵染培养料,造成危害。

(二)培养料灭菌不彻底

麦麸或米糠发生霉变,拌好的培养料中有干料,灭菌时间不足,灭菌有死角等,都会导致培养料灭菌不彻底。培养料中就会残存曲霉孢子,温度适宜时,孢子萌发,菌丝在培养料内生长,造成危害。

(三)无菌操作失败

由于菌种瓶棉塞、外壁或袋皮残留曲霉孢子;接种帐熏蒸时间不足或漏气,接种时间过长,导致接种帐空间有曲霉孢子。曲霉孢子通过接种口侵染菌棒,造成危害。

(四)发菌棚环境不良

培养料含水量偏高,发菌棚温度偏高,空气相对湿度大,通风不良等环境条件,有利于曲霉孢子萌发、菌丝生长,不利于香菇菌丝生长。

八、防控措施

在香菇生产中,根据曲霉生物学特性及发生规律,采取相应的防控措施。

（一）预防为主，控制病原

第一，园区要清洁卫生，清除并烧毁场内的枯枝落叶及腐朽之物，消除污染源。搞好培养室或发菌棚卫生，地面撒一层石灰后进行熏蒸处理。

第二，麦麸或米糠要新鲜、无霉变、不结块。木屑要提前发酵，拌料时间要充分，使培养料吸透水，培养料含水量控制在55%～60%。灭菌时要排除冷气，灭菌时间要足，不能有死角。

第三，选择高质量塑料袋，装袋过程小心操作，避免塑料袋破损，袋口要扎牢。

第四，高压灭菌时棉塞上要用薄膜或牛皮纸包紧。如果棉塞受潮，在接种时要及时更换。

第五，清洗菌种时加入防治曲霉的杀菌剂，如洁霉精。

（二）低温接种，无菌操作

第一，在5℃～10℃的低温环境下进行接种，环境温度接近15℃时在早、晚温度低的时段接种。

第二，接种帐消毒时，气雾消毒剂二氯异氰尿酸钠使用量要达到每立方米6～8克，熏蒸时间要足8小时，四周不能漏气，每帐接种时间控制在3.5小时以内。

第三，培养袋接种面用一擦灵涂刷一遍后打孔接种，可以有效防止接种口感染曲霉，比使用酒精或高锰酸钾效果好。每接一层菌棒覆盖一层60厘米宽专用保湿膜，菌种保湿性好、不风干，也能防止曲霉孢子沉降到接种口。

第四，有条件的菌种场或园区尽量用超净工作台接种。

（三）精细管理，防患于未然

第一，发菌期间发菌棚空气湿度保持自然状态，可有效地控制曲霉的发生。

第二，温度在15℃～20℃时，香菇菌丝体的生长速度大于曲霉菌丝体的生长速度,25℃以上曲霉菌丝体的生长速度大于香菇菌丝体的生长速度。根据这一特点,接种后,菌棒温度控制在15℃～20℃,发菌棚温度控制在 20℃～25℃,当菌丝圈直径达到6～8 厘米时,菌棒温度控制在 20℃～25℃,发菌棚温度也控制在20℃～25℃。这样,可有效地控制曲霉的发生。

(四)发现问题,及时处理

轻微感染曲霉的菌棒,在第一次倒垛时进行挑选,放置低温处发菌,香菇菌丝能够长满整个菌棒,一般情况下不会造成严重危害。

第七节　青　霉

一、分类学地位

青霉属于菌物界,子囊菌门,散囊菌纲,散囊菌亚纲,散囊菌目,发菌科。香菇生产中常见的污染种类有圆弧青霉、产黄青霉、绳状青霉和苍白青霉。在人类生活中,点青霉和产黄青霉可产生青霉素(青霉烷);黄绿青霉、桔青霉和岛青霉能引起大米霉变,产生"黄变米";白边青霉造成柑橘腐烂;扩展青霉造成苹果腐烂。

二、形态特征

青霉的营养菌丝为无色、淡色或具有鲜明的颜色。细胞通常为多核,细胞之间有横隔膜。菌丝体分基内菌丝和气生菌丝。在气生菌丝上产生简单的长而直立的分生孢子梗,分生孢子梗有横隔,光滑或粗糙。基部无足细胞,顶端不形成膨大的顶囊。分生孢子梗经过多次分枝,产生几轮对称或不对称的小梗,形如扫帚状。小梗顶端产生成串的分生孢子,分生孢子球形或椭圆形,光滑或粗糙,淡绿色。菌落有绿色、蓝色、黄绿色、青绿色、灰绿色。

三、生活条件

(一)营 养

青霉营腐生生活,营养来源广泛,是一种杂食性真菌,可以生长在任何含有机物的基质上。酒石酸、苹果酸、柠檬酸等酸味剂是青霉喜爱的碳源。

青霉在柑橘、苹果、梨等水果或储粮上生长繁殖,造成水果腐烂或粮食霉腐。青霉在香菇子实体、工业产品、食品(如干酪)、衣服上生长繁殖,表现出青霉营养来源的广泛性。

(二)温 度

青霉是中温型真菌,菌丝生长的温度为 20℃~35℃,最适宜温度为 20℃~28℃。青霉孢子耐热性较强。

(三)湿 度

青霉是喜湿性真菌,孢子萌发、菌丝生长最适宜的空气相对湿度为 80%~90%。多雨的秋季,青霉能够侵染生长中的玉米籽粒。在饱和空气中,分生孢子梗长且无限分枝,而孢子产生得较少;如果生长在比较干燥的环境中,分生孢子梗较短,但分生孢子的数量较多。

(四)酸 碱 度

青霉在弱酸性环境中生长繁殖迅速,菌丝生长最适宜的 pH 值为 3.5~6。

四、初侵染源

青霉多为腐生或弱性寄生,广泛分布于土壤、空气及腐败的有机材料(水果、蔬菜、粮食和皮革等)上,产生的分生孢子数量多,通过气流传入培养料是初次侵染的主要途径。原辅材料带菌也是初侵染的来源。发病后新产生的分生孢子,可通过人工喷水、气流、昆虫传播,是再侵染的传染源。

五、侵染症状

在被污染的培养料表面,菌丝初期白色,形成圆形菌落,随着分生孢子的大量产生,菌落颜色逐渐由白色转变为绿色、蓝色或黄色。在生长期,菌落外围常见 $1\sim2$ 毫米白色新生带,菌落茸毛状,扩展较慢,有局限性。老的菌落表面常交织起来,形成一层膜状物,覆盖在料面,能隔绝料面空气,同时还分泌毒素,造成香菇菌丝死亡。

六、危害程度

青霉菌丝与香菇菌丝争夺养分,分泌毒素阻挠香菇菌丝生长,造成香菇菌丝死亡。青霉菌丝生长速度不及香菇菌丝快,容易被香菇菌丝所覆盖,不易被检查出来,使用这种菌种造成菌棒批量污染。

香菇子实体发病位长出一层灰绿色的霉层,称为香菇青霉病。

七、发病原因

(一)培养料灭菌不彻底

木屑、麦麸等培养料中附着青霉分生孢子,由于灭菌锅内存在死角或灭菌时间不足等原因导致灭菌不彻底,致使培养料中残存青霉分生孢子。

(二)菌种带菌

青霉菌丝生长速度不及香菇菌丝快,容易被香菇菌丝所覆盖,不易被检查出来,使用含有青霉杂菌的菌种,容易造成菌棒大量污染。

八、防控措施

第一,培养料要彻底灭菌。

第二,使用不含青霉杂菌的菌种。

第三,灭菌过程中棉花塞受潮,在接种时换上干燥的棉塞。

第八节　黏　菌

黏菌属于原生生物界,阿米巴门,黏菌纲,发网菌目。危害香菇的黏菌种类常见于绒泡菌属、煤绒菌属和发网菌属。

黏菌是介于植物和动物之间的一类生物,生活在阴暗、潮湿的地方,约有 500 种。它们的生活史中,一段是动物的特征:营养体为一团裸露的原生质团,多核、无细胞壁、可做变形运动,故又称为"变形菌";另一段是植物的特性:繁殖期能产生具有纤维素细胞壁的孢子。

一、形态特征

黏菌的形态可分为营养体和子实体两部分。营养体是一团多核的无细胞壁的原生质团,形状不固定,呈黏稠状。营养阶段的原生质团,具负趋光性,喜欢生活在黑暗潮湿的环境中,可变化于流质与胶质之间,能大片扩展运动并摄食生长,以细菌、酵母菌和其他有机颗粒为食。原生质团颜色从无色到白、灰、黄、红、黑等颜色,其形状有网络状、发网状。营养耗尽时,向有光处迁移,在光暗交界处向子实体阶段过渡。成熟的营养体上面产生有一定结构的有柄或无柄的子实体,称作孢子囊或孢囊果。孢子囊单个或成堆,有白、灰、黄、红、黑等颜色。孢子囊内可产生多个有细胞壁的褐色孢子,孢子囊开裂后,释放孢子。当环境适宜时,每个孢子萌发成1～4 个有鞭毛的单倍性游动细胞,游动细胞两两配合,成为一个二倍性合子,合子不经休眠,许多合子聚集在一起,又形成多核原生质团;环境不利时,成熟孢子可存活数年之久。

二、生活条件

(一)营 养

黏菌是杂食性的生物,以细菌、酵母菌、有机物颗粒、香菇菌丝和孢子为食,而细菌是黏菌最喜爱的营养。在黑暗、干燥、食物缺乏等不良环境下,由黏菌的原质团块转变而成的不规则的硬团块,叫菌核,菌核外面具有硬壳,可以抵抗不良环境。

(二)温 度

孢子的萌发温度为 2℃～30℃,孢子发芽后在 12℃～26℃的适温下,形成不规则的网状变形体。温度在 12℃～16℃时,原生质团生长缓慢,高于 30℃原生质团生长受到限制,最适宜的生长温度为 20℃～25℃。

(三)湿 度

黏菌在自然界的分布很广,以阴湿的地方最为常见。空气相对湿度 80%～100%、土壤表面有积水时往往发病较重。盘式滑子菇、袋式滑子菇、地栽香菇出菇棚的散射光照条件,高湿度的出菇环境,非常有利于黏菌的生长发育。

(四)酸碱度

在 pH 值 2～9 条件下,孢子均能萌发。黏菌生长最适宜的pH 值 5.5～6.5。

(五)光 线

原生质团具有负趋光性,喜欢在黑暗的环境生长,成熟时或经阳光照射后,原生质团干缩,色泽变暗,转入生殖生长,形成孢子囊。

三、初侵染源

黏菌是腐生菌,在自然界中分布广泛,大都生长在阴湿环境中的腐木、树皮、落叶、枯草、青苔及有机质丰富的土壤中,少数生长在草本植物茎叶上。由孢子和变形体通过气流、溅水、培养料、覆土、昆虫和自身蠕动进行传播。

四、侵染症状

发病初期在培养料和覆土层表面出现黏稠网状菌丝,菌丝会变形运动,扩展速度快,1~2天群体间能相互连接成片,爬向子实体。菌落有白、灰、黄、黑、红等多种颜色,形状有网络状、发网状等。菌丝消失后,出现黄褐色或黑褐色子实体,即孢子囊。黏菌的危害具有突发性、蔓延迅速的特点,往往一夜之间,原生质团就在菌块表面和菇体上布满,静观胶黏物质隐若可见其在爬动延伸,俗称"鬼屎"、"菌虫"。

五、危害程度

先在被污染块上长出乳白色、黄色的菌斑,过1~2天后,病斑很快向四周蔓延,并在菌块表面形成网状变形体,此时污染部位变成明显的白、黄、黑、红、灰等颜色,有腥臭味。被污染的部位菌丝逐渐死亡,培养料逐渐腐烂变黑,失去产菇能力。香菇子实体被黏菌侵染,出现病斑,或表现为畸形、发僵、腐烂等症状,使产量和质量受到严重影响。

六、发病原因

第一,培养料有机质丰富,阴暗、潮湿、高温、通风不良的环境有利于黏菌危害。

第二,水源或空气中带有黏菌孢子。

第三,培养料感染细菌、酵母菌。

七、防控措施

第一,地栽香菇出菇结束后及早清除旧培养料和陈旧覆土材料,减少侵染源。

第二,地栽香菇栽棒前,用石灰或漂白粉处理土壤。

第三,适当增强菇房光照,降低温度、湿度,保持通风状态。

第九节　细　菌

细菌属于原核生物界,为单细胞生物,其细胞核无核膜,多以裂殖方式进行繁殖。在自然界分布最广,个体数量最多,是大自然物质循环的主要参与者。危害香菇较为常见的有芽孢杆菌属、假单胞杆菌属、黄单胞杆菌属和欧文式杆菌属中的种类。

一、形态特征

细菌主要由细胞壁、细胞膜、细胞质、核糖体等部分构成,有的细菌还有荚膜、鞭毛、菌毛等特殊结构。绝大多数细菌的直径大小在 0.5～5 微米之间。

(一)芽孢杆菌

细胞呈直杆状,有荚膜,(0.5～2.5)微米×(1.2～10)微米,常以成对或链状排列,具圆端或方端。革兰氏阳性,周生鞭毛运动,严格需氧或兼性厌氧。化能异养菌,具发酵或呼吸代谢类型。菌落表面较干,呈皱褶状,黄白色至灰白色。该属细菌的重要特性是能够产生对不利条件具有特殊抵抗力的芽孢(内生孢子),芽孢椭圆、卵圆、柱状、圆形。

(二)假单胞杆菌

无核,革兰氏阴性。菌体大小(0.5～1)微米×(1.5～4)微米,以极生鞭毛运动,不形成芽孢,化能有机营养,严格好氧,呼吸代谢,从不发酵。有极强分解有机物的能力,能净化污水中的汞,可以将多种有机物作为能量来源。菌落灰白色。

(三)黄单胞杆菌

细胞直杆状,大小(0.4～1.0)微米×(1.2～3.0)微米,单端极生鞭毛。革兰氏阴性菌,专性好氧,化能有机营养型植物病原菌。多数菌株分泌黄色素,有些菌株形成孢外荚膜多糖——黄原胶。生长需提供谷氨酸和甲硫氨酸,不进行硝酸盐呼吸。菌落圆形、光滑、全缘、乳脂状、蜜黄色。

(四)欧文氏杆菌

是酷似大肠杆菌的一种细菌,细胞直杆状,(0.5～1.0)微米×(1.0～3.0)微米,单生,成对,有时成链。革兰氏阴性,周生鞭毛运动,兼性厌氧,但有些菌种厌氧生长微弱。欧文氏杆菌带有多聚半乳糖醛酸酶,能降解果胶使寄主细胞壁破损,寄生于植物并引起腐败病。菌落圆形,边缘整齐,乳白色,半透明,油脂状,有乳头状隆起。

二、细菌分类

(一)根据形状分

1. 球菌 呈球形或近似球形,其大小以细胞直径来表示,一般为 0.5～1.0 微米。由于球菌分裂面的不同,根据繁殖以后的状态,可分为单球菌、双球菌、链球菌、四联球菌、八叠球菌和葡萄球菌等。

2. 杆菌 是指杆状或类似杆状的细菌,腐生或寄生,如大肠杆菌和枯草杆菌等。

3. 螺旋菌 包括弧菌、螺菌和螺杆菌。

(二)按生活方式分

1. 自养细菌　在无机环境中生长繁殖,利用二氧化碳或碳酸盐为碳源,铵盐或硝酸盐为氮源来合成菌体成分的细菌。从获得能量来源又可分化能自养细菌和光能自养细菌,如硝化菌属于化能自养细菌,光合细菌能同化二氧化碳合成有机物,属于光能自养细菌。

2. 异养细菌　以多种有机物(如蛋白质、糖类等)为原料,合成菌体成分并获得能量。异养细菌包括腐生细菌和寄生细菌。腐生细菌以动植物尸体、腐败食物等作为营养物;寄生细菌寄生于活体内,从宿主的有机体中获得营养。所有的病原菌都是异养菌,大部分属寄生菌。

(三)按对氧气的需求分

根据细菌代谢时对分子氧的需要与否,可以分为 5 类:

1. 专性好氧细菌　具有完善的呼吸酶系统,需要分子氧作受氢体,只能在有氧条件下生长繁殖,如硫细菌、铁细菌、光合细菌、硝化细菌。

2. 微好氧细菌　在低氧压(5%～6%)的环境中生长良好,在无氧或高氧压(>10%)时生长不良,如醋化醋杆菌、幽门螺杆菌。

3. 兼性厌氧细菌　具有完善的呼吸酶系统,在有氧或无氧环境中都能生长,但在有氧的环境中生长得更好,如大肠杆菌。

4. 耐氧厌氧细菌　无氧条件下生长好,而在有氧条件下生长不佳,如破伤风芽孢杆菌。

5. 专性厌氧细菌　缺乏完善的呼吸酶系统,受氢体为有机物,氧气对其有毒害,故只能在无氧环境中生长繁殖,如乳酸杆菌。

(四)按生存温度分

1. 喜冷细菌　生长温度 10℃～20℃。

2. 常温细菌　生长温度 20℃～40℃。

3. 高温细菌 生长温度40℃以上。

三、细菌芽孢

某些细菌在一定条件下,细胞质高度浓缩脱水所形一种抗逆性很强的球形或椭圆形的休眠体,称为芽孢,如芽孢杆菌,梭状芽孢杆菌,少数球菌等。多数形成芽孢的细菌是在高温、低温、干旱、强光、电离辐射、营养缺乏、有毒化学物质等恶劣环境条件下形成芽孢。枯草芽孢杆菌在接种培养 4 小时后即有芽孢生成,以后每隔 4 小时观察 1 次,芽孢数均呈比例增长,至 24 小时,约半数产生芽孢,48 小时,全部变成芽孢。

一个细菌产生一个芽孢,条件适宜时重新成为一个细菌,数量没有增加,因此芽孢不是细菌的繁殖体,是细菌休眠体。

细菌细胞含水量一般为80%～90%,而芽孢含水量为38%～40%,细胞壁厚而致密,耐高温。细菌的营养细胞在70℃～80℃时 10 分钟就死亡,而芽孢在 120℃～140℃还能生存几小时。

四、生活条件

(一)营　养

充足的营养物质才能为细菌的新陈代谢及生长繁殖提供必需的原料和足够的能量。

1. 自养细菌 在无机环境中生长繁殖,利用二氧化碳或碳酸盐为碳源,铵盐或硝酸盐为氮源来合成菌体成分。

2. 异养细菌 以多种有机物(如蛋白质、糖类等)为原料,合成菌体成分并获得能量。

(二)水　分

水是构成细菌细胞的主要成分,培养料含水量在 60%左右、空气相对湿度 65%～75%有利于细菌繁殖。

(三)温　度

细菌生长的温度极限为−7℃～90℃。各类细菌对温度的要求不同，可分为喜冷细菌、常温细菌和高温细菌。病原细菌均为常温细菌，最适温度为人体的体温(37℃)，故实验室一般采用37℃培养细菌。有些高温细菌低温下也可生长繁殖，如5℃冰箱内，金黄色葡萄球菌缓慢生长释放毒素。

(四)氧　气

根据细菌代谢时对分子氧的需要与否将细菌分为专性好氧细菌、微好氧细菌、兼性厌氧细菌、耐氧厌氧细菌和专性厌氧细菌。

(五)酸碱度

细菌适于生活在中性或微碱性环境中，最适 pH 值为7.2～7.6。

(六)光　线

光能自养细菌生长需要光照，化能自养细菌、异养细菌生长不需要光照。

五、细菌来源

细菌广泛分布于土壤、空气、水和各种有机物中。初侵染是通过水、空气传播，再次侵染是通过喷水、昆虫、工具等传播。

六、侵染症状

第一，试管母种受细菌污染后，在接种点周围产生无色、白色或黄色黏状液，其形态特征与酵母菌的菌落相似，受细菌污染的培养基发出酸臭气味。

第二，液体菌种被细菌污染后不能形成菌丝球。

第三，培养料受细菌污染后，呈现黏湿、色深，并散发出酸臭味，严重时培养料变质、腐烂。

第四,地栽香菇菌棒被细菌污染后,常造成烂棒。

七、危害程度

第一,试管母种、液体菌种被细菌污染后只能报废处理。

第二,香菇培养料受细菌污染后,菌丝生长受阻,严重时培养料变质、发臭、腐烂。

八、发病原因

第一,培养料呈中性或弱碱性,含水量偏高有利细菌发生,而试管母种培养基上冷凝水多,发病率高。

第二,培养料搅拌后长时间没有装袋、灭菌时培养料温度达到100℃用时过长,都容易造成培养料细菌繁殖,引起酸料。地栽香菇高温期出菇浇水过多,菌棒容易受到细菌侵染危害。

九、防控措施

第一,培养基、培养料及玻璃器皿灭菌要彻底,对芽孢杆菌,采用湿热灭菌,要在121℃,1.5个大气压,经2小时才可杀死芽孢。

第二,母种培养基灭菌后,应放在30℃条件下培养1天,确认无细菌污染后再接种。

第三,无论是手工装袋或是机械装袋,拌好的培养料都必须在4小时内装完,当天拌好的培养料当天必须用完。

第四,培养料装袋后要立即进灶灭菌,旺火猛攻,使培养料温度在5小时内迅速上升到100℃。

第十节 酵母菌

酵母菌是一种单细胞真核微生物,在有氧和无氧环境下都能生存,属于兼性厌氧菌。酵母菌的生殖方式分无性繁殖和有性繁殖两大类。无性繁殖包括芽殖、裂殖、芽裂。有性繁殖产生子囊孢子。危害食用菌的酵母主要有红酵母、橙红色酵母、黑酵母,前二者属于菌物界,担子菌门;后者属于菌物界,子囊菌门。

一、形态特征

酵母菌的细胞形态通常有球形、卵圆形、腊肠形、椭圆形、柠檬形或藕节形等。比细菌的单细胞个体要大得多,一般为1~5微米或5~20微米。酵母菌无鞭毛,不能游动。酵母菌具有典型的真核细胞结构,有细胞壁、细胞膜、细胞质、细胞核、液泡、线粒体等,有的还具有微体。大多数酵母菌的菌落特征与细菌相似,但比细菌菌落大而厚,菌落表面光滑、湿润、黏稠,容易挑起,菌落质地均匀,正反面和边缘、中央部位的颜色都很均一,菌落多为乳白色,少数为黄色、粉红色、淡褐色,个别为黑色。

二、生活条件

(一)营　养

酵母菌有一套胞内和胞外酶系统,用以将大分子物质分解成细胞新陈代谢易于利用的小分子物质。

(二)水　分

酵母菌必须有水才能存活,但酵母需要的水分比细菌少,某些酵母能在水分极少的环境中生长,如酵母菌可以在蜂蜜和果酱中生长,这表明酵母菌对渗透压有相当高的耐受性。

(三)温　度

酵母菌生长温度为0℃~47℃,最适生长温度为20℃~30℃。

(四)氧　气

酵母菌在有氧和无氧的环境中都能生长,即酵母菌是兼性厌氧菌,在有氧的情况下,它把糖分解成二氧化碳和水,有氧存在时,酵母菌生长较快。在缺氧情况下,酵母菌把糖分解成酒精和二氧化碳。

(五)酸 碱 度

酵母菌能在 pH 值为 3.0～7.5 的范围内生长,最适 pH 值为 4.5～5.0。

三、初侵染源

酵母菌在自然界分布广泛,到处存在,大多腐生在植物残体、空气、水及有机质中。在食用菌制种及栽培过程中,初侵染是由空气传播孢子;再侵染是通过接种工具消毒不彻底进行传播。

五、侵染症状

试管母种被隐球酵母污染后,在培养基表面形成乳白色至褐色的黏液团。受红酵母侵染后,在琼脂培养基表面形成红色或黄色的黏稠菌落,均不产生茸毛状或棉絮状的气生菌丝。

六、危害程度

第一,试管母种被酵母菌污染后只能报废处理。

第二,培养料或菌种袋(瓶)受酵母菌污染后,引起培养料发酵,发黏变质,散发出酒酸气味,食用菌的菌丝不能生长出菇。

七、发病原因

第一,在气温较高,通气条件差,含水量高的培养料上发病率较高,而试管母种培养基上冷凝水多,发病率高。

第二,培养料搅拌后长时间没有装袋、灭菌时培养料温度升高到 100℃用时过长,都易造成培养料中酵母菌繁殖,引起酸料。

八、防控措施

第一,培养基灭菌要彻底。

第二,减少试管上的冷凝水。

第三,接种工具要进行彻底消毒。

第四,接种时要严格按无菌操作规程进行。

第五,选用质量优良、纯正、无污染的母种和原种。

第六,无论是手工装袋或是机械装袋,拌好的培养料都必须在4小时内装完,当天拌好的培养料当天必须用完。

第七,培养料装袋后要立即进灶灭菌,旺火猛攻,使培养料温度在4小时内迅速上升到100℃。

第十一节　病　毒

病毒是一类个体微小,结构简单,只含单一核酸(DNA或RNA),必须在活细胞内寄生并以复制方式增殖的非细胞形微生物。病毒缺乏增殖所需要的酶系统,只能在活的宿主细胞内通过自我复制而增殖。绝大多数病毒复制过程可分为下列六步:吸附、侵入、脱壳、复制、组装、释放。

一、形态特征

病毒的形态各异,从简单的螺旋形和正二十面体形到复合形结构。病毒的壳体有4种结构类型:螺旋对称壳体、二十面对称壳体、复合对称壳体和包膜形。

二、病毒特点

第一,形体极其微小,20～450纳米,病毒颗粒大约是细菌大小的1%,一般都能通过细菌滤器。

第二,没有细胞构造,其主要成分仅为核酸和蛋白质两种,故又称"分子生物"。

第三,每种病毒只含一种核酸,不是 DNA 就是 RNA。

第四,既无产能酶系,也无蛋白质和核酸合成酶系,只能利用宿主活细胞内现成代谢系统合成自身的核酸和蛋白质成分。

第五,以核酸和蛋白质等"元件"的装配实现其大量繁殖。

第六,在离体条件下,能以无生命的生物大分子状态存在,并长期保持其侵染活力。

第七,对一般抗生素不敏感,但对干扰素敏感。

第八,有些病毒的核酸还能整合到宿主的基因组中,并诱发潜伏性感染。

三、病毒成分

病毒由 2～3 个成分组成:

第一,病毒都含有遗传物质(DNA 或 RNA),只由蛋白质组成的朊病毒并不属于病毒。

第二,所有的病毒都有由蛋白质形成的衣壳,用来包裹和保护其中的遗传物质。

第三,部分病毒在到达细胞表面时能够形成脂质的包膜环绕在外。

四、病毒传播

病毒的传播方式多种多样,不同类型的病毒采用不同的方法。

第一,植物病毒可以通过以植物汁液为生的昆虫,如蚜虫,在植物间进行传播。

第二,动物病毒可以通过蚊虫叮咬而得以传播,这些携带病毒的生物体被称为"载体"。

第三,人流感病毒可以经由咳嗽和打喷嚏来传播,艾滋病毒则可以通过性接触来传播。

五、病毒性疾病

(一)人

由病毒引起的人类疾病种类繁多。如伤风、流感、水痘等一般性疾病，以及天花、艾滋病、SARS和禽流感等严重疾病。

(二)动　物

对家畜来说，病毒是重要的致病因子，能够导致的疾病包括口蹄疫、蓝舌病等。作为人类宠物的猫、狗、马等，如果没有接种疫苗，会感染一些致命病毒。

(三)植　物

植物病毒的种类繁多，能够影响受感染植物的生长和繁殖。植物病毒的传播常常是由被称为"载体"的生物来完成。这些载体一般为昆虫，也有部分情况下为真菌、线虫及一些单细胞生物。

(四)细　菌

噬菌体专以细菌为宿主，侵染后引起细菌裂解。

(五)古　菌

古菌也会被一些病毒感染，主要是双链DNA病毒。

六、病毒灭活

灭活是指用物理或化学手段杀死病毒、细菌等，但是不损害它们体内有用抗原的方法。灭活的病毒仍保留其抗原性、红细胞吸附、血凝和细胞融合等活性。

(一)温　度

大多数病毒耐冷不耐热，在0℃以下温度能良好生存，特别是在干冰温度(-78.5℃)和液氮温度(-196℃)下更可长期保持其感染性；相反，大多数病毒于 55℃～60℃下，几分钟至十几分钟即被灭活，100℃时在几秒钟内即被灭活。

（二）酸 碱 度

一般来说，大多数病毒在 pH 值 6～8 的范围内比较稳定，而在 pH 值 5.0 以下或者 pH 值 9.0 以上容易被灭活。

（三）辐　射

电离辐射中的 γ 射线和 X 射线及非电离辐射中的紫外线都能使病毒灭活。

（四）脂 溶 剂

有包膜病毒对脂溶剂敏感。乙醚、氯仿、丙酮、阴离子去垢剂等均可使有包膜病毒灭活。借此可以鉴别有包膜病毒和无包膜病毒。

（五）氧化剂、卤素、醇类

病毒对各种氧化剂、卤素、醇类物质敏感。过氧化氢、漂白粉、高锰酸钾、甲醛、过氧乙酸、次氯酸盐、酒精、甲醇等均可灭活病毒。

（六）抗生素和中草药

病毒对抗生素不敏感，在病毒分离时，标本用抗生素处理或在培养液中加入抗生素可抑制标本中的杂菌，有利于病毒分离。近年来的研究表明，有些中药如板蓝根、大青叶、柴胡、大黄、贯众等对某些病毒有抑制作用。

第十章　香菇病害防治

第一节　香菇畸形菇病

在香菇代料生产中出现的不正常的子实体,称为畸形菇,畸形菇病是香菇生理性病害。

一、拳 头 菇

(一)症　状

子实体长成拳头状,菌盖卷缩,菌柄扭曲。

(二)病　因

第一,培养袋松紧不匀,袋内上下菌丝长势和成熟不一致,先由空隙处形成香菇子实体,在袋内只能形成拳头菇。

第二,接种穴太深,穴内菌丝先发育成熟而先从接种穴长成子实体,因受菌袋的限制,子实体无法正常发育,开袋时形成了拳头菇。

(三)防治方法

袋装时,上下装料要松紧一致。接种穴不要打得过深,深度1.5厘米为宜。

二、长 柄 菇

(一)症　状

菌柄伸长而菌盖缩小,菌柄和菌盖连接处形成扁形或多边形,菌盖表面高低不平,呈暗褐色。

(二)病　因

出菇时场地潮湿,菌棒摆放过密,光线弱,温度过高,二氧化碳过浓,未能满足子实体生长发育所必须的湿度、温度和光照等正常的生活条件。

(三)防治方法

菌棒摆放不要过密,每排菌棒要有一定的距离,增加光照,加强通风,降低菇房温度和湿度,菇房要有排水沟,避免积水。

三、大 脚 菇

(一)症　状

菌柄长得粗而短,有的稍弯,菌盖肥厚不易开伞。

(二)原　因

出菇季节和品种特性不吻合,高温品种在催蕾初期,连续数日平均气温低于 $12℃$,易产生大脚菇。气温低,菌盖生长速度变缓,而菌柄基部的菌丝不断将吸收的营养物质送往菌柄进行积累,促进了菌柄的膨大,便形成了盖小柄大的畸形菇。

(三)防治方法

按季节气候的特点,搭配好相应的品种,让香菇出菇所需的温度和自然气温相符,同时加强人工对环境气温的调控,适当增加光照,提高温度,保证子实体的正常生长。

四、空 心 软 柄 菇

(一)症　状

菌盖小,菌柄空心、柔软,出菇过密而丛生。

(二)原　因

使用老化、退化菌种,菌丝生活力差,分解培养料能力弱,吸收利用养分不正常,导致子实体细胞排列疏松,造成菌柄柔软而空心。

(三)防治方法

选用生命力强,菌龄适宜的菌株。超低温(液氮)保藏菌株,取用时一定要进行复壮处理,培养 2～3 次,达到正常生长速度时方可用于生产。

五、荔枝菇

(一)症　状

原基形成后,呈圆锥状突起,似荔枝形。菌盖、菌柄不分化,或仅有很小的菌盖,无商品价值。

(二)原　因

1. 菌龄　菌龄不足,即菌棒未达到生理成熟,过早地转入出菇管理。

2. 温度　品种特性和出菇温度不协调,高温品种催蕾时温度偏低,低温品种催蕾时温度偏高易形成荔枝菇。催蕾时低温刺激时间太短,温差幅度小。

3. 湿度　菌棒和空间湿度低。

(三)防治方法

第一,准确掌握菌株温型特点,安排好生产期,养足菌龄,菌棒达到生理成熟时再进行出菇管理。

第二,出菇时将温度、湿度控制在品种适宜的范围内,并拉大昼夜温差。

第三,及时摘除荔枝菇,让菌丝蓄积营养后形成正常的子实体。

六、葡 萄 菇

(一)症 状

原基没有菌盖、菌柄的分化,菌棒表面长出很多集中而粘连在一起的葡萄状畸形菇。

(二)原 因

第一,使用小粒形的品种,易形成葡萄菇。

第二,培养料中氮源多,使碳氮比例不协调,致使出菇时形成了葡萄菇。

(三)防治方法

第一,选用优良品种。

第二,培养料的氮源要适量,保证碳氮比的协调,拌料要均匀。

第三,及时摘除葡萄菇,让菌丝蓄积营养后形成正常的子实体。

第二节 香菇病毒病

一、香菇病毒病的概念

香菇病毒病是指由于使用了感染香菇病毒的菌种,在栽培环境的综合作用下,导致香菇菌丝内的病毒大量复制增殖,引起香菇菌丝代谢紊乱,导致退菌、烂棒、子实体畸形、产量降低乃至绝收的一种病害。

二、香菇病毒病的危害

香菇病毒病是近几年来生产上经常发生的重大病害,危害巨大,轻者减产,重则无收,具体表现在以下 3 个方面。

(一)多发重大事故和经济损失

在香菇老产区,小型菌种厂、大多数菇农购买母种、原种,自己扩制栽培种,扩繁系数大,一支母种可扩至 1 万袋菌棒,1 瓶原种可扩至 0.2 万袋菌棒,一旦发生质量事故,涉及的菌棒数量巨大,经济损失严重。如 2005 年以来仅我们知道的因为典型的病毒病症状退菌烂棒的事故超过 6 起,涉及菌棒 4 350 万袋,损失超过亿元。发生不转色、出菇畸形等症状的 3 起,数量达 2 200 多万棒,损失 5 600 多万元。

(二)影响社会和谐稳定

一方面香菇病毒病的发生给菇农造成很大的经济损失,导致菌种生产单位与菇农发生纠纷,致使大量菇农上访;另一方面给菌种生产单位造成巨大的经济损失和精神压力,有的菌种场为此赔偿数十万元,甚至有个体制种户因菌种质量事故倾家荡产或逃避他乡。这给社会的稳定和谐带来了很大的影响。为处理香菇菌种事故纠纷,政府管理部门耗费大量人力、物力、财力。香菇病毒病防控关键技术研究已成为菌种生产企业、个人、行业管理部门亟待解决的问题。

(三)隐蔽性强,缺乏防控技术

从生产事故的表现看,应用感染病毒病的菌种进行生产,母种、原种、栽培种阶段菌丝不表现症状,一旦发病,都是在香菇菌棒阶段,且大多是香菇菌丝发满袋后才表现出来,此时已经无法补救。

三、香菇病毒病主要症状及类型

香菇病毒病在营养生长阶段和子实体阶段的表现症状不同,并且在生产上表现出多种症状。

（一）菌种阶段症状

1. 母种阶段症状 发病（病毒大量增殖、含量大）的母种菌丝会表现出生长缓慢、不整齐，局部伴有缺刻或菌丝紊乱现象的典型症状。在大多数情况下，一般携带病毒没有发病的香菇母种菌丝生长速度、菌丝菌落形态等外观指标无异，以潜伏感染为主，一般很难识别。

2. 原种、栽培种阶段症状 感染发生病毒病的症状主要表现在原种和栽培种的菌丝生长后期，常见症状：一是在原种或栽培种的某一部位开始，培养料中的菌丝退化，现出木屑培养料的原有颜色，随后退化的培养料感染杂菌，菌种报废。二是在长满菌丝的原种或栽培种瓶（袋）中出现不均匀的大小不同的花斑或缺刻。三是长满菌丝的原种或栽培种瓶（袋），经过长时间的培养，始终不转色。

（二）菌棒与出菇阶段症状

1. 不转色或转色浅伴随退菌 菌棒在接种后 40～50 天，菌丝长满袋时开始出现症状，即菌棒整体保持白色，局部菌丝白度下降，羽毛状菌丝消失，变灰，呈现斑块状退菌，且菌斑处很快出现杂菌感染（主要是绿霉）。退菌的斑块与未退菌交界处有褐色的边界，酷似地图，俗称"香菇地图病"。退菌到一定程度会停止，未退菌部分的菌棒，往往呈白色，不吐黄水，无瘤状物突起。在接种口和刺孔口周围培养袋脱壁部分形成褐色圈，范围 0.5～1 厘米。这种菌棒脱袋后，会慢慢转色，但色泽浅，菌棒很容易断裂，排场时要非常小心，遇到不良天气很容易感染绿霉。表现"香菇地图病"的菌棒也会出菇，但子实体与正常差异很大，子实体颜色变浅，由正常的褐色变成黄褐色，菇形不圆整，肉质松软，单菇重明显减轻，市场价格与正常的相差 50% 以上，出菇产量明显降低。这是危害最大的一种。

2. 转色正常伴随退菌　菌棒在接种后 40～50 天,呈现斑块状退菌。退菌达到一定程度会停止,退菌斑块很快出现绿霉等杂菌感染。退菌的部位有的在接种口,有的在接种口之间,而多数没有规律。这种菌棒由于退菌范围较大,除接种口退菌外,脱袋后均会散断成几部分。菌棒除了退菌污染部分,其他部分正常转色出菇,菇形、颜色、出菇量均与正常菌棒相同。

3. 转色正常出菇异常　菌丝阶段与正常菌棒相同,看不出差异。据被调查的制种户回忆,菌丝比正常生长稍慢,当时没在意,出菇阶段,表现出异常:一是菇体由原来全部单生变为多数丛生。二是菌盖多于半数不开伞,在同一丛菇中,开伞的和不开伞的同时存在,开伞的不够圆整,菌柄长,略扭曲。

四、香菇病毒病发生原因

产生病毒病症状的香菇菌丝体内有大量的病毒颗粒。菌丝纤维素酶、半纤维素酶、木质素酶的活性和对木屑培养料中的纤维素、半纤维素、木质素的降解能力明显下降。病毒病症状是由于病毒颗粒在香菇菌丝体内大量复制后,菌丝体内的代谢活动受到严重的抑制而产生紊乱所造成的。引发香菇病毒病的原因有以下几种:

(一)菌种带病毒

使用带有病毒的香菇菌种,是生产上较普遍的现象,是近几年来引发香菇病毒病的主要原因。

(二)菌种菌丝活力因素

带病毒的香菇菌种生产中比较普遍,而病毒病发生比使用带病毒的香菇菌种要少,也就是说不是使用带有病毒的菌种都会发生病毒病症状。菌丝内病毒数量较少,病毒分裂与香菇菌丝生长处于平衡状态,不会对香菇菌丝生长与转色、出菇造成影响;而一旦菌丝生长衰弱,原来的平衡被打破,就会导致病毒病大量繁殖,数量迅速增加,引起菌丝代谢紊乱,病毒病发生。

(三)环境因素

环境因素是导致病毒病发生的一个主要原因。病毒病多数发生秋季,菌种菌棒经过夏季,高温、闷热天气等因素降低了菌丝的活力,使病毒的抑制因素受到削弱,导致病毒病发生。

五、香菇病毒病传播途径

香菇病毒病的传播途径有 4 个:

(一)菌丝传播

通过保藏和分离的菌种传播,是主要的传播途径。

(二)昆虫传播

通过带病毒的昆虫及害虫咬噬菌丝或子实体,导致菌丝或子实体感染病毒。

(三)接种工具传播

特别是同一接种时间有 2 个或 2 个以上种源转接试管时,容易通过接种工具发生交叉感染。

(四)孢子传播

携带病毒粒子的香菇担孢子落在菌棒上引起的病毒传播。

六、香菇病毒病防控方法

(一)建立健全无病毒良种繁殖体系

一是把病毒检测列入香菇生产标准的重要检测项目,建立香菇病毒检测机构。

二是开展香菇病毒检测工作,主管部门应该将此项工作纳入香菇菌种安全的重要标准,开展普查。

三是建立无病毒香菇种源保藏中心,为生产提供无病毒种源。省级科研院所与大型菌种生产单位,对新分离、引进和保藏的种源要进行病毒检测,对确认不含病毒的香菇种源,进行专门保藏,并对保留的无病毒种源进行定期病毒检测复查,以确保种源库的安全。

四是建立种源集中供应制度,母种种源由专业的保藏机构负责供应。

(二)推广应用种源同步出菇技术

根据病毒病发生的主要症状,我们首创了香菇种源同步出菇技术。该方法主要是在菌种投入生产前,利用特殊的配方进行发菌、转色、出菇试验,一般只需 40 天左右就可以判断使用的种源是否会发生病毒病症状。对于不具备检测条件的菌种生产单位,采用该技术判断能取得满意的效果。

(三)规范菌种生产

菌种生产单位要充分认识香菇病毒病的危害性,提高责任意识、安全意识。一是引进和使用无病毒的种源,对不确定的种源,应送到具有香菇病毒检测能力的专业机构进行检测。二是菌种在投入生产前要做好出菇试验,并运用种源同步出菇技术,判断是否可用于大规模扩繁。三是规范菌种保藏,包括保藏方法、定期更换基质配方、转接等,保证种源菌丝的活力。四是在母种生产的过程中,要仔细观察菌丝生长速度和形态,并设有其他菌株作参照,一旦发现菌丝生长缓慢、形态异常,坚决淘汰。五是菌种生产过程中,注意防止交叉感染,特别是在接种环节中接种工具要灼烧灭菌,力求一个种源用一套接种工具,接种工具经常进行高压灭菌。

(四)开展菌种复壮,保持菌种活力

一是启用原始保存菌株在经过出菇试验后用于生产。二是通过斜面菌丝先端的切割提纯,进行较为有效的复壮,三是更换培养

基质的营养成分,将菌株接回到适宜树种木块上培养,以增强菌株的生活里及生产性状。四是重新出菇分离,在种菇培育过程中,尽可能创造近乎自然的环境,以恢复其野性。

(五)开展菌种脱毒复壮

对在生产中表现良好但带有病毒的种源,可以通过菌种脱毒获得无病毒种源。目前主要是通过多次尖端分离达到脱毒。值得注意的是,即使进行多次尖端分离也未必一定能脱毒,脱毒与否还须经过病毒检测确认。

第三节　香菇褐腐病

褐腐病又名疣孢霉病、湿泡病,主要危害双孢蘑菇,香菇、草菇、平菇、灵芝、银耳等食用菌也偶有发现。病原菌以有害疣孢霉为主,其他的还有马鞍菌疣孢霉、夏氏疣孢霉、红丝菌疣孢霉等,属于菌物界,子囊菌门,粪壳菌纲,肉座菌亚纲,肉座菌目,肉座菌科。

一、形态特征

有害疣孢霉菌丝白色,疏松,有横隔,气生菌丝发达,老熟时深褐色。无性生殖可产生分生孢子和厚垣孢子。分生孢子梗直立,轮状分枝,分生孢子着生于顶端,长椭圆形,无色,单细胞,大小(6.9～18)微米×(3.8～6.3)微米。厚垣孢子双孢,上细胞壁厚,色深,球形,大而有瘤突,大小(23～31)微米×(19～29)微米;下细胞壁薄,无色,半球形,光滑,大小为(10～21)微米×(5～18)微米。厚垣孢子在土壤中休眠数年,难以杀灭。在 PDA 培养基上培养,菌丝初期为白色,后随着培养时间的延长逐渐变为白色茸毛状,菌落黄色、黄褐色、褐色等。

二、发病条件

菇房内通风不良,温度高,湿度大,病害则易暴发。地栽香菇被侵染后,在温度 20℃～28℃,湿度较大,通风不良的条件下 10 天左右即可发病。

(一)温　度

病原菌在温度 18℃以上时易发生,低于 10℃或高于 32℃很少发病,以 20℃～25℃时产生分生孢子数量最多。病菌孢子在 55℃4 小时或 62℃2 小时即可死亡。

(二)湿　度

空气相对湿度 80％～85％,培养料含水量大于 70％利于病害发生。

(三)酸碱度

病原菌最适于在 pH 值 5～6 的微酸性条件下生长。

三、初侵染源

有害疣孢霉是一种常见的土壤真菌,主要分布在表土层 2～9 厘米处,分生孢子具有 1 年以上的生活力,厚垣孢子可在土壤中存活数年。在地栽香菇中,主要初侵染源是覆土中的有害疣孢霉孢子,架式香菇的旧床架、人、昆虫、水源和风都可能携带病原菌进入菇房发生侵染。病菇体上生长的疣孢霉分生孢子受喷水时水力或风力作用,向四周飞溅,落到健菇上或覆土中引起再侵染。

四、侵染症状

疣孢霉只侵染香菇子实体,不感染菌丝体。香菇原基被感染,分化受阻,形成不规则的组织块,表面有白色茸毛状菌丝体,组织块逐渐变褐色,常有褐色汁液渗出,气味恶臭。香菇子实体被感染后,菌盖生长停止,菌柄变形膨大,菌盖、菌褶和菌柄的组织溃烂,颜色变褐,溃烂组织发出臭味。

五、防控措施

第一,床架选用钢材或塑料等无机材料,床架易于冲洗,病菌孢子不易生存。

第二,出完菇后及时清除菇房废料,搞好菇房内的环境卫生,打开门窗通风干燥。

第三,地栽香菇栽棒前,出菇棚焖棚烤地。操作方法是密闭出菇棚塑料,中午温度达到 65℃ 以上,每天保持 4 小时,连续保持 5 天以上,能快速杀灭杂菌和虫卵。

第四,加强菇房通气,保持菇房通风良好,并有适宜的温度和湿度。

第五,及时摘除病菇并将其远离菇房烧毁。

第四节　香菇褐斑病

褐斑病又名轮枝霉病、干泡病,主要危害双孢蘑菇,也危害香菇、鸡腿菇、平菇、银耳等。常见病原菌是菌生轮枝霉,其他的还有伞菌轮枝霉、乳菇轮枝霉、菌褶轮枝霉、蘑菇轮枝霉,属于菌物界,子囊菌门,粪壳菌纲,肉座菌亚纲,肉座菌目,织球菌科。

一、形态特征

菌生轮枝霉菌丝色淡,分枝,有横隔。分生孢子梗直立,2～10节,每节 1～12 根轮生小梗,小梗基部膨大,顶端尖细,有时产生第二次分枝。分生孢子单生于小梗顶端,无色,单细胞,球形、椭圆形,大小(3.8～16)微米×(1.5～5.0)微米。

二、发病条件

(一)温 度

菌生轮枝霉孢子萌发的温度为 15℃～30℃,菌丝生长适宜的温度为 15℃～18℃,多在深秋至初春危害较重。蘑菇轮枝霉 22℃以上发病重。

(二)湿 度

空气相对湿度大于 85% 有利于病害发生。

三、初侵染源

菌生轮枝霉习居在土壤及有机物上,一般多随培养料或覆土进入菇棚,发病后形成分生孢子,可通过气流、喷水、螨类、菇蝇、人手、工具等进行再侵染。

四、侵染症状

一般在子实体中期发病,香菇子实体被感染后,先在菌盖上产生许多针头大小的、不规则的褐色斑点,逐渐扩大产生灰白色斑块,下陷,凹陷部分呈灰白色,充满菌生轮枝霉的分生孢子。子实体不烂,无臭味,最终干裂枯死。

五、防控措施

参照褐腐病防控方法,重点应注意适当喷水,适时通风,保持菇床表面干燥。

第五节 香菇软腐病

软腐病又名树状葡枝霉病,湿腐病,主要危害双孢蘑菇、香菇、金针菇、平菇、银耳和杏鲍菇等多种食用菌。病原菌为树枝状葡枝霉，属于菌物界，子囊菌门，圆盘菌纲，圆盘菌亚纲，圆盘菌目，圆盘菌科。

一、形 态 特 征

树状葡枝霉菌丝白色，有横隔和分枝。分生孢子梗轮枝状，分生孢子单生或簇生于分生孢子梗顶端，长椭圆形，无色或淡黄色，基部常具一乳状小凸起，双孢，少数 3～4 个细胞，大小(16～22)微米×(7.1～9.2)微米。在 PDA 培养基上，菌落白色絮状，后出现黄色区块，培养基底部初为白色，后变为黄色，最后变为玫瑰红色。

二、发 病 条 件

(一)温　度

菌丝生长适宜的温度为 20℃～25℃，分生孢子萌发适宜温度为 20℃。

(二)湿　度

菌丝生长的适宜空气相对湿度大于 85%。

(三)酸 碱 度

菌丝最适生长在 pH 值为 3～4。

三、初 侵 染 源

树状葡枝霉为土壤中习居菌，初侵染源来自污染的覆土，再侵染主要以分生孢子通过空气、溅水、昆虫和工作人员进行扩散传播。

四、侵 染 症 状

病原菌先从香菇菌柄基部侵入，使菌柄自下而上瘫软呈淡褐色,感染较轻的子实体为黄白色。

五、防控措施

参照褐腐病防控方法。

第六节 香菇褶霉病

褶霉病主要危害双孢蘑菇、香菇和平菇的菌褶。病原有2种:菌褶头孢霉和白色扁丝霉,均属于菌物界,子囊菌门,粪壳菌纲,肉座菌亚纲,肉座菌目。

一、形态特征

菌褶头孢霉菌丝有隔,分枝,多无色。分生孢子梗自气生菌丝上发生,直立,短小,不分枝,顶端生出圆形或卵形分生孢子,孢子无色,单胞,常黏结成团。菌落特征不一,颜色为红、白、灰、黄。

二、发病条件

褶霉病在出菇棚温度15℃～25℃、空气相对湿度95%以上、通气不良时发病迅速,危害更严重。

三、初侵染源

病原菌孢子广泛存在于土壤和空气中。土壤或空气带菌是发病的初侵染源,再侵染源来自菇房残留病菌。

四、侵染症状

初发病时菌褶颜色往往变黑,后菌褶相互粘连在一起,表面覆盖有白色菌丝,菌体停止生长。发病后期该病可向菌柄和菌盖蔓延并形成褐色或深褐色斑点,与褐斑病相似,但菇体呈僵硬状态,不易腐烂。

五、防控措施

参照褐腐病防控方法。

第十一章　香菇虫害防治

第一节　菇　蚊

在食用菌生产中,人们常把蕈蚊、菌蚊、瘿蚊、粪蚊等危害食用菌的小个体双翅目昆虫俗称菇蚊。菇蚊属于动物界,节肢动物门,昆虫纲,双翅目,长角亚目。危害香菇的菇蚊主要有眼蕈蚊科的平菇厉眼蕈蚊,菌蚊科的大菌蚊,瘿蚊科的真菌瘿蚊,粪蚊科的粪蚊等。

一、形态特征

(一)平菇厉眼菌蚊

主要危害平菇、蘑菇、香菇、金针菇、茶树菇、猴头菇、木耳、鲍鱼菇、凤尾菇、杏鲍菇、天麻、灵芝等多种食用菌,是我国食用菌和药用菌栽培中普遍发生的优势种害虫。

1. 成虫　雄虫体长 3.3 毫米,宽 0.7 毫米,黑褐色。头小,复眼很大,有毛,眼桥有小眼面 3～4 排。触角 16 节,长约 1.7 毫米。下颚须 3 节,基节有毛 5～7 根,中节稍短,有毛 6～10 根,端节长几乎为中节的 1.5 倍,有毛 5～8 根。前翅淡烟色,长 2～2.8 毫米,宽 0.9～1.1 毫米,脉黄褐色,后翅退化成平衡棒。足黄褐色,跗节色较深,胫梳为弧形。腹部 9 节,末端尾器基节中央有瘤状突起,疏生刚毛,端节呈弧形内弯,顶端锐尖细长。雌虫体长约 3.9 毫米,宽 0.7 毫米。触角比雄虫短。腹部中段粗大,向尾端渐细,腹端有 1 对尾须。

2. 卵　椭圆形,长 0.27~0.31 毫米,宽 0.15~0.16 毫米,初产时乳白色,表面光滑、透明,孵化前由壳外可见变黑的头部。

3. 幼虫　幼虫头黑色,胸及腹部为乳白色,共 12 节,共分 4 龄,一、二、三、四龄幼虫的平均体长分别为 0.7、1.6、4.5、6.5 毫米。

4. 蛹　初化蛹乳白色,逐渐变淡黄色,羽化前变深褐色。雄蛹长 2.4~2.6 毫米,雌蛹长 2.9~3.2 毫米。

(二)大菌蚊

大菌蚊又名中华新蕈蚊,主要危害平菇、香菇、毛木耳、猴头、灵芝、金针菇等多种食用菌。

1. 成虫　黄褐色,体长 5~6.5 毫米,宽 1.2 毫米。头黄色,单眼 2 个,复眼较大。触角长 1.4 毫米,下颚须 3 节,均为褐色。胸部发达,具毛,背板多毛并有 4 条深褐色纵带,中间 2 条纵带长,呈"V"形。前翅发达,有褐斑,后翅退化成平衡棒。足细长,基节和腿节为淡黄色,胫节和跗节黑褐色,胫节末端有 1 对距。腹部 9 节,1~5 节背板后端均有褐色横带,中部连有深褐色纵带。

2. 卵　初产时淡黄色,后变为褐色。长椭圆形,卵端较尖,卵背面凹凸不平,腹面光滑,长 0.5 毫米,宽 0.2 毫米。

3. 幼虫　共 4 龄,1~3 龄幼虫无色透明,老熟幼虫体淡黄色,头壳黄褐色,胸腹共 12 节,从第一节到末节两侧均有 1 条深色波状线连接。初孵幼虫 1~1.3 毫米,老熟幼虫 10~16 毫米。

4. 蛹　初化的蛹为乳白色,逐渐变成淡褐色,几十分钟后变为深褐色。蛹体长 6 毫米,宽 2 毫米。

(三)真菌瘿蚊

真菌瘿蚊又名嗜菇菌蚊,主要危害蘑菇、平菇、银耳、木耳、香菇等多种食用菌。

1. 成虫　雌虫体长 1.17 毫米,宽 0.29 毫米。头部和胸部背面深褐色,其余为灰褐色或淡橘色。头小,复眼大,左右相连。触角细长,串珠状。前翅膜质透明,宽大,有毛,翅脉稀少;后翅退化为平衡棒。足细长,基节短,胫节无端距。腹部可见 8 节,雌虫腹部尖细,产卵器可伸缩。雄虫长 0.97 毫米,宽 0.23 毫米,触角比雌虫长,腹末有 1 对铗状的抱握器。

2. 卵　卵为肾形,平均长 0.3 毫米,宽 0.1 毫米。初产为乳白色,逐渐变为淡黄褐色。

3. 幼虫　纺锤形,体分 13 节,虫体前端细后端宽,头部不发达,有 1 对触角,无足。表皮透明,体色因环境或发育期而不同,常为橘红、淡黄、白色,即将化蛹的老熟幼虫为橘红色。幼体中胸腹面有一突出的黑色剑骨,端部大而分叉。能幼体生殖的母虫体长 3.2 毫米,宽 0.6 毫米。

4. 蛹　为裸蛹,长 1.1 毫米,宽 0.27 毫米,橘红色。初蛹胸部为白色,腹部为橙红色,羽化前变棕色。头部有两根刚毛。

(四)粪　蚊

粪蚊主要危害木耳、平菇、金针菇、香菇、猴头、草菇、蘑菇、鸡腿菇、银耳等食用菌。

1. 成虫　体长 2.40～2.70 毫米,宽 0.40～0.60 毫米,体黑亮。头小,复眼发达,单眼 3 个。触角短棒状,共 10 节,呈棒状。胸部高而隆起。翅灰色,翅端圆,前缘 3 根翅脉粗壮,其余脉细弱。雌虫腹部圆筒形,雄虫有向下弯的抱握器。

2. 卵　长 0.22～0.23 毫米,宽 0.13 毫米,长圆形,前端较尖,表面光滑,乳白色,孵化前变光亮。

3. 幼虫　共 4 龄,1～4 龄体长依次为 0.46、0.92、1.98、4.04 毫米。初龄幼虫白色,每节背部有 2 个黑点,高龄幼虫长而扁,头部黄褐色,体淡褐色,上被灰色细毛,腹末有 2 个对称棒状突起。

4. 蛹　蛹长 3.20～3.50 毫米,宽 0.72～0.74 毫米,褐色,气门明显,前气门角分叉。

二、生活习性

(一)平菇厉眼菌蚊

在菇房及野外能以各种虫态越冬,翌年春季气温10℃时可见成虫出现。越冬代老熟幼虫在－10℃时冷冻24小时死亡率100%,成虫34℃4小时死亡率100%,幼虫37℃2小时死亡率100%。成虫有趋光性,喜欢在菇房电灯周围飞翔或停在墙壁上。成虫活跃,喜食腐殖质,多在傍晚至翌日上午羽化,羽化后4～5小时交尾,交尾的当日可产卵,产卵多在黑暗与夜间进行,产卵场所多选择隐蔽和湿润的环境,卵集中或分散产在垃圾、废料、畜禽粪、腐烂杂草、菌柄间、茸毛间、菌褶间和菇根附近,产卵量50～250粒。幼虫喜食菇类菌丝体、原基,在危害菇蕾、子实体时常潜入其内蛀成孔洞,一般先从基部危害,也常在菌褶内危害,严重时,菌柄被吃成海绵状,菌盖只剩上面一层表皮,进而枯萎腐烂。在20℃～26℃时,卵期3～5天,幼虫期9～14天,蛹期3～6天。在15℃、20℃、25℃和30℃下完成1个世代分别需要25.9天、18.1天、15.5天和19天。

(二)大 菌 蚊

大菌蚊属中温喜湿性、杂食性害虫,有明显的滞育现象。在自然条件下生活在腐叶土、粪堆、野生真菌和朽木中,以卵在秋平菇、香菇、灵芝的栽培块上或周围的垃圾、树叶、杂草中越冬。老熟幼虫喜吐丝结网。雌成虫不需要补充营养,就能交尾产卵,产卵多在黑暗与夜间进行,喜欢在菇质紧密的菇蕾或菌柄上产卵,卵散产或3～6粒一起,一头雌虫产卵量为70～250粒。在18℃～20℃、28℃～30℃卵期分别为8～6天、3天,而在31℃以上卵期延长至31天,这是该虫避开高温的保护性现象。15℃～18℃、20℃～28℃、30℃时幼虫期分别为15～13天、10～6天、12天。14.2℃～

18.8℃、25℃～30℃蛹期分别 7～4 天、2 天。30℃以上不适宜蛹的发育,在此温度下蛹发生畸形。18℃～25℃、28℃～32℃、34℃成虫寿命分别为 10～6 天、5～4 天、3 天。初孵化的幼虫到处爬行,头不停地摇动。幼虫一般在培养料表面群居危害,很少钻入料内。成虫性静,停下后很长时间不动,对光、糖、食用菌气味有趋性。

(三)真菌瘿蚊

主要以幼虫在培养料中休眠越冬,越冬幼虫耐寒力不强,在一6.5℃,6 小时死亡率达 100％。翌年春季环境条件适宜时进行幼体生殖,无论由卵孵化出的幼虫,还是由母虫体中产出的幼虫,其体内都有未成熟的卵,随着幼虫自身的生长,卵逐渐发育成熟,孵化出的幼虫取食母体的组织,吃光后咬破母虫体壁钻出。每雌虫平均可产 20 多条幼虫,幼虫体长 3 毫米,宽 0.6 毫米,橘黄色或白色透明。幼体生殖,20℃下繁殖 1 代需 7 天,25℃时 3～4 天。环境条件不适时幼虫便中断幼体生殖而发育成可化蛹的老熟幼虫。成虫一般在上午 9 时至下午 3 时羽化,羽化后就能交尾、产卵,卵散产在培养料中,每头雌虫产 10～28 粒,产卵后 1～2 天死亡,未经交尾的成虫寿命 2～3 天。1 头雌虫产卵 10～28 粒。有性生殖,在温度 18℃～20℃、空气相对湿度 70％～80％时,卵期 4 天,幼虫历期 10～16 天,蛹期 6～7 天,全世代历期 28 天。成虫和幼虫都有趋光性,光线强的地方虫口密度大,昏暗处虫少。幼虫喜潮湿,在潮湿的环境中活动自由,可弹跳转移,在水中可存活多日。在干燥条件下活动困难,靠身体蜷缩、张开的力量移动,或众多幼虫聚在一起成一个红球,以保护其生存,待环境适合时,球体瓦解,存活的幼虫继续繁殖。

(四)粪　蚊

粪蚊以四龄幼虫在菇床培养料及肥堆中越冬,翌年春天化蛹、羽化成成虫，并飞入菇房开始危害。交尾后的成虫不活跃，多数静止不动。交尾后的当天就产卵，产卵以堆产为主，极少数为单产。1头雌虫产卵100～270粒。幼虫喜欢潮湿，如遇干燥，幼虫便将体缩短、色变深、皮变厚，蜷曲不动，当湿度适合时恢复正常。老熟幼虫不活跃，喜钻入腐烂的料块内或烂菇中化蛹。蛹化时从头胸之间的背面开一纵缝，成虫从缝中脱壳而出。成虫有成群飞舞的习性，停下来时喜欢钻进黑暗的缝隙。在23℃～26℃条件下卵期为1.92天，幼虫期为16.2天，蛹期为4.3～4.9天，成虫寿命2.8～3.5天，全世代历期28天。

三、生活条件

（一）食　物

菇蚊食性复杂，以摄取液态食物，如腐败的有机物、花蜜、树汁、人或动物体液等为食。由于成虫对菌丝香味、发酵料气味有明显趋性，培养料、菌丝体、菇根、弱菇、烂菇成为菇蚊喜爱的食物。成虫食量小，幼虫食量大。

（二）温　度

菇蚊生长发育的温度为10℃～33℃，10℃以上时菇蚊开始活动。10℃以下停止活动，但可存活；当温度超过35℃时菇蚊不能正常生长发育或死亡。生长发育最适温度为22℃～26℃。高温下繁殖的成虫体小，产卵少，寿命短；低温下繁殖的成虫体大，产卵多，寿命长。

（三）湿　度

湿度对菇蚊生长发育起决定性的作用，空气相对湿度在70%～85%有利各虫态的发育，湿度过低，死亡率就会增加。

（四）趋　性

幼虫负趋光性，成虫具有趋光性、趋波性、趋色性、趋化性。

四、危害特点

菇蚊主要以幼虫危害香菇培养料、菌丝体和子实体。幼虫取食培养料，吃光菌丝体，白色菌丝体消失，培养料颜色由白色变暗褐色，培养料局部变湿，引起杂菌感染。幼虫咬食香菇原基，原基不能分化或死亡，将子实体吃成缺刻或吃光，子实体发黄、发黏，最终腐烂，排泄黏液及虫粪污染子实体，影响子实体的商品价值。

菇蚊成虫的飞行，会携带大量的病原孢子、线虫和螨虫，是病虫害的传播媒介。

五、防控措施

(一)消灭虫源

彻底清除菇场内和四周的废料、垃圾其他腐败物质，经常用石灰处理畜禽粪便，使菇蚊没有栖息地和滋生场所。

(二)密闭熏蒸

发菌棚使用前用杀虫烟雾剂或硫磺密闭熏蒸。

(三)安装防虫网

在发菌棚或出菇棚的门、窗和通气口安装防虫网，防止成虫飞入。

(四)采菇后的管理

采菇后清除菇根、烂菇和腐烂的菌棒，集中深埋或焚烧，防止虫害滋生。

(五)灯光诱杀

利用成虫的趋光性，发菌棚或出菇棚内夜晚悬挂黑光灯或节能灯，灯下放置糖醋毒液(酒 1 份、糖 2 份、醋 3 份、水 4 份，少量敌百虫)的水盆诱杀成虫。

(六)黄板诱杀

利用成虫的趋黄性,发菌棚或出菇棚内悬挂黄黏板、频振式杀虫灯或专用灭蝇灯诱杀菇蚊。

第二节 菇 蝇

食用菌生产中,人们把果蝇、蚤蝇和厩腐蝇等危害食用菌的双翅目昆虫的称为菇蝇。菇蝇属于动物界,节肢动物门,昆虫纲,双翅目,芒角亚目。危害香菇的主要有果蝇科的黑腹果蝇、蚤蝇科的白翅型蚤蝇、蝇科的厩腐蝇。

一、形态特征

(一)黑腹果蝇

黑腹果蝇又名黄果蝇,主要危害黑木耳、毛木耳、蘑菇、平菇、香菇等食用菌。

1. 成虫 黄褐色,体长 3～4 毫米,翅长 7～9 毫米。复眼大,有红、白两种变型。触角芒状,第三节圆形。雌虫腹部末端钝圆,颜色深,有黑色环纹 5 节。雄虫腹部末端尖细,有黑色环纹 7 节。雄虫腹部有黑斑,前足跗节前端表面有黑色鬃毛梳,称为性梳;雌虫没有黑斑和性梳。

2. 卵 长 0.5 毫米,白色至淡黄色,表面有网状小格,前端有 1 对卵丝。

3. 幼虫 蛆状,分 3 龄,初孵幼虫白色透明,长 4.5～5.5 毫米,老熟幼虫深黄色,体长 7～10 毫米。

4. 蛹 围蛹,初期蛹壳白色而柔软,以后逐渐硬化变成黄褐色,壳内裸蛹深褐色,体长 3～4 毫米。

(二)白翅型蚤蝇

主要危害蘑菇、香菇、平菇、鲍鱼菇、茶薪菇和银耳等食用菌。

1. 成虫　体长1.4～1.8毫米,体褐色或黑色,停息时体背上有两个明显的小白点,是翅折叠在背面而成。头扁球形,复眼黑色。触角短小,近圆柱形,有芒,第三节色暗红。单眼3个,端部具芒。额宽,下颚须黄色。胸部隆起,中胸背板大,盾片小,呈三角形。翅白色,很短,翅前缘基部直至径脉汇合处有微毛,径脉粗壮。足深黄至橙色,腿节、胫节、跗节上密布微毛,其中胫节的毛较粗,基节、腿节粗壮。中足、后足胫节末端各有1条距。

2. 卵　椭圆形,白色。

3. 幼虫　初孵幼虫乳白色,老熟幼虫蜡黄色,长2～3毫米。

4. 蛹　黄色,两头细,近纺锤形,体腹面平,背面微隆,胸背有1对刺状角突。

(三)厩腐蝇

又名厩肥蝇、菇蝇、菌蛆、苍蝇,主要危害蘑菇、平菇、草菇、香菇等食用菌。

1. 成虫　外形似家蝇,但个体比家蝇大。体长6～9毫米,暗灰色。复眼褐色,下颚须橙色,触角芒长羽状。胸部黑色,胸背有4条黑色纵带,中间2条明显,两侧2条有时间断,小盾片末端略带红色,背中鬃发达。翅脉M1+2末端稍向前方呈弧形弯曲。翅肩鳞及前缘基鳞黄色。后足腿节端半部腹面黄棕色。

2. 卵　椭圆形,白色,长约1毫米。

3. 幼虫　蛆形,分3龄,体长8～12毫米,白色,老熟时淡黄色,头尖尾粗,末端呈截形。

4. 蛹　长椭圆形,长6～8毫米,体表光滑,呈红褐色至暗褐色。

二、生活习性

(一)黑腹果蝇

黑腹果蝇以幼虫、蛹、成虫形态在人类的居室内越冬。翌年春季气温 10℃ 以上时,越冬代成虫开始活动,成虫羽化不久即可交配产卵,卵散产在烂果、发酵物及子实体上,每个雌虫可产卵 150 多粒,卵期 2 天。卵产出 1～2 天就孵化出幼虫,幼虫破壳出来后,立即觅食,多数几只或十多只积聚在一起,其食物主要是使水果或垃圾腐烂的微生物(酵母菌和细菌)、菌丝体和子实体,其次是树液或花粉。幼虫耐干、耐寒能力很强,当子实体干缩时,幼虫能在子实体中蛰伏,并暂停生长发育,一旦得到水分,幼虫又能恢复活动及生长发育。随着虫体的长大,老熟幼虫爬到在土壤中、树皮下、瓶(袋)壁上等较干燥的地方化蛹,蛹期一般 9～10 天。成虫对光、发酵物趋性强。20℃～25℃ 条件下,完成 1 个世代需要 12～15 天。

(二)白翅型蚤蝇

成虫白天活动,行动迅速,不易捕捉,喜欢高温。卵产在死菇、烂菇或发酵料中。主要以幼虫危害培养料、菌丝和子实体。危害菇蕾时幼虫从菇蕾基部侵入,在菇内上下蛀食,咬食柔嫩组织,使菇体变成海绵状,最后将菇蕾吃空。在 24℃ 时,白翅型蚤蝇完成 1 个世代需要 14 天,14℃～18℃ 条件下,需要 28～35 天。

(三)厩 腐 蝇

以蛹、成虫在畜禽舍、菜窖、旧菇房越冬。4 月上旬越冬代成虫开始活动、交配。成虫不喜欢强光,对发酵的气味有强烈趋性,有集中产卵的习性,卵多产在垃圾、废料、畜禽粪、烂菇和发酵料的表面或料堆四周,出菇期则产于子实体基部或培养袋表面的破损处,一般 10 多粒至数十粒。幼虫多群居危害,以人的食物、植物液汁、腐败植物、动物皮毛、垃圾、粪便等为食物,老熟幼虫在危害部位的缝隙中化蛹。在温度 15.6℃～28.6℃、空气相对湿度63％～88％的条件下,卵期 1～2 天,幼虫期 10～12 天,蛹期 5～7 天,完成 1 个世代 18 天左右。

三、生活条件

(一)食　物

菇蝇的幼虫和成虫都喜欢取食腐烂食物中的微生物和糖分等物质。幼虫以食用菌的培养料、菌丝体和子实体为食,食量大。

(二)温　度

菇蝇在 10℃～30℃均能正常产卵与繁殖,10℃以上时菇蝇开始活动,当超过 30℃时成虫不育或死亡。生长发育最适温度为 20℃～25℃,最适宜温度下完成生活史所需时间最短。

(三)湿　度

湿度对菇蝇生长发育起决定性的作用,空气相对湿度在 63％～88％有利各虫态的发育,湿度过低,死亡率就会增加。

(四)趋　性

幼虫负趋光性,成虫对光、菌丝香味和烂菇的气味有明显趋性。黑腹果蝇趋光性较强,还有趋黄性;白翅型蚤蝇成虫对光和发酵料的气味有趋性;厩腐蝇不喜强光,但对灯光、糖醋液、发酵料的气味有明显的趋向性。

四、危害特点

菇蝇主要以幼虫危害香菇培养料、菌丝体和子实体。幼虫取食培养料,吃光菌丝体,白色菌丝体消失,培养料颜色由白色变暗褐色,培养料局部变湿,引起杂菌感染。幼虫从菇蕾基部侵入,在菌柄内上下穿梭活动,蛀食柔嫩组织,使子实体变成松散的海绵状,最后将整个子实体全部吃空或者是引起子实体萎缩或腐烂,并导致细菌性病害发生。

成虫不直接危害,但会携带大量的病原孢子、线虫和螨虫,是病虫害的传播媒介。

五、防控措施

(一)消灭虫源

彻底清除菇场内和四周的废料、垃圾及其他腐败物质,经常用石灰处理畜禽粪便,使菇蝇没有栖息地和滋生场所。

(二)密闭熏蒸

发菌棚使用前用杀虫烟雾剂或硫磺密闭熏蒸。

(三)安装防虫网

在发菌棚或出菇棚的门、窗、通气口安装防虫网,防止成虫飞入。

(四)采菇后的管理

采菇后清除菇根、烂菇和腐烂的菌棒,集中深埋或焚烧,防止虫害滋生。

(五)灯光诱杀

利用菇蝇的趋光性,发菌棚或出菇棚内悬挂黑光灯或节能灯,灯下放置装有糖醋毒液的水盆诱杀成虫。

(六)黄板诱杀

利用成虫的趋黄性,发菌棚或出菇棚内悬挂黄黏板、频振式杀虫灯或专用灭蝇灯诱杀菇蝇。

(七)毒饵诱杀

成虫喜欢在烂果或发酵物上取食产卵,当发现成虫时,取烂果或腐败物放于盘中,倒入 80% 敌敌畏乳油 1000 倍液诱杀成虫。

第三节　螨　虫

一、形态特征

螨虫成体通常圆形或卵圆形，一般由 4 个体段构成，即颚体段、前体段、后体段及末体段。颚体段即头部，基部生有螯肢 1 对，须肢 1 对，口下板和口上板各 1 块，钳状螯肢有把持和粉碎食物的功能，针状螯肢则穿刺植物的组织。前体段着生前面两对足，后体段着生后面两对足，合称足段，足由 6 节组成，即基节、转节、腿节、膝节、胫节、跗节。末体端腹面是生殖肛门区，生殖孔位于前方，肛门位于腹面后端。躯体背面隆起，乳白色或浅黄色。躯体和足上有许多毛，有的还非常发达。背腹两面有时具骨化的盾板，有的表皮坚硬，有的相当柔软。除分隔体段的横缝外，表皮上有各种花纹刻点和毛。

(一)粗脚粉螨

粗脚粉螨一生有卵、幼螨、第一若螨、第二若螨和成螨 5 个发育时期。雄螨成体长 320～420 微米，雌螨成体长 350～650 微米。体躯无色，螯肢和足呈淡黄色到红褐色，后端钝圆。足较粗，共分 6 节。雄螨的第一对足粗大，腿节上有一个较大的刺状突起。第四对足的跗节上有吸盘两个。肛门两侧具肛门毛和肛门吸盘。雌螨第一对足较雄螨弱，腿节上无刺状突起，第四对足跗节无吸盘，生殖孔位于第四对足基节之间。休眠体长约 200 微米，淡红棕色，呈拱凹宽卵圆形，前尖后圆，有短足 4 对。

(二)腐食酪螨

腐食酪螨整个生活史有卵、幼螨、若螨和成螨 4 个阶段。没有发现有休眠体。

1. 卵 椭圆形,乳白色,稍有刻点。

2. 幼螨 躯体长 150 微米,珠白色,足 3 对。

3. 若螨 体乳白色,足 4 对。

4. 雄螨 成螨体型卵圆形,表面光滑,有光泽、无色,体背的毛较长。基节的毛膨大并有细长栉齿。成体长 280～350 微米,腹面肛门孔两侧各有一圆形吸盘。第四对足跗节中部着生 1 对交配吸盘。

5. 雌螨 成体长 320～420 微米,体型、刚毛长短及排列与雄螨相似。生殖孔位于第三、第四对足基之间。肛门几乎伸达躯体末端,其周围有刚毛 5 对。

(三)害长头螨

害长头螨营卵胎生,整个生活史只有卵和成螨 2 个时期,卵在母体内直至发育为成螨,然后从母体中产出。当子代成螨产出后,母体表皮随之破裂而死亡。

1. 未孕雌螨 成体长 170～200 微米,宽 85～100 微米。体细小扁平,珍珠白色,大量个体聚集时呈白色粉末状。前足体背毛 3 对;腹面刚毛 6 对,光滑纤细。后半体背毛 7 对,均光滑;腹毛短小。末体腹面有 4 对刚毛,肛门区 3 对毛非常微小。足三、四转节均为三角形;足跗节端都有 2 个爪。

2. 怀卵雌螨 属后半体膨腹型。体型呈球形或圆筒形,妊娠雌螨膨腹体最长可达 7 000 微米,一般为 2 000～5 000 微米。

3. 雄螨 珍珠白色,比雌螨小。成体长 140～184 微米,宽 80～120 微米。前足体背毛 4 对;体腹毛 6 对。后半体背毛 7 对;腹毛短小。

二、生活习性

螨虫喜欢阴暗、潮湿、温暖的环境,耐寒、耐饥能力很强,耐干燥能力很差。只要温度、湿度等环境条件适宜,一年四季均可生长、发育和繁殖。螨类多为两性卵生繁殖,发育过程雌雄不同。雌螨经过卵、幼螨、第一若螨、第二若螨和成螨 5 个阶段,而雄螨则无第二若螨阶段。幼螨有 3 对足,从第一若螨开始均是 4 对足。幼螨和若螨都有活动期和静止期,静止期蜕皮后进入下一龄期。如果遇到食料缺乏、温度过高或过低、湿度太低及杀虫剂未达到致死剂量等不良生态条件时,大部分螨虫一龄若螨就会产生不活动的休眠体,以抵御不良环境,借助微风飘散或吸附在昆虫及其他动物体上扩散。当环境条件适宜时,休眠体蜕皮后,就成为二龄若螨,如粗脚粉螨、上海嗜木螨、速生薄口螨、家食甜螨等。两性生殖的螨类也可能孤雌生殖,所生的后代全部是雄螨。有些种类在种群内很少发现雄螨或雄螨至今尚未发现,它们营孤雌生殖,后代全部是雌螨。少数种类卵胎生,在母体内直接由卵发育成成螨,如害长头螨。

三、生活条件

(一)食　物

螨虫食性杂,以一种或几种食物为营养。

1. 植食性　以植物的叶和果实为食。包括生长期植物的叶片、果实;收获后的稻谷、玉米、花生、黄豆、蚕豆、绿豆、棉籽等;加工后的产品,如大米、面粉、麦麸、米糠、甘薯粉、瓜子仁、椰干、香蕉干、柿饼、红枣、黑枣、砂糖等;贮藏食品,如肉干、干酪、火腿、蛋粉、青鱼粉等,如腐食酪螨。

植食性分单食性(仅以一种植物为食)、寡食性(以一科植物为食)和多食性(以多种植物为食)。

2. 腐食性　以残菇败体或培养料中的腐殖质为食,或以木霉、青霉、曲霉、镰刀菌等多种杂菌的菌丝和孢子为食,如腐食酪螨。

3. 菌食性　以香菇、木耳、毛木耳、银耳、平菇、蘑菇等食用菌的菌丝、孢子和子实体为食,尤其喜欢食用菌的原基,如粗脚粉螨、腐食酪螨、害长头螨。

4. 捕食性　捕食螨具有较长的腿,行动敏锐,捕食的对象包括小型节肢动物(蓟马、叶螨等)及其卵、线虫,如胡瓜钝绥螨等。

5. 寄生性　寄生在人或动物表皮角质层深处,以角质组织和淋巴液为食,如毛囊螨。

(二)温　度

生长发育的低温极限 5℃～10℃,高温极限 35℃～38℃,繁殖温度为 15℃～35℃,以 25℃～30℃最为适宜。当温度在 5℃～10℃时,虫体处于休眠状态,在温度上升到 10℃以上,虫体开始活动。在温度 23℃～27℃、空气相对湿度 80%～90%条件下,只需 7～21 天就可完成整个生活周期。当温度达到 35℃～38℃,虫体又进入到休眠状态。在 45℃条件下经 1 小时即可死亡。

(三)湿　度

在湿度大的环境,繁殖速度特别快,1 年少则 2～3 代多则 20～30 代。在空气相对湿度 60%条件下卵不能孵化,空气相对湿度 70%以上时卵才能孵化,最适宜的空气相对湿度为 80%～90%。在空气相对湿度 40%～50%,螨虫不能生存,它们会迁移到潮湿处或进入休眠状态。

四、害螨来源

一是木屑、棉籽壳、麦麸、米糠、豆粕等培养料中有害螨或螨卵。

二是仓库、饲料间和禽畜舍的粗糠、棉籽饼、菜籽饼等饲料或厩肥中有害螨或螨卵。

三是当环境条件不适宜生长时,螨虫休眠体腹部有吸盘,能吸附在蚊蝇等昆虫体上或操作人员的衣服上进行传播。

四是菌种带有害螨或螨卵。

五是发菌棚(室)有害螨或螨卵。

五、危害特点

香菇生产中,在菌棒培养期、出菇期和干品贮藏期,均能受到害螨的危害。

螨虫对食用菌菌丝香气十分敏感。香菇接种后,螨虫嗅到菌丝气味后从菇房的废料中爬到发菌室,聚集在菌种块周围,蛀食培养料、咬食香菇菌丝,造成香菇菌丝不能萌发。香菇菌丝长满菌棒时受到害螨危害时,先集中在料表面吃食菌丝,严重时菌棒内菌丝也会被吃光,造成香菇菌丝枯萎、衰退,培养料潮湿、松散、变黑腐烂。螨虫携带病菌,导致培养料感染病害,给制种和栽培带来很大的损失。

出菇期,危害菇蕾和幼菇时,造成菇蕾和幼菇死亡;危害子实体,表面形成不规则的褐色斑点、凹陷、沟痕或洞孔,子实体萎缩成畸形菇,产量和品质受到影响。

香菇干品受到害螨侵害后,菇体支离破碎,易发生霉变,不能食用。

六、防控措施

(一)菇场选址

香菇场地要远离禽舍、畜舍、仓库、垃圾等螨类的栖息场所,以减少害螨的来源。

(二)消灭虫源

菌种培养室和食用菌栽培场环境要整洁卫生,不堆杂物和废料,根除害螨来源。

（三）菌种生产时防螨

制作菌种时，将棉塞塞紧菌种瓶或在棉塞上包一层牛皮纸，防止害螨的发生。

（四）熏蒸发菌棚

发菌棚使用前，用杀螨烟雾剂对发菌棚进行熏蒸杀螨。

（五）菌种要无螨

接种前对菌种仔细检查，避免菌种携带害螨。

（六）菜籽饼诱杀

在菇螨危害的料面上铺若干块湿布，把刚炒香的菜籽饼撒在湿布上，待螨虫聚集到湿布的菜籽饼上时，将湿布取下放入开水中烫死螨虫。反复进行几次，直至床面上无螨为止。

（七）鲜骨诱杀

将新鲜猪骨放在菇螨出没危害的床面上，相间排放，待螨虫群居其上时，将骨头置开水中片刻即可杀死螨虫。反复进行几次，直至床面上无螨为止。

第四节　跳　虫

一、形态特征

跳虫是一种低等昆虫，属不完全变态，只有卵、若虫、成虫3个发育阶段。卵球形，白色，半透明。若虫与成虫形态相似，足3对，细小，柔软，白色，半透明。成虫足3对，细小。体长一般不超过5毫米，虫体表面光滑或具有微毛。眼不发达，触角长或短，由4～6节组成。最显著的特点是腹部腹面有特殊的附肢，在第一腹节有黏管，第三节腹节有握弹器，第四腹节有弹器。跳虫不活动时，弹器收回,由握弹器把握住,活动时弹器伸开可使虫体跳跃。也有少数种类无弹器,其行动主要靠足缓慢移动。

(一)紫 跳 虫

体长 1.1～1.3 毫米,身体近圆筒形,头部较粗大,触角短于头部长度。体红紫色或蓝色相间,体表散生灰白色小点,长有棘毛。弹器短小,不伸达腹部外,弹器端节中部凹陷,末端圆形。

(二)黑角跳虫

体长 2 毫米左右,表面有黑斑。触角较长,约为体长一半,共4 节,各节有黑斑。第四腹节特长,是第三腹节的 4 倍。爪内缘有1 对小齿。在头部及各体节背面长有长柄大刀状的褐色刚毛、毛鳞片。弹器约为体长一半,端节约占 1/4,顶端有 1 对小齿。

(三)角 跳 虫

体长 1.4 毫米,圆筒形,白色稍透明,体表被微毛,有少许长毛。触角短线状,约与头径等长,各节比例为 3∶5∶5∶8,第四节末端呈半球状。腹部 4～6 节愈合。弹器约与触角等长,端节小而上曲,有 2 齿。内缘中央有齿 1 枚,褥爪为爪长的 1/2。

(四)黑扁跳虫

体长约 1.5 毫米,体型略扁,黑褐色,略带黄白色小点。眼斑黑色,每侧各有 5 个小眼。触角粗短,约与头部等长,黑色表面上有细毛。足爪无小齿,无褥爪,足端有少许端部膨大的粘毛。弹器细短。

(五)姬圆跳虫

体长 1.1 毫米左右,体色多为灰黑色。触角较头部长,共 4节。胸环节明显,第 5、6 腹节可辨。爪内缘小齿 0～3 个不等。弹器基节长为端节的 1.5 倍,端节上有细微锯状小齿。

二、生活习性

跳虫以成虫、高龄若虫在垃圾、堆肥、草丛、枯树皮或土壤有机质、腐殖质内越冬。翌年春季土表温度达到 9℃ 时开始活动、危害。常在夏、秋季节，适温高湿条件下繁殖迅速，危害严重。跳虫每年可发生 6～7 代，多数种可存活 4～5 个月，甚至 1 年。主要以两性卵生，少数种进行孤雌生殖。雌虫一生产卵 60～80 粒，卵单产或堆产，产卵的场所为食用菌的培养料或覆土层上。幼虫孵出后，在成长过程中变化不明显，仅个体增长，性器官逐渐发育成熟，触角和尾须节数有所增加，成虫期多次蜕皮，一生蜕皮 3～12 次，多数为 4～6 次，个别可达 50 次。

跳虫喜欢阴暗潮湿、腐殖质丰富的地方生活；体表有一层蜡质，可长时间漂浮于水面，且跳跃自如；有群居危害的习性，常在一个小凹洞中聚集 30～50 头成虫、若虫，一个平菇子实体上常有 300～500 头虫危害。

三、生活条件

（一）食　物

食性杂，随着时间、空间的变化，以一种或几种食料为食。

1. 腐食性　以猪粪、牛粪、鸡粪、兔粪、土壤中的腐殖质为食。

2. 植食性　以百合、白菜、萝卜、马铃薯、生姜的幼嫩组织为食。

3. 菌食性　以地衣及食用菌的孢子、菌丝体、子实体为食。

4. 肉食性　有少数种类取食腐肉。

（二）温　度

春季土表温度达到 9℃ 时开始活动，生长发育的最适温度为 18℃～28℃，高于 33℃ 或低于 15℃ 对跳虫生长发育不利。

(三)湿　度

生长发育最适宜的空气相对湿度为 $80\% \sim 90\%$。在湿润条件下,虫体肥胖,嫩白色,虫口密度大。下雨后跳虫数量增多,连续下雨之后转晴时发生更重。在干燥的条件下,虫体瘦小,无光泽,对发育与繁殖也有一定影响。

(四)光　线

若虫、成虫都畏光,喜欢聚集在阴暗处,一旦受惊或见阳光,即跳离子实体躲入阴暗角落或假死不动。

四、危害特点

跳虫食性杂,危害广,几乎能危害所有的食用菌。香菇被害后出现红褐色斑点,幼菇受害后死亡,成菇被害后品质下降,木耳耳片被害后造成流耳。

在食用菌的发菌期,跳虫聚集在菌丝体的表面取食菌丝,毁坏菌种、片根,抑制发菌,同时携带螨虫和病菌,造成菇床或菌棒二次感染,导致菇床或菌棒菌丝退菌。

子实体生长期,跳虫危害幼菇,使之枯萎死亡;子实体形成后,跳虫群集于菌盖、菌褶和根部咬食菌肉,导致菌盖及菌柄表面出现形状不规则、深浅程度不一的凹陷斑纹,菌柄内部被害后,有细小的孔洞,受害菌褶,呈锯齿状。子实体受害后,含水量减少,逐渐萎缩。

五、防控措施

(一)消灭虫源

发菌棚、出菇棚的四周要做好清洁卫生,清除废料、垃圾、杂草,空气要流通,防止积水和潮湿,消灭虫源。

(二)高温灭菌

跳虫不耐高温,通过高温灭菌、二次发酵可以杀死跳虫。

(三)清水诱杀

发现跳虫危害食用菌时,可在四周用小盆盛清水,让跳虫跳入水中集中消灭。

(四)蜂蜜诱杀

用1000倍的敌敌畏溶液加入少量的蜂蜜盛入盆中,放在菌棒上,跳虫嗅到甜味时会跳进盆中被诱杀,同时也能诱杀其他害虫。

(五)地面撒石灰

架式香菇出菇棚地面撒石灰,可以减轻跳虫危害。

第五节 线 虫

一、形态特征

线虫体细小,两端尖细,中间稍粗,体型线柱状或圆柱状,由于体壁是由透明的角质膜和肌肉组成,不分节,左右对称,外观似蚯蚓。体长1毫米左右,大的长达8毫米,体色乳白、淡黄或棕红色。虫体分头、颈、腹、尾4部分。

(一)头 部

有唇、口腔、有或无口针。口针在口腔中央,能穿过真菌细胞壁吮吸细胞内汁液;无口针的线虫,摄食细菌和腐烂有机碎片。

(二)颈 部

从口针的基部球到肠管前端的一段体躯,包括食管、神经环等。

(三)腹　部

指肠管和生殖器官所充满的体躯。

(四)尾　部

从肛门以下到尾尖部分。

二、生活习性

(一)繁殖力强

绝大多数线虫是经过两性交尾后,雌虫才能排出成熟的卵,卵极小。雌虫交配1~2天后开始产卵,1条成熟的雌虫,可产卵数十粒、数百粒甚至上千粒。一龄幼虫在卵壳内发育,经孵化和3~4次蜕皮后发育为成虫。线虫繁殖力强,繁殖速度快,蘑菇堆肥线虫从卵到成虫的生活周期,在18℃时为10天,28℃时为8天。

(二)活动范围小

线虫体型小,通常以身体的蠕动在土壤的毛细管或其他基质微孔中穿行移动,活动时要有水膜存在。在培养料水分偏高的条件下,有利于线虫的活动和危害。当环境条件境不利,如干旱、日晒、低温时,则以休眠的状态可在干燥的土壤中生存好几年。

(三)团聚现象

蘑菇堆肥线虫和蘑菇菌丝线虫在水中有成团现象。木耳小杆线虫有群集觅食的习性,常成团聚集在瓶(袋)壁上。

(四)混合发生

线虫在同一种食用菌的培养料中,很少以单一种类存在,通常为2种或2种以上混合发生,但其数量的比例,却有很大的差异,表现有明显的优势种。

三、生活条件

线虫寄生于动植物或自由生活于土壤、淡水和海水环境中，绝大多数营自生生活，营寄生生活中，只有极少部分寄生于人体并导致疾病。

(一)食　物

不同种类食性不同，以藻类、细菌、真菌、动植物、排泄物、生物尸体或组织为食。

(二)温　度

繁殖温度 5℃～34℃，最适 20℃～27℃，幼虫在 10℃ 以下或 48℃ 以上则失去生活力或死亡。在 25℃ 环境中幼虫经过2～3天就能发育成熟，并可再生幼虫，10 天就可完成 1 个生活周期。

(三)湿　度

线虫喜温暖湿润的环境，在干燥的基质上呈休眠状态。

四、线虫来源

培养料中的牛粪、稻草、甘蔗渣、棉籽壳、土壤、堆肥或不清洁水中等都带有线虫虫体或虫卵，香菇线虫来源于土壤和不洁水源。线虫一旦进入菇房，在温度、湿度条件适宜时能迅速繁殖，成为初侵染源，并随操作工具、人员活动、昆虫携带及水流传播蔓延开来，造成更大危害。

五、危害特点

线虫咬食香菇菌丝，危害子实体。子实体受害后呈软腐水渍状，菌盖变黄，形成柄长盖小的畸形菇。

六、防控措施

(一)消灭虫源

环境卫生不好,易大量滋生线虫,并且很容易使培养料、覆土受线虫侵染。搞好环境卫生,消灭虫源。

(二)密闭熏蒸

发菌棚或出菇棚使用前用杀虫烟雾剂或硫磺密闭熏蒸。

(三)高温灭菌

线虫对高温耐受力很弱,线虫分别在 60℃、1 分钟,50℃、2 分钟,45℃、5 分钟,其死亡率 100%。通过高温灭菌或二次发酵可杀死培养料中的线虫及虫卵。

(四)消灭蚊蝇

菇蚊、菇蝇是线虫的携带者,消灭菇蚊、菇蝇,防止其将线虫带入菇房。

(五)水源清洁

不干净的水含有大量线虫和其他病原菌,拌料及出菇管理用水都要使用干净的井水、河水或自来水。

第六节　鼠　妇

一、形态特征

(一)寻常球鼠妇

寻常球鼠妇又叫平甲虫、西瓜虫。成虫体长 10～14 毫米,宽 5～6.5 毫米。触角 2 对,土褐色,第一对触角微小,共 3 节;第二对触角呈鞭状,共 6 节。复眼 1 对,眼黑色,圆形微突起。头部与

第一胸节愈合,胸部 8 节,腹部 6 节,有一尾节。尾节后部有 2 片突起。体背有白色、淡黄色斑点。体腹面乳白色,第七胸节腹面有 2 对长方形小白斑。受惊后卷体成球形,外观似"小西瓜",故名西瓜虫。初产幼体半透明,浅白色,有足 6 对,取食后幼体体色变深,外观似成体,经过 1 次蜕皮后有足 7 对。

(二)潮　虫

又称湿虫、米汤虫、地乌龟、地虱虫、鞋板虫、皮板虫。成体长 7～9 毫米左右,宽 3～3.5 毫米,灰色。触角 2 对,灰色。第一对触角微小,共 3 节;第二对触角呈鞭状,共 6 节,第一节和三、四、六节的末端色淡,节 2 与节 3、节 4 与节 5 间弯,呈肘状,须末尖端有刚毛伸向后方。复眼 1 对。软甲表面密被小刻点,伴有不规则的褐色斑点。有的个体背中可见两条由褐色小斑点组成的纵条纹。体腹面色淡。潮虫的触角断掉后,还可再生,在采集的标本中有触角左右不对称一大一小现象,其中短小的触角就是断掉后再生的触角。

二、生活习性

鼠妇以成体或幼体在地下越冬,翌年春季气温 10℃ 以上时出来活动、取食、危害。鼠妇喜欢阴暗、潮湿的环境,以保持体内的水分,栖息于富含腐殖质的土壤、朽木、腐叶、石块下面,有时也会出现在房屋、庭院内。成虫昼伏夜出,行动迅速,有负趋光性、假死性。6～10 月份高温和高湿的出菇棚内鼠妇大量繁殖危害。鼠妇 1 年雌雄交配 1 次,也可以进行孤雌生殖。幼体在雌虫的胸腹前端孕育,每头雌虫可产小鼠妇 50～200 头。小鼠妇一般经 5～6 次蜕皮才发育成熟。

三、生活条件

(一)食　物

鼠妇以腐殖质、藓类、蔬菜幼苗、瓜类、食用菌菌丝和子实体为食。

(二)温　度

气温 10℃以上时鼠妇开始取食活动,在 20℃~25℃生活较为正常。

(三)湿　度

成虫抗干燥环境的能力较强,低龄幼虫在干燥环境下易死亡。天气干燥、土壤干旱时,鼠妇潜藏在泥土较深处。

(四)光　线

鼠妇有负光性,成体在晚上 9~10 时和早晨 7~8 时活动最盛。幼体从晚上 8 时到翌日早晨 8 时活动均较强。散射光线下也可活动。

四、危害特点

发菌阶段,鼠妇主要取食菌丝,出菇阶段啃食菌盖、菌柄,被害子实体表面形成不规则的凹陷和缺刻,影响食用菌的质量,降低商品价值。

五、防控措施

(一)消灭虫源

消除菇场周围杂草、垃圾、石块、瓦砾等杂物,使鼠妇没有栖息场所。

(二)高温灭菌

鼠妇不耐高温,香菇培养料高温灭菌、蘑菇培养料二次发酵都能消灭鼠妇。

(三)地面撒石灰

发菇棚或出菇棚周围的地面撒石灰粉或食盐,每隔 3～5 天撒一次,切断鼠妇活动通道。

(四)毒饵诱杀

用煮熟的甘薯或马铃薯去皮倒成糊,拌入少量的敌敌畏,分放在鼠妇常出没的地方诱杀。

第七节　蜗　牛

一、形态特征

蜗牛身体分头、足和内脏囊 3 部分。足位于身体的腹侧,故属腹足纲。体外有由外套膜分泌形成的贝壳 1 枚,可保护身体。

二、生活习性

蜗牛以成贝或幼贝在土内越冬,翌年春季地温 7℃～8℃开始活动、取食、危害。蜗牛都喜欢钻入疏松的腐殖质土中栖息、产卵、调节体内湿度和吸取部分养分,时间可长达 12 小时之久。蜗牛是雌雄同体,以异体交配繁殖为主,有时也可自体受精。黄昏至翌日清晨进行交配活动,交配时间一般为 2～3 小时,长的达 4 小时之久。交配后 15～20 天,将卵产在松软的土下、朽木和落叶之下或菇床培养料内 1～3 厘米处,产卵场所多在取食植物或食物附近。产卵时,先用足和口在土中掘一个 1.7～3.3 厘米的小穴,然后将卵成堆产于穴中,1 次可产 100 个卵,产卵后用细土或其他渣滓盖住。成贝 1 年产卵 2 次,分别在春季 4～5 月份和秋季 9～10 月份。品种与环境温湿度决定孵化时间的长短,孵化期一般为 12～30 天。幼贝孵出后就会爬动和取食,不需要母体照顾,8～14 个月后达到性成熟。

蜗牛具有惊人的生存能力,对冷、热、饥饿、干旱有很强的忍耐性。秋冬季节温度低时,蜗牛在土中冬眠;夏季高温干旱时,蜗牛钻进土壤进行夏眠。蜗牛的耐饥力很强,在没有食物的情况下能活很久,甚至几年时间。蜗牛寿命 4～6 年,最长可达 7 年。

(一)卵

球形小粒。卵壳为石灰质,薄而脆。初产卵乳白色,光亮湿润,逐渐变成淡黄色,接近孵化时为土黄色,并出现两个淡黑色的小点(幼贝的触角)。卵历期一般几天到十几天不等。

(二)幼 贝

初孵出的幼贝多为淡黄色,体半透明,触角色深。以后随身体长大,体色加深,有的在贝壳表面或肉体表面出现颜色较暗的花纹。

(三)成 贝

即是我们常见的蜗牛的成体。

三、食用菌中常见的蜗牛

(一)江西巴蜗牛

是我国特有种。贝壳较大,壳质厚,坚固,呈圆球形。壳高 28 毫米,宽 30 毫米。有 6～6.5 个螺层,顶部几个螺层增长缓慢,略膨胀。体螺层增长迅速,特别膨大。壳顶尖,缝合线深。壳面呈黄褐色或琥珀色,有光泽,有稠密而细致的生长线和皱褶。体螺层中部有 1 条红褐色色带环绕。壳口呈椭圆形,口缘完整而锋利,略外折;轴缘在脐孔处外折,略遮盖脐孔。脐孔呈洞穴状。

(二)灰巴蜗牛

贝壳中等大小,壳质稍厚、坚固,呈圆球形。壳高 19 毫米,宽 21 毫米。有 5.5~6 个螺层,前几个螺层缓慢增长,略膨胀,体螺层急骤增长、膨大。壳顶尖,缝合线深。壳面呈黄褐色或琥珀色,有细致而稠密的生长线或螺纹。壳口呈椭圆形,口缘完整略外折,锋利,易碎。轴缘在脐孔处外折,略遮盖脐孔,脐孔狭小,呈缝隙状。

(三)同型巴蜗牛

贝壳中等大小,壳质厚、坚固,呈扁球形。壳高 12 毫米,宽 16 毫米。有 5~6 个螺层,顶部几个螺层增长缓慢,略膨胀。螺旋部低矮,体螺层增长迅速、膨大。壳顶钝,缝合线深。壳面呈黄褐色、红褐色或梨色,有稠密而细致的生长线,在体螺层周缘或缝合线上,常有 1 条暗褐色色带,有些个体无此色带。壳口呈马蹄形,口缘锋利,轴缘外折,遮盖部分脐孔。脐孔小而深,呈洞穴状。

(四)条华蜗牛

贝壳中等大小,壳质稍厚、坚实,无光泽,呈矮圆锥形。壳高 10 毫米,宽 16 毫米,有 5.5 个螺层。体螺层膨大,其他螺层增长缓慢,螺旋部低矮。壳顶尖,缝合线较明显。壳面呈黄褐色或黄色,并且有细致而明显的生长线。体螺层周缘有 1 条黄褐色色带。壳口呈椭圆形,口缘完整,其内有 1 条白瓷状的肋、内唇贴覆于体螺层上,形成半透明的胼胝部,轴缘外折,略遮盖脐孔,脐孔呈洞穴状。

四、生活条件

(一)食 物

蜗牛的视觉不发达,觅食主要依靠嗅觉。蜗牛觅食范围非常广泛,主食各种蔬菜、杂草和瓜果皮;农作物的叶、茎、芽、花、多汁的果实；各种青草、青稞饲料、多汁饲料、糠皮类饲料、饼粕类饲料。

1. 植食性　成贝以新鲜或衰老的植物为食。

2. 菌食性　成贝以菌类（地衣、伞菌等）为食。

3. 腐食性　幼贝以土壤中的腐殖质及腐败的植物为食。

4. 肉食性　在饥饿状态下，偶尔发生互相残食或者取食其他蛞蝓的尸体、腐肉。肉食性蜗牛以其他种类蜗牛为食。

(二)温　度

地温 7℃～8℃ 蜗牛开始活动，生长发育的温度为 10℃～30℃，最适温度为 18℃～25℃。当温度低于 10℃，高于 33℃时休眠，低于 5℃或高于 40℃，则可能被冻死或热死。

(三)水　分

水是蜗牛生命活动中不可缺少的物质。足腺分泌的黏液中 80% 是水。黏液在交配、产卵、保护卵粒和卵堆方面都起着主要的作用。蜗牛怕干燥，生长发育要求空气相对湿度为 70%～90%，当空气相对湿度低于 50%时，蜗牛就会躲在隐蔽处不出来活动。蜗牛的卵裸露在干燥的空气中，就会因失水而引起卵壳爆裂。

(四)光　线

蜗牛怕直射阳光，阴雨天可整天活动，晴天一般于傍晚开始活动，到翌日上午 8～9 时停止活动。在出菇棚的散射光条件下，蜗牛全天都可活动。在微光下，蜗牛看得较远，而在强光下反而看不远。

五、危害特点

蜗牛幼贝取食土壤中的腐殖质或腐败的植物，成贝取食食用菌的子实体。子实体受害后在菌盖或菌柄上出现缺刻或凹陷，严重时子实体可被蚕食殆尽。蜗牛危害食用菌时，边吃边排泄粪便，又进一步污染子实体。

六、防控措施

蝸牛虽然产卵多、生长快,但是对农业生产危害并不严重,主要是气候和生物因子控制着蝸牛种群数量。自然气候条件的不适会引起蝸牛大批死亡;能够在蝸牛体内寄生的生物有细菌、鞭毛虫、线虫、吸虫和螨类等;有些双翅目的昆虫(蚊蝇)把卵产在蝸牛的卵中,其幼虫孵出后,来消耗蝸牛的卵;蝸牛的天敌很多,鸡、鸭、鸟、蟾蜍、龟、蛇、刺猬、步行虫、虎甲、萤火虫等都会以幼贝和成贝为食物。农业防控可以采取以下措施:

(一)切断食源

铲除出菇棚周围的青草,减少蝸牛的食物来源。

(二)人工捕杀

利用蝸牛行动缓慢,昼伏夜出,阴雨天危害的习性,晚上或阴雨天用手电在其危害处寻找捕杀。

(三)堆草诱捕

用新鲜的青草或蔬菜分小堆放在出菇棚外诱集,天亮前集中捕捉,将蝸牛直接杀死,或者投入有食盐或生石灰的盆内,使蝸牛脱水死亡,要连续捕捉数天。

(四)石灰设防

清除出菇棚周围的杂草、枯枝落叶及砖瓦碎石,使蝸牛没有躲藏和产卵的场所。在出菇棚周围地面上撒一圈新鲜石灰粉或食盐,防止蝸牛进入出菇棚。

(五)农药诱杀

用6%的多聚乙醛颗粒剂(蝸牛敌)1:(25～30)拌沙,撒于出菇棚周围地面上诱杀蝸牛。

第八节　蛞　蝓

一、形态特征

(一)野蛞蝓

野蛞蝓成体长30～40毫米,宽4～6毫米。体长梭形,柔软、光滑而无外壳。体背前端有外套膜,为体长的1/3,边缘内卷,内有一退化的贝壳。尾部狭长,尾脊钝。体表暗灰色、黄白色或灰红色,少数有明显的暗带或斑点。触角2对,黑色,前触角长约1毫米,后触角长约4毫米。后触角端部具黑色的眼,口器位于前触角下方中间。呼吸孔在体侧前方,其上有细小的色线环绕。在右触角后方约2毫米处为生殖孔。足扁平,两侧边缘明显。卵呈椭圆形,柔韧而富有弹性,直径2～2.5毫米,白色透明可见卵核,常多粒粘在一起。黏液无色。

(二)双线嗜黏液蛞蝓

成体长35～37毫米,宽6～7毫米。体呈不规则圆柱状,裸露,柔软无外壳,外套膜覆盖全身,仅露出足的尖端。全身灰白色或淡黄褐色,背部中央及体两侧有黑色斑点组成的1条纵带。体前端较宽,后端狭长,尾部有一脊状突起。触角2对,蓝褐色。呼吸孔圆形,位于右触角3毫米处。跖足为肉白色。卵为椭圆形,胶质状,半透明,有光泽,卵粒外有黏液物将卵粘在一起。黏液乳白色。

(三)黄蛞蝓

成体长120毫米,宽12毫米,体型比前两种大。体裸露柔软无外壳保护,呈不规则的圆柱形。体背部近前端1/3处有一椭圆形的外套膜,前半部为游离状态,运动收缩时可把头部覆盖住。外套膜里有一薄且透明椭圆形石灰质盾板,系已退化的贝壳。体前端宽,后端狭小,尾部具有短的尾脊。背面具有同心圆的皱褶,皱褶的中心稍移向后方右侧。体呈黄褐色或深橙色,有零星的淡黄色斑点,背部较深,两侧较浅。头部有 2 对浅蓝色的触角。呼吸孔位于外套膜右侧后方边缘处。生殖孔在右前触角基部稍后处。跗足为淡黄色。卵椭圆形,白色,半透明。黏液淡黄色。

二、生活习性

蛞蝓以成虫、幼虫在作物根部湿土下越冬。4~5 月份气温 10℃左右,在田间开始活动、取食、危害。白天躲藏在阴暗潮湿的草丛、枯枝、落叶、石块、砖块、瓦砾下,对土壤的酸碱度及溶解的钙无反应,但对温、湿度的变化敏感。夜晚或阴雨天出来活动取食,晚上 10~11 时,虫口密度达到高峰,过午夜后,逐渐减少,清晨 6 时之前陆续潜入土中或隐蔽处,爬行后留下白色发亮的黏质带痕及排泄出的粪便。蛞蝓 1 年繁殖 1 代,雌雄同体,异体受精,亦可同体受精繁殖。5~6 月份成虫交配,2~3 天后,在田间大量活动产卵,卵产于潮湿的土壤中、培养料里、石块和树叶下。每天可产一堆卵,每堆 10~20 粒,平均每虫产卵 400 粒左右,卵期 15 天左右。从孵化至成贝性成熟约 55 天。春季危害严重,入夏气温升高,活动减弱,秋季气候凉爽后,又活动危害。

三、生活条件

(一)食　物

蛞蝓食性杂、食量大。蛞蝓耐饥力强,在食物缺乏或不良条件下能不吃不动。

1. 植食性　以幼嫩多汁植物为食物。

2. 菌食性　以菌类(地衣、伞菌等)为食。

3. 肉食性　肉食性蛞蝓以蚯蚓或其他蛞蝓为食。

(二)温　度

气温10℃左右时蛞蝓开始出来取食、活动。生长发育最适宜温度为15℃~25℃,温度超过25℃或低于14℃时蛞蝓活动能力在逐渐下降。产卵的最适宜地温10℃~20℃,温度超过25℃不能产卵。

(三)湿　度

土壤湿度75%时适于产卵及卵的孵化。卵在干燥的土壤中不会孵化,在干燥的空气中或暴露在日光下会自行爆裂。

(四)光　线

蛞蝓怕直射光,强光下2~3小时即死亡。

四、危害特点

蛞蝓的成体和幼虫危害甘蓝、菜花、白菜、菠菜、瓜苗、茄子、辣椒和番茄等蔬菜;豆类、玉米、棉花等大田作物;还可危害果树、花卉幼苗、食用菌和多种杂草。蛞蝓咬食各种作物的幼苗、嫩茎、生长点及叶片,将叶片吃成孔洞和网状;咬断嫩茎和生长点后,使整株枯死,造成缺苗;咬食香菇的原基和子实体,将原基和子实体咬成缺刻后或孔洞,使香菇失去商品价值,子实体组织变色,易发生病害。

五、防控措施

(一)切断食源

铲除出菇棚周围的青草,减少蛞蝓的食物来源。

(二)堆草诱捕

用新鲜的杂草、菜叶等分小堆放在出菇棚外诱集,天亮前集中捕捉,将蛞蝓直接杀死,或者投入有食盐或生石灰的盆内,使蛞蝓脱水死亡,要连续捕捉数天。

(三)石灰设防

清除出菇棚周围的杂草、枯枝落叶及砖瓦碎石,使蛞蝓没有躲藏和产卵的场所。在出菇棚周围地面上撒一圈新鲜石灰粉或食盐,每 3～5 天撒 1 次,有明显的杀虫效果,可防止蛞蝓进入出菇棚。

(四)农药诱杀

蛞蝓对多聚乙醛敏感并具有引诱作用,可用 6％多聚乙醛颗粒剂(蜗牛敌)1：(25～30)拌沙,撒于出菇棚周围地面上诱杀蛞蝓。

主要参考文献

[1]　薛建臣,张忠伟,魏立敏,于文海. 优质香菇新品种辽抚 4号(0912)的栽培技术[J]. 食用菌,2015,4.

[2]　黄年来,林志彬,陈国良. 中国食药用菌学[M]. 上海: 上海科学技术文献出版社,2014.

[3]　张寿橙. 中国香菇栽培史[M]. 杭州:西泠印社出版 社,2013.

[3]　应国华,吕明亮,徐振文,等. 香菇病毒病综合防控技术 [J]. 食药用菌,2012,2.

[4]　陈俏彪. 食用菌生产技术[M]. 北京:中国农业出版 社,2012.

[5]　谭琦,宋春燕. 香菇栽培实用技术[M]. 北京:中国农 业出版社,2011.

[6]　郭成金. 香菇标准化高效栽培技术[M]. 北京:化学工 业出版社,2011.

[7]　应国华. 香菇L808品种的主要生物学特性及栽培技 术[J]. 上海:食用菌,2010,4.

[8]　罗信昌,陈士瑜. 中国菇业大典[M]. 北京:清华大学 出版社,2010.

[9]　朱春生. 香菇栽培技术[M]. 呼和浩特:内蒙古人民出 版社,2010.

[10]　张金霞,谢宝贵,上官舟建,黄晨阳. 食用菌菌种生产 规范技术[M]. 北京:中国农业出版社,农村读物出版社,2008.

[11]　丁湖广,丁荣辉. 香菇速生高产栽培技术[M]. 北京:

金盾出版社,2007.

　　[12]　吴学谦,黄志龙,魏海龙．香菇无公害生产技术[M].北京:中国农业出版社,2003.

　　[13]　杨国良,薛海滨．食药用菌专业户手册[M].北京:中国农业出版社,2002.

　　[14]　邵明,曾宪顺,王明祖．食用菌病虫害防治手册[M].北京:金盾出版社,2000.

　　[15]　吴菊芳,陈德明,等．食用菌病虫螨害及防治[M].武汉:湖北科学技术出版社,2000.

　　[16]　吕作舟．香菇高效栽培技术[M].广州:广东科技出版社,2000.

　　[17]　张金霞．食用菌生产技术[M].北京:中国标准出版社,1999.

　　[18]　贾身茂,王松岭．香菇栽培新法[M].北京:中国农业出版社,1999.

　　[19]　吴学谦．花菇代料立体栽培技术[M].杭州:浙江科学技术出版社,1999.

　　[20]　陈士瑜．花菇高效栽培[M].北京:中国农业出版社,1999.

　　[21]　苗长海,郝春才,王建平,李峰．简明食用菌病虫防治[M].北京:中国农业出版社,1999.

　　[22]　杨瑞长,乔卫亚,关斯明．中国香菇栽培新技术[M].北京:金盾出版社,1998.

　　[23]　吴菊芳,陈德明．食用菌病虫螨害及防治[M].北京:中国出版社,1998.

　　[24]　曾宪顺,郭凤英,邹松柏、胡建芳．食用菌病虫防治[M].武汉:湖北科学技术出版社,1998.